AF390238

DES BALEINES, DES BACTÉRIES
ET DES HOMMES

Du même auteur

Abrégé d'écologie générale.
Structure et fonctionnement de la biosphère
Paris, Masson, 1990. 2ᵉ édition.

Écologie des populations et des peuplements. Des théories aux faits
Paris, Masson, 1981.

Écologie des peuplements. Structure, dynamique et évolution
Paris, Masson, 1992.

ROBERT BARBAULT

DES BALEINES, DES BACTÉRIES ET DES HOMMES

Avant-propos

Avec le Sommet de la Terre tenu à Rio de Janeiro en juin 1992, la biodiversité a fait son entrée comme enjeu planétaire, parallèlement aux préoccupations plus anciennes sur les changements climatiques. Cinq cents ans après la découverte de l'Amérique, symbole d'un profond changement dans la dynamique des sociétés humaines et de leurs relations au monde, l'homme s'interroge sur son avenir, sur sa mission planétaire.

Pourquoi cet intérêt, ces préoccupations pour la diversité biologique ? Que signifie-t-elle, pour la dynamique du vivant, par rapport à chacun de nous, comme enjeu de société ou source de conflits ?

Mon propos est d'abord ici de montrer en quoi l'écologie, en tant que science, permet d'éclairer ces questions. Science et mode de pensée, regard objectif sur la biosphère et son évolution, l'écologie est un des accès décisifs à cette profonde mutation qui, sur la planète tout entière, nous remet en cause, à la fois comme espèce biologique et comme être humain, social, responsable, porteur de civilisation. Crise planétaire accompagnée d'une transformation lente mais profonde des relations entre sciences et sociétés civiles, entre homme et nature, culture et biologie : l'écologie est une des entrées incontournables dans cette civilisation mondiale en gestation où le respect de la diversité, de toutes les diversités, pourrait être la condition du succès.

Soyons clairs, je n'entends pas faire ici œuvre de philosophe. Je voudrais seulement, à partir de données et hypothèses scientifiques sur la dynamique de la diversité biologique et des systèmes écologiques où elle s'exprime, que s'amorce ou diffuse une réflexion sur sa signification profonde par rapport à nous-mêmes, êtres humains, éléments de cette dynamique tant comme sujets que comme objets.

La vie est diverse et multiple, tout le monde le sait, tout le monde peut le voir. Fantaisie inutile de quelque créateur ou vaste désordre résultant de hasards successifs, que signifie cette prodigieuse diversité ? Quelles leçons pouvons-nous en tirer pour orienter notre propre avenir ?

Ce livre qui aurait pu s'intituler « Jeux et enjeux du vivant » est une introduction à la biologie de la diversité – c'est-à-dire aux mécanismes et conséquences de la biodiversité, à ses significations.

Jeux, parce que la prodigieuse fantasmagorie d'êtres et de formes, de cycles de vie et de vagues de disparitions que l'on observe apparaît d'abord comme l'expression d'une imagination fantasque... et l'on verra que si jeu il y a, c'est celui que mène chaque espèce sur l'échiquier de l'évolution.

Enjeux, parce qu'il s'agit en fin de compte du devenir de la vie même, de sa signification... et qu'en deçà se profilent des enjeux humains, des conflits de société.

Cet ouvrage n'est donc pas un manuel d'écologie des populations, de zoologie ou de botanique : il se veut exploration éclairante des « pourquoi ? » de cette profusion de vies dont nous sommes l'un des produits et, sans aucun doute, l'un des pivots pour le futur. Introduction à une pensée écologique, au sens scientifique du terme, mais dans une perspective où la science est appréhendée comme phénomène de société et comme composante essentielle de la culture. En d'autres termes, je voudrais montrer que la théorie de l'évolution et les acquis de l'écologie scientifique, parce qu'ils nous éclairent sur le monde vivant dont nous sommes issus et sur notre rôle dans la dynamique de celui-ci, sont devenus des éléments essentiels de la culture de l'homme d'aujourd'hui.

Un rêve polythéiste

Il est intéressant de contempler un rivage luxuriant, tapissé de nombreuses plantes appartenant à de nombreuses espèces abritant des oiseaux qui chantent dans les buissons, des insectes variés qui voltigent çà et là, des vers qui rampent dans la terre humide, si l'on songe que ces formes si admirablement construites, si différemment conformées, et dépendantes les unes des autres d'une manière si complexe, ont toutes été produites par des lois qui agissent autour de nous. Ces lois, prises dans leur sens le plus large, sont : la loi de croissance et de reproduction ; la loi d'hérédité qu'implique presque la loi de reproduction ; la loi de variabilité, résultant de l'action directe et indirecte des conditions d'existence, de l'usage et du défaut d'usage ; la loi de la multiplication des espèces en raison assez élevée pour amener la lutte pour l'existence, qui a pour conséquence la sélection naturelle, laquelle détermine la divergence des caractères, et l'extinction des formes moins perfectionnées. Le résultat direct de cette guerre de la nature, qui se traduit par la famine et par la mort, est donc le fait le plus admirable que nous puissions concevoir, à savoir : la production des animaux supérieurs. N'y a-t-il pas une véritable grandeur dans cette manière d'envisager la vie, avec ses puissances diverses attribuées primitivement par le Créateur à un petit nombre de formes, ou même à une seule ? Or, tandis que notre planète, obéissant à la loi fixe de la gravitation, continue à tourner dans son orbite, une quantité infinie de belles et admirables formes, sorties d'un commencement si simple, n'ont pas cessé de se développer et se développent encore !

L'Origine des espèces, Darwin, 1859.

Chapitre 1

Aux sources de la biodiversité

> *La diversité est l'une des grandes règles du jeu
> biologique. Au fil des générations, ces gènes qui
> forment le patrimoine de l'espèce s'unissent et se
> séparent pour produire ces combinaisons chaque fois
> éphémères et chaque fois différentes que sont les
> individus. Et cette diversité, cette combinatoire infinie
> qui rend unique chacun de nous, on ne peut la
> surestimer. C'est elle qui fait la richesse de l'espèce
> et lui donne ses potentialités.*
>
> *Le Jeu des possibles*, François Jacob, 1981.

Depuis son apparition sur la planète Terre, il y a plus de 3,5 milliards d'années, l'histoire de la vie se caractérise d'abord par la création d'une multitude de formes, de millions et millions d'espèces. C'est la première chose qui frappe le naturaliste, que celui-ci s'intéresse aux flores et faunes disparues ou aux espèces actuelles : la biosphère [1] est composée d'êtres prodigieusement nombreux, étonnamment variés, par la forme, la taille, les performances. Bref, fasciné par cette profusion d'images, le naturaliste est d'abord tenté de se perdre dans une activité d'inventaire, de description, de mise en ordre. Comment se retrouver dans cette jungle ? Quel sens donner à toutes ces formes, tous ces rêves, toutes ces fantaisies ?

Les premiers zoologistes et botanistes ont proposé une lecture cohérente de cette diversité en identifiant des espèces et en groupant celles-ci en ensembles de plus en plus larges,

---

1. Système planétaire qui inclut l'ensemble des êtres vivants et leurs conditions d'existence.

sur la base de relations de parenté auxquelles la théorie de l'évolution a donné ultérieurement tout son sens : un ordre, une cohérence apparaissent dans cette profusion du vivant où la multitude des espèces apparues depuis l'origine de la vie peuvent être situées les unes par rapport aux autres, de branches en rameaux, sur le grand arbre généalogique de la vie.

L'irruption de la biologie moléculaire, avec la découverte de la molécule d'ADN, de son universalité et de ses propriétés, avec la mise au point de techniques sans précédent d'exploration du vivant, apportera une confirmation magistrale de cette vision du monde vivant, en soulignant son unité.

Alors pourquoi cette folle diversité, ce gaspillage de formes et d'espèces ? Pourquoi ce rêve polythéiste ?

La théorie darwinienne de l'évolution, dans une perspective non plus strictement biologique mais écologique des systèmes vivants, ouvrait la voie à une compréhension de cette diversité – au-delà de l'idée créationniste d'un jeu divin.

Dix millions ou trente millions d'espèces ?

Combien existe-t-il d'espèces vivantes ? Peut-on en évaluer le nombre, et comment ? On se heurte ici à deux difficultés : la première est de s'entendre sur la notion d'espèce ; la seconde est évidemment de repérer, sinon d'identifier, la totalité des formes d'êtres vivants, du fond des océans à la cime des grands arbres des forêts tropicales.

C'est Linné qui, au XVIIIe siècle, jette les bases d'une classification moderne des êtres vivants. Dans la perspective nécessairement fixiste de l'époque, la définition de l'espèce ne pouvait être qu'intuitive :

« Appartiennent à la même espèce tous les êtres vivants qui se ressemblent suffisamment pour recevoir le même nom. »

Cela reste assez subjectif. Il faut attendre Darwin et le succès des idées transformistes pour que la classification devienne un exercice rigoureux : il existe une classification naturelle, souligne Jean Génermont, qui n'est autre que l'arbre généalogique du monde vivant. Les unités élémentaires d'une telle classification ne peuvent, dans ces conditions, être autre chose que des ensembles d'êtres vivants dont les avenirs évolutifs sont indépendants. D'où la définition biologique de l'espèce, qui ne fait nullement appel à la ressemblance, mais uniquement à l'isolement reproductif :

« Appartiennent à la même espèce tous les individus qui, pris deux à deux, ont, dans les conditions naturelles, une probabilité non nulle d'engendrer dans une génération ultérieure au moins un descendant commun fertile [1]. »

Une telle définition ne s'applique en toute rigueur qu'aux organismes à reproduction sexuée biparentale. Or celle-ci est absente chez beaucoup de plantes et de nombreux micro-organismes. Il existe même des animaux parthénogénétiques chez lesquels on ne connaît pas de mâles.

Il a donc fallu prendre une position pragmatique pour définir les types d'êtres vivants, avec des critères variables selon les groupes considérés.

L'inventaire des formes vivantes est encore très loin d'être achevé, même dans des groupes que l'on considère comme bien connus.

Citons, par exemple, la découverte d'une nouvelle espèce de singe, en 1984 au Gabon ; celle d'une nouvelle espèce de palmier en Australie, à la fin des années soixante-dix : cet arbre qui peut atteindre 20 mètres de haut était pourtant passé inaperçu jusque-là !

Mais naturellement, c'est parmi les invertébrés des forêts tropicales, les organismes des grands fonds marins ou les champignons ou micro-organismes, que les lacunes dans nos connaissances sont les plus importantes :

– en 1991, ce n'est pas moins de 130 espèces nouvelles de blattes qui sont découvertes en Guyane !

– à la fin des années quatre-vingt, on découvre l'incroyable richesse spécifique des grands fonds marins : sur 21 m² de

---

1. J. Génermont, « La Spéciation. Principaux mécanismes, rôle dans la dynamique évolutive à long terme » : 93-108, *in La Galerie de l'évolution. Concepts et évaluation*, MNHN, 1991.

fond de l'Atlantique Nord, 798 espèces sont identifiées, qui représentent 171 familles ; 460 de ces espèces sont nouvelles pour la science [1] ;

– à la même époque, on découvre partout dans les océans une nouvelle catégorie d'organismes unicellulaires planctoniques, le picoplancton, mesurant de 0,2 à 2 microns. Ce microplancton comprend une variété prodigieuse d'espèces encore à décrire [2] ;

– dans l'univers des micro-organismes, bien plus divers qu'on imagine, le seul genre *Spiroplasma* – bactérie sans paroi cellulaire que l'on trouve à l'intérieur des insectes – pourrait renfermer jusqu'à 1 million d'espèces [3] ;

– depuis 1969, David Hawksworth accumule les recensements de champignons présents dans les 185 hectares de la Slapton Ley Nature Reserve du sud Devon, en Angleterre. Même si 1 678 espèces de champignons ont été recensées, incluant 66 espèces nouvelles pour les îles Britanniques et 32 nouvelles pour la science, de nombreuses restent à découvrir [4].

Actuellement, le nombre d'espèces vivantes décrites est de l'ordre de 1,4 million (tableau I). On peut considérer que les estimations sont bonnes pour les vertébrés (près de 44 000 espèces connues) et pour les plantes à fleurs (250 000 espèces). Mais l'estimation totale de 1,4 million d'espèces ne représente que la partie visible de l'iceberg.

Combien y a-t-il donc d'espèces vivantes à la surface du globe ?

Plusieurs auteurs ont tenté de répondre à cette question à partir d'extrapolations qui consistent, pour la plupart, à

---

1. J. F. Grassle, A. D. McIntyre et G. C. Ray, « Marine Biodiversity and Ecosystem Function », *Biology International*, 23, 1991.

2. P. Lasserre, « The Role of Biodiversity in Marine Ecosystems » : 105-130, *in* O. T. Solbrig, H. M. van Emden, et P. G. van Oordt (éd.), *Biodiversity and Global Change*, IUBS Monograph, 8, Paris, 1992.

3. R. F. Whitcomb et K. J. Hackett, « Why are there so Many Species of Mollicutes ? An Essay on Prokaryotic Diversity » : 205-240, *in* L. Knutson et A. K. Stoner (éd.), *Biotic Diversity and Germplasm Preservation, Global Imperatives*, Kluyver Academic Press, 1989.

4. D. L. Hawksworth, « Biodiversity in Microorganisms and its Role in Ecosystem Function » : 83-93, *in* O. T. Solbrig, H. M. van Emden et P. G. van Oordt (éd.), *op. cit.*, 1992.

Tableau I

Nombre d'espèces vivantes connues

Groupe	Nombre d'espèces
Virus	1 000
Monères (bactéries...)	4 760
Champignons	46 983
Algues	26 900
Mousses	17 000
Conifères	750
Plantes à fleurs	250 000
Protistes	30 800
Animaux	1 034 856 *
Total	1 413 049

* dont 751 000 insectes.

évaluer la proportion immergée de l'iceberg – ou plutôt, de l'un des éléments de l'archipel d'icebergs que constituent les différents groupes d'êtres vivants – puis à généraliser cette proportion à l'ensemble. À partir du nombre d'espèces connues, il est alors aisé de déduire l'effectif total supputé [1].

Ainsi, Peter Raven estime le nombre des espèces animales entre 3 et 5 millions à partir du raisonnement suivant :

1. il y a environ deux espèces tropicales par espèce tempérée ou boréale chez les mammifères et les oiseaux, qui sont des groupes bien connus ;

2. la majorité des espèces animales sont des insectes, pour lesquels les faunes tempérées et boréales sont, de loin, bien mieux connues que les faunes tropicales ;

3. on peut en déduire, *si la proportion observée chez les vertébrés est généralisable aux insectes*, que le nombre des espèces animales avoisinerait les 3 à 5 millions. C'est, naturellement, une estimation dont la valeur dépend largement de la validité pour les insectes de la proportion de *deux espèces tropicales par espèce tempérée*.

Des approches plus rigoureuses s'appuient sur les pro-

---

1. R. May, « L'Inventaire des espèces vivantes », *Pour la science* 182 : 30-35, 1992.

portions d'espèces nouvelles observées dans des régions préalablement non explorées. Sur 1 690 espèces de punaises répertoriées dans une forêt tropicale d'Indonésie, Hodkinson et Casson relèvent 63 % d'espèces nouvelles. Cela les conduit par extrapolations successives à estimer le nombre des seuls insectes à 2 à 3 millions d'espèces, et de l'ensemble des espèces animales à 3 à 5 millions. Les travaux d'Erwin sur les peuplements de coléoptères qui vivent dans l'épaisseur du feuillage des forêts tropicales d'Amérique latine et de Malaisie conduisent à des chiffres plus élevés encore – puisqu'il y est question de 30 millions d'espèces d'insectes ! Mais ce calcul, qui repose sur nombre d'extrapolations et notamment sur l'hypothèse que 20 % des coléoptères herbivores seraient des spécialistes (inféodés à une seule essence forestière), est probablement une surestimation [1].

David Hawksworth, de l'Institut mycologique international de Kew, en Angleterre, développe une approche similaire dans sa révision du nombre total de champignons et aboutit à des évaluations aussi étonnantes que celle d'Erwin pour les insectes. Il défend d'ailleurs l'idée que les champignons sont aux plantes ce que les insectes sont aux autres animaux. Il estime à 69 000 le nombre d'espèces de champignons connues et à 270 000 le nombre d'espèces de plantes vasculaires inventoriées (plantes à fleurs, conifères, mousses et fougères). Si la proportion de six espèces de champignons pour une espèce de plante vasculaire que l'on relève en Europe occidentale est généralisable, on atteint le chiffre fabuleux de 1,6 million d'espèces de champignons, soit vingt fois plus que le nombre actuellement connu [2] !

Naturellement toutes ces spéculations reposent sur des hypothèses qui demandent à être vérifiées. L'analyse des « patrons » de diversité, c'est-à-dire des rapports de nombres d'espèces – entre monde tropical et monde tempéré, entre différentes catégories de taxons [3] – doit permettre d'amélio-

---

1. R. May, *op. cit.*, 1992.
2. O. T. Solbrig, H. M. van Emden et P. G. van Oordt, *op. cit.*, 1992.
3. Les catégories des classifications animale et végétale sont hiérarchisées en regroupements de plus en plus larges, à partir des entités de base que sont les espèces jusqu'aux grands types « architecturaux » d'organismes que

rer et de resserrer les estimations actuelles qui tournent autour de 10 millions d'espèces et se situent dans une gamme qui varie de 5 à 100 millions. En fait, cette frénésie pour quantifier la totalité des taxons existants ne doit pas oblitérer l'essentiel, à savoir :

1. que la plus grosse part d'entre eux est encore inconnue et que cette ignorance est inégalement distribuée entre les divers phylums et entre les différentes régions du monde ;

2. que la richesse spécifique des divers groupes faunistiques et floristiques répond à des règles biogéographiques et écologiques qui peuvent être analysées et vérifiées ;

3. que les problèmes à résoudre par rapport à la diversité biologique peuvent l'être sans qu'une connaissance exhaustive de celle-ci soit immédiatement nécessaire.

Aux sources de la variabilité

La source ultime de la diversité biologique réside dans la variabilité inscrite dans le patrimoine génétique des organismes. L'ensemble des traits et performances des êtres vivants (leur phénotype) dépend d'abord de leur structure génétique (leur génotype).

Il faut insister sur le fait que toute la diversité génétique est inscrite dans les molécules d'ADN transmises par le ou les parents, et est directement liée à leurs propriétés physico-chimiques. Toute nouvelle variation ne peut procéder que d'une mutation, altération chimique d'un gène, ou accident chromosomique. Une mutation ponctuelle se produit quand un seul nucléotide est substitué dans la séquence originelle des nucléotides, habituellement par suite d'une erreur de copie lors de la réplication de l'ADN. Le taux de mutation dépend à la fois des conditions extérieures (agents mutagènes tels que des radiations), des propriétés physico-chimiques de l'ADN, du nombre de cycles cellulaires par

---

sont les embranchements ou phylums (plantes à fleurs, vertébrés, arthropodes, vers plats...) en passant par les genres et les familles. Les différentes catégories, ou entités *taxonomiques* de cette classification, sont appelés taxons.

génération (les organismes à longue durée de vie pourraient connaître des taux de mutation plus élevés [1]) et de la taille des molécules (de grands brins d'ADN exposent davantage de nucléotides aux agents mutagènes).

La diversité génétique observée dans la nature, caractéristique de tous les êtres vivants – plantes, animaux, microorganismes – résulte de l'accumulation de ces mutations, dont beaucoup sont filtrées par la sélection naturelle – la plupart éliminées, certaines conservées. D'autres, qualifiées pour cela de neutres, échappent au processus de sélection et sont incorporées au génome par suite de processus purement stochastiques (fruits du hasard).

La sélection naturelle agit sur les phénotypes, qui sont la résultante complexe de l'interaction des produits primaires des acides nucléiques avec le milieu cellulaire sous l'influence de l'environnement à la fois physique et biologique. La variabilité biologique observée dans la nature à l'échelle d'une population, quoique toujours en définitive sous contrôle génétique, est donc beaucoup plus que la seule diversité génétique observée :

$$\text{Génotype A} \quad \rightarrow \quad \left\{ \begin{array}{l} \text{gamme de} \\ \text{phénotypes} \\ \text{A}', \text{A}'', \text{A}''' ... \end{array} \right.$$

$$\Uparrow$$

Environnement

Ainsi, au niveau moléculaire, la vie est rendue possible par deux conditions contraires et complémentaires : la constance des propriétés d'une part, l'existence d'une variabilité d'autre part. La condition première réside en effet dans la propriété de grosses molécules complexes, les acides nucléiques ADN et ARN, de maintenir leur intégrité physico-chimique et fonctionnelle quel que soit l'ordre de leurs constituants, c'est-à-dire des quatre lettres de l'alphabet génétique que sont les bases – adénine, guanine, cytosine et thymine. C'est l'ordre de ces bases qui constitue le code

---

1. E. J. Klekowski et P. J. Godfrey, « Ageing and Mutation in Plants », *Nature*, 340 : 389-391, 1989.

pour l'élaboration des protéines et, de proche en proche, pour l'expression de l'ensemble des caractères biologiques des organismes. En d'autres termes, à un niveau supérieur d'intégration, l'ordre des bases le long de la molécule d'ADN est tout à fait essentiel, à l'origine de toute vie mais aussi de la totalité de la diversité biologique : l'une et l'autre sont liées ! De fait, pour qu'un organisme fonctionne – c'est-à-dire croisse et se reproduise – il faut une quantité d'instructions, toutes codées dans les molécules d'ADN.

Quant à la deuxième condition essentielle pour le succès du vivant, ainsi qu'il a été indiqué ci-dessus, c'est l'apparition de variations. Il arrive en effet, heureusement, que les instructions codées dans l'ADN soient modifiées à l'occasion des multiplications cellulaires, à raison de 1 sur 10 000 en moyenne. Ces variations sont ce que l'on a appelé ci-dessus des mutations. Beaucoup de ces mutations n'ont pas d'effet perceptible sur les fonctions des organismes. On parle de variations neutres. D'autres ont des effets visibles, le plus souvent négatifs : elles perturbent le fonctionnement des cellules et les performances des organismes. Ce sont des mutations que la sélection naturelle tend à éliminer. Par définition et pour simplifier, les mutations positives sont celles que retient la sélection naturelle. Les organismes qui les portent transmettent ces instructions à leurs descendants et elles se répandent ainsi au sein des populations dans l'espace et dans le temps. La grande diversité des créatures vivantes est le résultat de la propagation des mutations favorables ou neutres qui sont survenues au cours des 3 à 4 derniers milliards d'années, dans des milliards de milliards de cellules.

Dans l'état actuel des connaissances, on considère que l'apparition de nouvelles mutations est un phénomène purement aléatoire. Ainsi, le choix de l'ensemble des instructions renfermées par chaque organisme individuel est le résultat d'un long processus de sélection naturelle.

Faire du neuf avec du vieux

La reproduction sexuée n'est pas le mode le plus simple de se multiplier, même si c'est celui qui nous est le plus familier. Et pourtant la très grande majorité des vertébrés, la plupart des invertébrés et des plantes et nombre d'organismes unicellulaires y ont recours, et pour beaucoup exclusivement.

Le mode le plus simple de reproduction est celui que l'on peut pratiquer seul : on se reproduit, semblable à soi-même, par simple division, bouturage ou bourgeonnement. C'est ce que font les cellules qui se multiplient en se divisant ; les hydres qui bourgeonnent et émettent, à partir de boutures qui se détachent, d'autres hydres semblables à elles-mêmes jusque dans l'intimité et la spécificité de leur identité génétique ; les fraisiers qui envoient des stolons et se propagent ainsi dans l'espace par simple croissance de l'individu initial.

Alors pourquoi le sexe ? Pourquoi faire compliqué quand il y a plus simple, *plus économique* ? Et comment cette innovation évolutive a-t-elle pu s'imposer aussi largement puisque, mathématiquement, cela paraît impossible : l'application simple du principe selon lequel la sélection naturelle favorise (par définition) le génotype à taux de multiplication le plus élevé donne l'avantage à la reproduction asexuée.

De fait, imaginons une population animale dans laquelle coexistent deux génotypes, l'un capable de reproduction asexuée (femelles produisant d'autres femelles), l'autre nécessitant l'accouplement de deux types d'individus, l'un mâle, l'autre femelle. Les femelles de chaque génotype produisent deux descendants, puis meurent. Celles du génotype sexué produisent en moyenne un mâle et une femelle. La figure 1 montre la rapidité avec laquelle la population est envahie par le gène asexué : en une dizaine de générations, la lignée parthénogénétique s'est multipliée mille fois

	Lignée asexuée	Lignée sexuée
	♀	♀ × ♂
1	♀ ♀	♀ ♂
2	♀ ♀ ♀ ♀	♀ ♂
3	♀ ♀ ♀ ♀ ♀ ♀ ♀ ♀	♀ ♂
4	♀♀♀♀♀♀♀♀♀♀♀♀♀♀♀♀	♀ ♂
	. . .	
10	À la dixième génération on a : 2^{10} = 1 024 ♀	1 ♀

Figure 1 : Le coût de la production de mâles. La lignée parthénogénétique (à gauche) produit deux fois plus de descendants que la lignée sexuée (à droite) grâce à l'économie de la production de mâles. En une dizaine de générations (de 1 à 10), elle s'est multipliée environ mille fois plus que la lignée sexuée [1].

plus que la lignée sexuée ; le sexe n'a aucune chance de s'imposer *dans ces conditions* [1].

Et pourtant la reproduction sexuée est apparue à maintes reprises au cours de l'évolution, au point d'être le mode de multiplication exclusif de nombreux types d'organismes : c'est donc que prévaudraient des conditions *différentes* de celles postulées par le modèle purement mathématique, qui admet implicitement qu'individus sexués et individus asexués ont les mêmes qualités par ailleurs.

Ce paradoxe de la sexualité a stimulé l'imagination des évolutionnistes et diverses explications ont été proposées. Dès 1885, Auguste Weisman attribue à la sexualité la fonction de produire « les différences individuelles au moyen desquelles la sélection naturelle crée de nouvelles espèces ». La reproduction sexuée est source de *diversité* : « S'il faut être deux pour se reproduire, c'est pour faire *autre*. La

---

1. P.-H. Gouyon, S. Maurice, X. Reboud et I. Till-Bottraud, « Le Sexe pour quoi faire ? », © *La Recherche*, 250 : 70-76, 1993.

sexualité est donc considérée comme une machine à faire du *différent* », écrit François Jacob [1].

De fait, seule la reproduction asexuée mérite pleinement son nom de reproduction : l'individu se reproduit semblable à lui-même, il se réplique. Hormis les accidents qui surviennent lors des divisions cellulaires, des mutations, rien de nouveau ne peut apparaître. Bien différente est la reproduction sexuée, la *multiplication* devrait-on plutôt dire en toute rigueur, car elle est source de nouveauté ; tout parent le sait d'expérience : nos enfants sont différents ; différents de nous-mêmes, différents les uns des autres – au point que cela devient un jeu social de rechercher les ressemblances.

Le sexe implique en effet deux mécanismes complémentaires, fondamentaux l'un et l'autre, d'où résulte un brassage génétique créateur de nouveauté : la méiose et la fécondation. Sans entrer dans les détails de la mécanique cellulaire de cette double division qu'est la méiose, disons qu'elle se traduit :

1. par la subdivision en deux du stock chromosomique parental ;

2. par la possibilité de recombinaisons génétiques.

Dans les glandes sexuelles de l'être humain, par exemple, la méiose aboutit à la production de spermatozoïdes ou d'ovules qui ne renferment que 23 chromosomes (N chromosomes), tandis que toutes nos cellules en comportent 46, 23 provenant de notre mère, 23 de notre père (on parle d'un nombre diploïde de chromosomes, 2N). Dans un spermatozoïde ou dans un ovocyte donné, ces 23 chromosomes peuvent, par hasard, tous provenir du même parent, mais sont bien sûr le plus souvent un assortiment au hasard de chromosomes maternels et paternels. De plus, ces chromosomes peuvent être différents des chromosomes parentaux originaux, dont ils ne sont toujours que des *copies*, par suite de recombinaisons effectuées lors de la méiose. Celle-ci comporte, en effet, une phase d'appariement des chromosomes homologues, l'un paternel, l'autre maternel, au cours de laquelle des segments d'ADN peuvent être échangés entre

---

1. F. Jacob, *Le Jeu des possibles*, Fayard, Paris, 1981.

les deux brins chromosomiques, associant ainsi des copies des gènes d'origine paternelle avec des copies des gènes d'origine maternelle. Complété par le processus de fécondation, qui réunit les 23 chromosomes du spermatozoïde à ceux de l'ovule pour donner un être à 46 chromosomes, ce double phénomène de division chromosomique et de recombinaison génétique explique que l'on ait un individu véritablement nouveau et unique.

Ainsi la reproduction sexuée permet un brassage génétique créateur de nouveauté et de diversité ; hasard et nécessité... Mais quelle nécessité précisément ? Quelles conditions font que la production de nouveautés contrebalance, à la roulette de la sélection naturelle, le désavantage de fabriquer des bouches inutiles (les mâles) – inutiles, puisque les génotypes à reproduction asexuée s'en passent très bien ?

Quel est donc l'intérêt de la diversité interindividuelle ?

Comme le rappelle F. Jacob, « le réassortiment du matériel génétique à chaque génération permet de juxtaposer rapidement des mutations favorables qui, chez les organismes dépourvus de sexualité, resteraient séparées. *Une population pourvue de sexualité peut donc évoluer plus vite qu'une population qui en est dépourvue.* À long terme, les populations sexuées peuvent survivre là où s'éteindraient des populations asexuées ». En d'autres termes, « *la sexualité fournit, avec la diversité des génotypes et des phénotypes qu'elle produirait dans une descendance, une marge de sécurité contre les incertitudes du milieu. C'est une assurance sur l'imprévu* [1] ».

En fait, le paradoxe du sexe est loin d'être résolu car son coût paraît élevé :

1. la recombinaison, qui brasse les génotypes, défait du même coup les combinaisons génétiques favorables ;

2. chez les organismes supérieurs, les comportements de cour et d'accouplement peuvent être risqués, du fait d'une exposition et d'une vulnérabilité accrues aux prédateurs et aux maladies sexuellement transmissibles ;

---

1. F. Jacob, *op. cit.*, 1981.

3. à faibles densités de population, la reproduction sexuée devient plus difficile à concilier avec la rencontre de conditions de milieu favorables que la reproduction asexuée, qui est toujours possible ;

4. la reproduction asexuée confère un taux de multiplication nettement supérieur (au moins double) à ce que permet la reproduction sexuée.

On y reviendra au chapitre 6. En attendant, retenons que le sexe apparaît d'une part comme une source de biodiversité et d'autre part comme une « assurance sur l'imprévu » – la diversité étant le moyen de parer à l'imprévu.

Comment naissent les espèces

Les espèces n'apparaissent pas *de novo*, comme le croient les derniers créationnistes qui sévissent encore ici et là, principalement aux États-Unis : elles descendent d'autres espèces. Le processus majeur d'apparition de nouvelles espèces est celui par lequel une espèce unique éclate, de façon irréversible, en deux ou plusieurs entités distinctes [1]. Ce processus élémentaire est appelé *spéciation*. Il est vraisemblable qu'il s'agit d'un processus relativement lent au cours duquel l'espèce-mère se diversifie d'abord en un certain nombre de sous-espèces, dont certaines se trouvent séparées ensuite par des barrières d'isolement reproductif.

La compréhension de la dynamique de la biodiversité, largement caractérisée par la diversité des espèces, doit donc reposer sur l'étude de la variation au sein des espèces. C'est l'analyse de cette variabilité qui permettra de saisir les mécanismes de différenciation des sous-espèces et de l'installation entre elles de barrières d'isolement reproductif. Il faut insister sur le fait que la spéciation ne s'accompagne pas obligatoirement d'une différenciation morphologique. On connaît beaucoup d'exemples d'espèces parfaitement séparées du point de vue de l'isolement reproductif et cependant indiscernables, au moins à première vue, par leurs

---

1. Les systématiciens parlent ici de *cladogenèse*.

caractères morphologiques. On parle dans ce cas d'*espèces jumelles*. Il s'agit évidemment là de formes étroitement apparentées, qui résultent très vraisemblablement d'une spéciation extrêmement récente. L'étude de tels complexes d'espèces peut apporter beaucoup d'informations sur les mécanismes de la spéciation.

Considérons, à titre d'exemple (fig. 2), le cas des « races » du pouillot verdâtre qui se distribuent en une sorte de guirlande autour de l'Himalaya. La différence entre les formes successives *a, b, c, d, e* prises deux à deux est de type subspécifique. Pourtant, les deux formes extrêmes *a* et

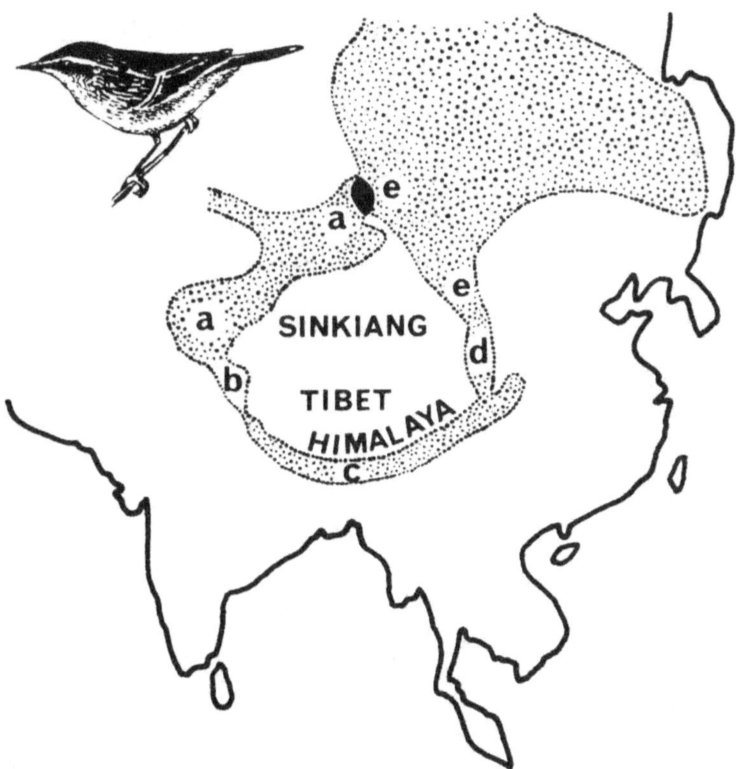

Figure 2 : Distribution géographique (en ponctué) des variétés subspécifiques du pouillot verdâtre autour de l'Himalaya. Est soulignée en noir la zone où les formes *a* et *e* cohabitent sans s'hybrider, comme de vraies espèces (d'après Génermont, 1979) [1].

---

1. J. Génermont, *Les Mécanismes de l'évolution*, © Dunod, Paris, 1979.

e cohabitent sur un même territoire sans s'hybrider : leurs différences ont atteint le niveau spécifique.

En d'autres termes, si les formes *b*, *c*, *d* venaient à disparaître, on ferait des formes *a* et *e* de vraies espèces distinctes [1].

Cela veut dire que l'isolement de populations est le préalable le plus favorable à la spéciation. Les causes d'un tel isolement peuvent être très variées. L'isolement peut résulter d'une réduction de l'aire de distribution géographique des espèces. Cela s'est produit pour de nombreuses espèces qui vivaient en régions tempérées à l'époque des grandes glaciations quaternaires. Lorsque les glaciers se sont retirés, le réchauffement a rendu les conditions climatiques inadaptées à la survie d'un certain nombre d'espèces de climats froids, excepté sur les territoires situés à une altitude suffisante. Ainsi des espèces qui peuplaient les plaines de la moitié sud de la France se sont-elles réfugiées dans les massifs montagneux, Pyrénées, Alpes, Massif central. De nombreuses espèces d'insectes ou de plantes ont ainsi vu leur aire de répartition se fragmenter en un certain nombre d'îles séparées par des espaces à peu près infranchissables : une différenciation locale a pu s'y produire, conduisant à la formation de nouvelles espèces.

L'isolement peut aussi faire suite à une extension de l'aire géographique lorsque, à la faveur d'événements favorables ou accidentels (transports par le vent, par le courant, migration heureuse), se produit la colonisation d'un milieu nouveau géographiquement ou écologiquement isolé (île). Il peut également résulter de l'apparition d'une barrière au sein de l'aire de distribution. Enfin, des barrières internes peuvent se produire, par exemple dans le cas de remaniements chromosomiques. Une fois l'isolement établi, les populations ainsi séparées pourront diverger à travers la différenciation de races locales, d'*écotypes* [2].

Les raisons de cette divergence sont de trois ordres :

---

1. Génermont, *op. cit.*, 1979.
2. On appelle écotype un sous-ensemble d'une espèce génétiquement différenciée et qui représente une adaptation écologique à un environnement local.

1. parce que les conditions écologiques locales (microclimat, types de prédateurs ou de parasites, types de proies...) seront vraisemblablement différentes, les modalités et les résultats de la sélection naturelle qui s'exerce sur les diverses populations isolées seront différents ;

2. parce que certaines des populations isolées peuvent avoir de faibles effectifs, il pourra se produire des phénomènes de variations aléatoires que les spécialistes appellent la *dérive génétique* et qui se traduisent par la disparition de certains allèles ici, à leur fixation dans la population là, indépendamment de toute signification adaptative, c'est-à-dire par simple *hasard* ;

3. enfin, parce que les propagules à l'origine de certaines populations isolées (colonisation d'une île) peuvent ne correspondre qu'à un très petit nombre d'individus particuliers éventuellement apparentés (une femelle avec sa ponte ou sa portée), la divergence sera accentuée par ce que l'on dénomme l'*effet de fondation.*

Si l'isolement dure un temps suffisamment long, la divergence pourra se traduire par des différences morphologiques ou physiologiques qui justifieront l'identification de races ou de sous-espèces distinctes. Si les différences sont suffisamment marquées pour conduire à un isolement reproductif, on pourra considérer que la spéciation a eu lieu.

Si les espèces naissent le plus souvent par cladogenèse, beaucoup résultent aussi de l'hybridation *interspécifique*. Ce serait le cas de nombreuses plantes cultivées et sauvages. D'une manière plus générale, on admet aujourd'hui que l'hybridation interspécifique est un des mécanismes majeurs de création de nouveautés évolutives dans le règne végétal [1].

---

1. V. Grant, *Plant Speciation*, Columbia University Press, 1981.

Chapitre 2

Les trois visages de la biodiversité

*Nous nous prosternons devant Brahma,
    incorruptible, connu et inconnu, éternel ;
Nous nous prosternons devant Brahma,
    qui est ce qui est, et ce qui n'est pas ;
Brahma, le façonneur de ce qui est en haut,
    et de ce qui est en bas, lui l'insondable ;
Brahma qui est Vishnu,
    qui aime, est l'amour, et qui reçoit notre amour ;
Brahma qui est Shiva,
    le Seigneur de la création,
Dieu de la fixité et guide du changement
    perpétuel*

Le Mahabharata de Vyasa.

Ainsi, la diversité biologique apparaît comme quelque chose d'omniprésent, de consubstantiel à la vie, mais aussi comme quelque chose de complexe, de dynamique.

Elle s'enracine dans les systèmes moléculaires qui contrôlent l'activité et la multiplication des cellules et, par là, les performances des organismes – notamment leur reproduction. À l'échelle des populations, au sein des espèces, elle se déploie dans la variabilité interindividuelle, qui garantit les capacités d'adaptation et d'évolution des espèces.

Ainsi se prolonge-t-elle naturellement, fruit d'une longue histoire évolutive, dans la profusion des espèces, pour s'exprimer enfin dans la structuration et la dynamique des systèmes écologiques complexes qui constituent la biosphère.

En d'autres termes, si l'on veut définir la diversité biologique de façon un peu schématique, dans une perspective qui respecte autant que possible l'esprit de ce livre, il est utile de le faire à partir d'une représentation simplifiée d'un système écologique type – théorique, pourrait-on dire. C'est la meilleure façon de transcender le caractère atomisé et innombrable de la diversité biologique pour en exprimer la signification fonctionnelle, pour en permettre un accès logique.

Biodiversité et systèmes écologiques

Si l'objet immédiatement donné ou accessible au naturaliste est *l'individu*, l'unité fondamentale, la pièce élémentaire des systèmes écologiques est *la population*, ensemble des individus de même espèce coexistant dans le milieu considéré.

Les systèmes écologiques sont donc essentiellement des réseaux de *populations* directement ou indirectement interconnectées, insérées dans l'espace physico-chimique où elles se déploient en fonction des potentialités de leurs génomes respectifs et des contraintes que leur oppose leur environnement (le milieu physico-chimique et les autres espèces). Étant donné l'objectif qui est le nôtre ici, il est possible de schématiser un tel système écologique comme sur la figure 3. Il faut insister sur le fait que chaque élément biologique représenté, chaque enveloppe, est une population – c'est-à-dire déjà un système complexe, mouvant, riche de sa diversité génétique et de sa plasticité phénotypique. Les flèches qui relient entre elles les différentes populations traduisent les relations proies-prédateurs, mangés-mangeurs, c'est-à-dire le sens des flux de matière et d'énergie à travers le système considéré. Les différentes espèces sont réparties par niveaux trophiques successifs : en bas figurent des plantes, par exemple ; dans ce cas, le niveau supérieur immédiatement adjacent regroupe des phytophages, le suivant, des prédateurs qui se nourrissent de ces phytophages, etc.

Sur cette base, il est alors facile de reconnaître trois composantes ou dimensions à la diversité biologique, trois niveaux hiérarchiques emboîtés :

1. la diversité intraspécifique, qui s'appréhende à l'échelle des populations et repose sur la variabilité génétique et phénotypique des individus ;

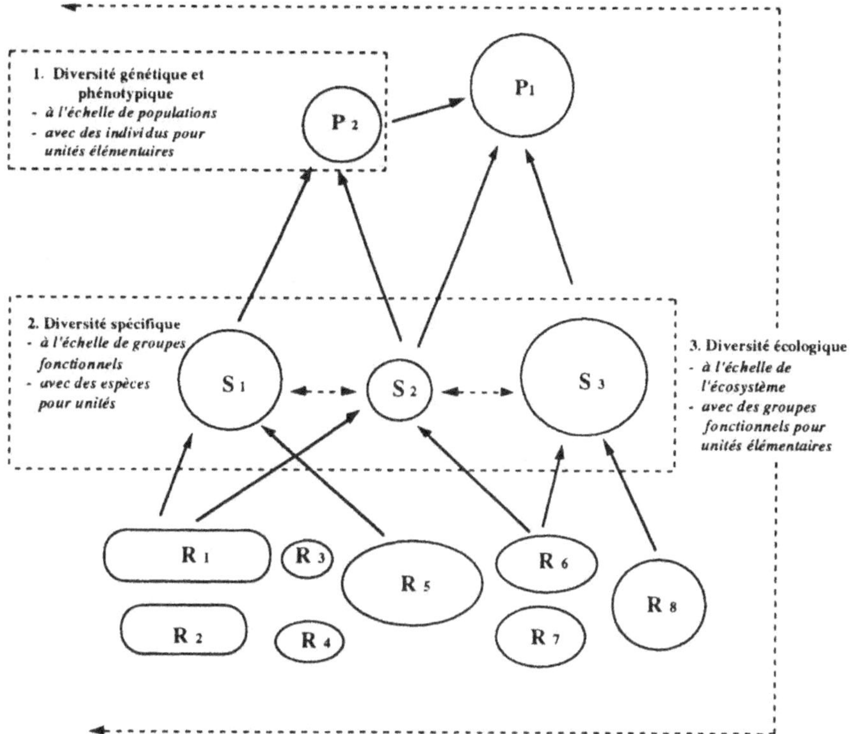

Figure 3 : Une façon (parmi d'autres) d'exprimer les trois composantes de la diversité biologique. Les éléments représentés dans ce système sont des populations réparties en trois niveaux trophiques distincts : des espèces ressources R_i, les espèces S_i qui s'en nourrissent et leurs prédateurs ou parasites P_i qui coiffent le système. Les flèches en trait plein traduisent les flux de matière et d'énergie de mangé à mangeur ; la dynamique de ce système, réseau trophique simplifié, doit être appréhendée aux différentes échelles d'espace et de temps. Naturellement, la diversité génétique ciblée à titre d'exemple sur la population P_2 dans l'encadré 1 vaut pour chaque population du système P_i, S_i ou R_i. De la même façon, la diversité spécifique analysée dans l'encadré 2 à l'échelle du groupe fonctionnel constitué des espèces S_1, S_2, S_3 doit l'être aussi à celle des groupes P_i et R_i. L'ensemble donne la diversité spécifique totale du système.

2. la diversité spécifique, qu'il est recommandé d'analyser à l'échelle de groupes fonctionnels (mangeurs de graines, consommateurs de fourmis, etc.) et dont les unités élémentaires sont des espèces (ou des populations) ;

3. la diversité écologique qui s'exprime par l'organisation en groupes fonctionnels et la variété des types d'écosystèmes qui en résultent.

Ces trois composantes ou facettes de la diversité biologique, de toute évidence interdépendantes, sont plus difficiles à définir concrètement et à quantifier qu'il n'y paraît : la signification fonctionnelle de la variabilité génétique n'est pas homogène ; les espèces ne sont pas des unités toujours faciles à identifier, beaucoup sont inconnues et la distance phylogénétique (c'est-à-dire l'ampleur de l'éloignement par rapport à l'espèce qui est l'ancêtre commun) et écologique qui les sépare devrait être prise en compte ; enfin, la délimitation des groupes fonctionnels et des écosystèmes prête à discussion.

Génotypes et phénotypes

Les populations naturelles sont caractérisées par leur diversité génétique : pour un locus [1] donné, chaque gène peut être représenté par des allèles différents, c'est-à-dire par des ADN qui diffèrent dans leur structure moléculaire. On parle dans ce cas de gènes *polymorphes*. Hormis le cas de clones (bactéries qui se divisent, pucerons issus d'une même femelle parthénogénétique), les individus qui composent ces populations sont donc génétiquement différents.

On peut évaluer la diversité génétique des populations naturelles par la fréquence des gènes polymorphes. Dans une revue de la question publiée [2] en 1984, Eviatar Nevo et ses collaborateurs estimaient que le polymorphisme moyen pouvait varier selon les groupes d'animaux ou de plantes considérés entre 20 et 60 %, hormis quelques cas particuliers.

Ainsi, l'existence de la diversité génétique dans la nature n'est pas l'exception, mais la règle. Cette diversité peut s'exprimer ou non par des variations phénotypiques : coloration, forme, performance physiologique ou autre. La cou-

---

1. Emplacement sur un chromosome.
2. E. Nevo, A. Beiles et R. Ben-Schlomo, « The Evolutionary Significance of Genetic Diversity : Ecological, Demographic and Life History Correlates » : 13-213, *in* G. S. Mani (éd.), *Evolutionary Dynamics of Genetic Diversity*, Springer Verlag, Berlin, 1984.

leur des yeux ou des cheveux, dans les populations humaines, exprime le polymorphisme génétique sous-jacent qui caractérise ces populations. Mais il est beaucoup d'autres polymorphismes non décelables extérieurement : c'est le cas des groupes sanguins, par exemple.

Enfin, cette variabilité génétique ou biochimique est si considérable qu'elle peut être utilisée, en criminologie ou en biologie des populations, pour identifier un individu *particulier* : il s'agit des variations de l'ADN nucléaire minisatellite, c'est-à-dire de régions hypervariables de l'ADN, que l'on qualifie parfois, lorsqu'on les a caractérisées, *d'empreintes génétiques* par analogie avec les empreintes digitales. L'existence chez chacun d'entre nous de défenses immunitaires capables d'identifier le non-soi, qui posent tant de problèmes aux chirurgiens pour la réussite de greffes de tissus ou d'organes entre individus étrangers, en est une autre preuve. On voit donc que la notion d'individu a une base biologique très forte.

Mais la variabilité interindividuelle ne se réduit pas à la composante génétique. On l'a déjà souligné en rappelant qu'un même génotype pouvait se traduire, après des interactions complexes avec l'environnement interne (cellulaire) et externe (écologique), par toute une gamme de phénotypes différents. Cette variabilité qui s'instaure au cours du développement, depuis la cellule œuf primordiale jusqu'à la mort de l'organisme qui en a résulté, connaît une ampleur particulière chez les plantes [1], caractérisées par une plasticité de croissance exceptionnelle – que l'on songe aux bonsaïs –, et chez les vertébrés supérieurs, où les phénomènes sociaux et la capacité d'apprentissage jouent un rôle adaptatif de plus en plus important – pour culminer avec l'émergence de la transmission culturelle qui donne à notre espèce un statut particulier.

Tout cultivateur sait bien que les mêmes semences de blé donneront des épis de qualité différente selon la qualité du sol, la quantité et la nature des engrais apportés, l'espace-

---

1. Elle répond peut-être au fait que, fixées au sol, elles n'ont d'autre stratégie, pour éviter les aléas locaux, que de s'y plier.

ment des plantes, la présence ou non de mauvaises herbes et les conditions climatiques. Cette variabilité phénotypique joue un rôle important dans le fonctionnement des populations naturelles et dans leur probabilité de survie. Il faut insister sur le fait que la densité de la population elle-même ou son organisation en société peut affecter les performances individuelles des individus qui les composent.

L'organisation de la richesse spécifique

L'organisation générale de la biosphère est, dans ses grandes lignes, commandée d'abord par la structure et les mouvements de la planète où elle s'est constituée.

La Terre tourne : cela a d'importantes conséquences pour la biosphère, dont l'activité se trouve rythmée par la double rotation du globe, autour de son axe et autour du Soleil. Le monde vivant évolue, s'organise et fonctionne selon deux périodicités fondamentales, le cycle de 24 heures avec l'alternance jour-nuit, et le cycle annuel avec l'alternance des saisons. Les climats qui règnent à la surface de la Terre et qui influent si fortement sur la distribution et le fonctionnement des êtres vivants sont aussi la conséquence de cette dynamique.

Du pôle Nord au pôle Sud, la surface de la Terre n'offre pas la même inclinaison au rayonnement solaire incident. Il s'établit donc des gradients thermiques, caractérisés par des températures croissant des pôles vers l'équateur, qui provoquent de vastes mouvements atmosphériques. La distribution géographique des climats est, dans ses grandes lignes, la résultante des différences latitudinales d'échauffement solaire et de la dynamique des masses d'air qu'elles provoquent. Ces considérations générales permettent de définir de grandes zones climatiques, à l'échelle du globe. À l'intérieur de ces grandes zones, la répartition des terres et des mers, les caractères particuliers du relief, amènent à reconnaître des climats régionaux.

Parallèlement à ces grandes zones climatiques, en réponse à la variation géographique des deux principales composantes du climat – températures et pluies – s'organisent de vastes ensembles de végétation d'apparence uniforme, les biomes (fig. 4). Ces biomes sont de grands types de formations végétales, qui se succèdent en bandes parallèles des pôles vers l'équateur, et qui caractérisent les grandes zones climatiques de la biosphère.

On distingue ainsi, selon les formes végétales dominantes (arbres à feuilles caduques ; arbres sempervirents, à feuilles ou à aiguilles ; graminées...) et l'importance globale de la végétation : des toundras ; des forêts boréales de conifères ; des forêts tempérées de feuillus caducifoliés, qui perdent leurs feuilles pendant la saison froide ; des forêts sempervirentes méditerranéennes qui portent des feuilles toute l'année, des steppes, constituées de graminées résistant à la sécheresse, distribuées par taches et laissant des espaces dénudés ; des déserts ; des savanes, à strate herbacée continue et parsemée d'arbres ou d'arbustes ; des forêts tropicales caducifoliées, forêts claires et savanes boisées qui perdent leurs feuilles en saison sèche ; des forêts sempervirentes tropicales.

La distribution et la diversité de ces grandes formations végétales, très simplifiées ici, donnent une première image planétaire de la diversité écologique, perçue à l'échelle de

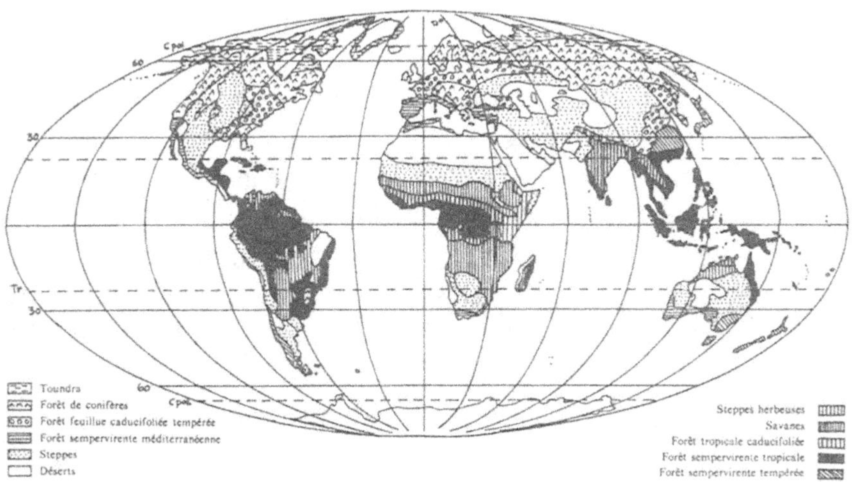

Figure 4 : Carte simplifiée des grands biomes du globe : première image d'ensemble, planétaire, de la diversité écologique.

grands *biomes*. Naturellement, l'extension actuelle de ces formations végétales est fortement modifiée par l'homme.

Ainsi, la distribution des espèces à la surface du globe dépend de conditions physiques (substrat, relief) ou climatiques : elle est prévisible. Il en résulte aussi que le nombre des espèces présentes localement obéit à des patrons caractéristiques. Il n'est pas étonnant que l'on ait établi depuis longtemps l'existence de gradients latitudinaux de richesse spécifique croissante des pôles vers l'équateur pour les faunes comme pour les flores [1].

Au-delà de ces types de patrons, c'est-à-dire de simples constats, l'analyse des déterminismes est beaucoup plus délicate : c'est l'objet de deux disciplines scientifiques qui se recouvrent d'ailleurs partiellement, la biogéographie évolutive d'une part et l'écologie des peuplements d'autre part [2].

Par ailleurs, on sait bien, à partir d'observations empiriques relevées dès les années vingt, que le nombre d'espèces rencontrées sur un espace donné augmente avec la surface de ce dernier : c'est assurément une loi biogéographique fondamentale que Preston a exprimée mathématiquement par la relation : $S = cA^z$ où S est la richesse en espèces, A la surface du territoire considéré, z une constante proche de 0,25 dans la plupart des cas étudiés et c une constante de proportionnalité propre au taxon étudié. En règle générale, on admet qu'un décuplement de la surface A s'accompagne d'un doublement de la richesse en espèces S. La figure 5 donne un exemple de cette relation à propos des oiseaux nicheurs de la zone méditerranéenne.

Parallèlement à ces patrons biogéographiques, on peut multiplier les exemples de patrons écologiques, c'est-à-dire de relations entre richesse spécifique d'une part, et tel ou tel facteur écologique : température locale, précipitations, complexité structurale du milieu, intensité ou fréquence des perturbations, d'autre part. Ainsi, un ordre est décelable

---

1. J. Blondel, *Biogéographie évolutive*, Masson, Paris, 1986.
2. R. Barbault, *Écologie des peuplements. Structure, dynamique et évolution*, Masson, Paris, 1992.

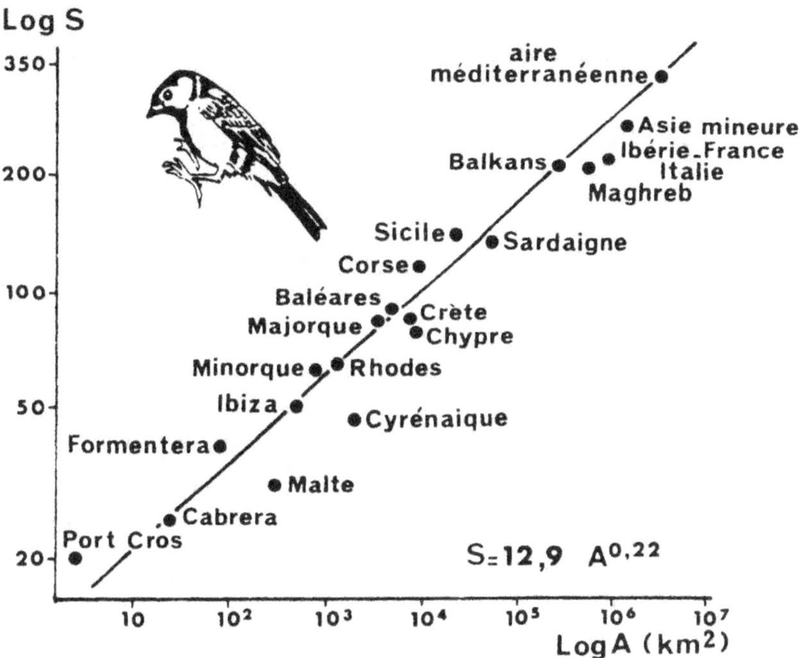

Figure 5 : Relation entre le nombre d'espèces d'oiseaux nicheurs et la superficie des territoires insulaires et continentaux dans l'aire méditerranéenne [1].
Nombre d'espèces S et surface A sont exprimés en logarithmes décimaux : le doublement de la valeur en logarithme correspond à un décuplement du nombre considéré, espèces au km².

dans la profusion des espèces et la diversité de leur distribution.

Essayons de faire brièvement le point des connaissances actuelles dans ce domaine. Si l'existence des gradients de richesse spécifique décroissante des plantes et des animaux terrestres de l'équateur vers les régions polaires est établie depuis longtemps, les raisons sous-jacentes n'en sont pas encore pleinement comprises, au-delà d'un niveau très général. De fait, de nombreux facteurs interdépendants peuvent être invoqués et leurs poids respectifs peuvent différer d'un groupe zoologique ou botanique à l'autre, compte tenu des contraintes écologiques propres à ceux-ci, mais aussi de leur histoire et de celle de l'espace géographique où se place

---

1. J. Blondel, *Biogéographie évolutive*, © Masson, Paris, 1986.

leur évolution. Cela ne veut toutefois pas dire que l'on manque actuellement du cadre théorique général nécessaire pour aborder ces questions.

Celui-ci existe en effet, répété de manuel en manuel. Il dérive de l'intégration progressive d'une diversité d'approches, à la fois écologiques, historiques et géographiques des peuplements animaux et végétaux.

L'écologie et la redondance fonctionnelle

Diversité génétique, plasticité phénotypique, richesse spécifique, voilà des choses bien définies. On sait comment les décrire, on peut les quantifier. C'est le matériau de base de la biodiversité.

Mais qu'entend-on exactement lorsque l'on parle de diversité écologique, ou de diversité fonctionnelle ? Que signifie ce troisième visage de la biodiversité ? N'y mêle-t-on pas des choses différentes ?

Revenons à ce que je viens de poser comme bien défini : la diversité génétique, la richesse spécifique. On peut quantifier la diversité génétique à l'échelle d'un échantillon de population, soit. Mais dans la perspective *fonctionnelle* que l'on veut faire prévaloir se posent les questions suivantes :

– quelle part de cette variabilité joue réellement un rôle dans le fonctionnement, la survie ou la capacité adaptative des systèmes qui la possèdent (individus, populations) ?

– dans quelle mesure et comment cela se répercute-t-il à l'échelle du fonctionnement des communautés plurispécifiques et des écosystèmes ?

Parce que la signification d'une mutation pourra dépendre du contexte génétique où elle se situe et de l'environnement des individus qui la portent (neutre ici, favorable là, défavorable ailleurs, et cela pouvant varier dans l'espace et dans le temps), la distinction n'est ni simple ni absolue et l'on touche déjà à ce que l'on peut appeler la *signification fonctionnelle* de la diversité.

Avec la richesse spécifique S on retrouve le même type de problèmes, amplifiés. Passons sur les difficultés d'application du concept d'espèce lui-même pour en venir à la signification du nombre S :

– à quelle échelle faut-il mesurer S, qui augmente avec l'aire prospectée ?

– la diversité biologique d'un peuplement donné dépend autant du nombre d'espèces qu'il renferme que de la diversité de ces espèces (dix espèces appartenant au même genre représentent une diversité moindre que dix autres appartenant à des genres ou des familles différents) et la relation entre *diversité taxonomique* et *diversité écologique* (diversité des rôles ou des fonctions dans le système – peuplement, écosystème, paysage) demande à être étudiée.

Ainsi, la signification fonctionnelle de la diversité se pose déjà au niveau de l'espèce comme à celui de la communauté plurispécifique.

L'idée de *groupe fonctionnel* est apparue plusieurs fois dans l'histoire de la biologie. Elle apparaît tout naturellement chez les écologistes qui, dans le sillage de Hutchinson et MacArthur, se sont interrogés sur l'organisation des peuplements plurispécifiques et ont, pour cela, travaillé sur des ensembles définis *fonctionnellement* : *guildes* d'espèces apparentées exploitant un même type de ressource (*oiseaux granivores...*) ou assemblages d'espèces variées appartenant à un même niveau trophique (*peuplement* de granivores). Elle s'impose également chez les théoriciens qui s'intéressent à la structure et la complexité des réseaux trophiques – et qui butent évidemment sur l'obstacle taxonomique : ils regroupent alors les espèces ayant apparemment la même fonction, c'est-à-dire la même place dans le réseau trophique et parlent « d'espèces trophiques [1] ».

Soit les réseaux trophiques schématisés dans la figure 6 : tous présentent la même richesse spécifique, avec douze espèces. Pourtant, on voit bien que leur structure est très différente – donc leur fonctionnement. En termes de niveaux trophiques, c'est-à-dire en distinguant de grandes fonctions alimentaires, la diversité de ces réseaux va de 2 (fig. 6d) à

---

1. J. E. Cohen, F. Briand et C. M. Newman, *Community Food Webs. Data and Theory*, Springer Verlag, Berlin, 1990.

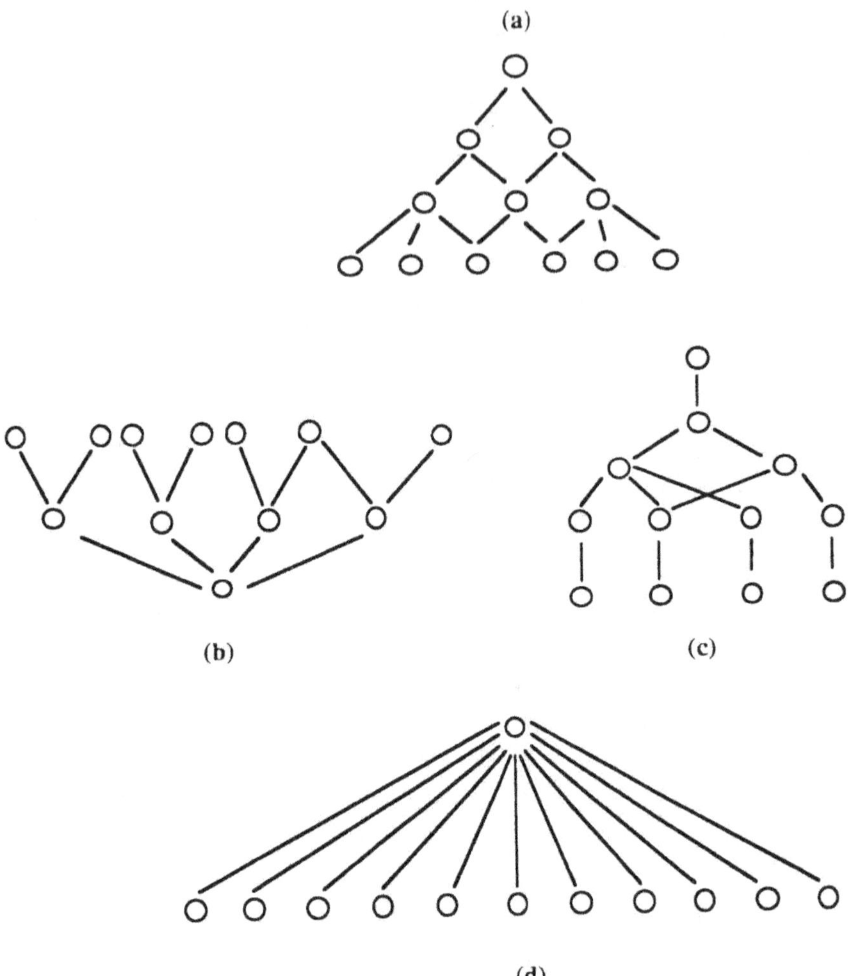

Figure 6 : Quelques exemples simples de réseaux trophiques, composés du même nombre d'espèces, mais à diversités écologiques pourtant très différentes. Les espèces de sommet dépendent, pour leurs ressources et donc leur survie, de celles situées en dessous, dès lors qu'elles y sont liées par des traits indiquant les flux de matière et d'énergie de bas en haut.

5 (fig. 6a et 6c). Par ailleurs, on voit bien que la suppression d'une espèce aura des conséquences très différentes selon les cas (type de réseau ; niveau dans le réseau). Ainsi, l'extinction de l'espèce de base dans le réseau 6b entraînera une disparition totale du système – tandis que l'éradication d'une des espèces de base dans le réseau 6d ne modifiera pas sensiblement le fonctionnement du système.

La *diversité écologique* peut donc être caractérisée par la structure du réseau. Elle peut être appréhendée à partir du nombre des niveaux trophiques observés, des liens entre ceux-ci, espèces ou groupes d'espèces, etc. On parlera indifféremment de *diversité fonctionnelle* ou de *diversité écologique*, puisque c'est essentiellement à partir d'une représentation du fonctionnement du système que l'on en a établi la structure.

De proche en proche, on s'achemine ainsi vers l'idée d'entités fonctionnelles essentiellement plurispécifiques, que l'on appelle, selon les cas, des groupes fonctionnels ou des espèces trophiques. Le réseau trophique devient un réseau de fonctions – chacune pouvant être assurée, soit par un ensemble d'espèces, soit par une seule espèce, soit même par un stade particulier d'une espèce. Il est fréquent, en effet, que la fonction écologique des espèces change au long de leurs différents stades de développement : larves et adultes ont rarement le même régime alimentaire, qu'il s'agisse d'insectes, d'amphibiens ou de parasites ; les alevins de poissons ne se nourrissent pas des mêmes proies que leurs adultes, etc.

Cette approche fonctionnelle a, par ailleurs, le mérite d'attirer l'attention sur des espèces qu'on a tendance à négliger dans ce type d'étude écologique où l'on demeure trop facilement fasciné par la diversité de la végétation ou celle des vertébrés : les micro-organismes. De fait, ceux-ci assurent de nombreuses étapes clés dans le fonctionnement des écosystèmes : nitrification [1], dénitrification, fixation d'azote, cellulolyse, méthanogenèse. Certaines de ces fonctions semblent n'être assurées que par un seul taxon, comme dans le cas de *Nitrobacter* qui assure, dans les sols, la nitrification ; d'autres le sont par une diversité de taxons apparemment équivalents, comme dans le cas de la fixation non symbiotique [2] de l'azote.

---

1. Conversion de l'ammonium en nitrate, forme sous laquelle l'azote devient assimilable par les plantes. La dénitrification est l'opération inverse.

2. L'azote atmosphérique peut être fixé (et transformé en azote assimilable par les plantes) par des bactéries libres, tel *Azotobacter*, ou par des bactéries symbiotiques qui, tels les *Rhizobium*, forment des nodules dans les racines de légumineuses et travaillent en étroite dépendance avec elles.

Apparemment équivalents, ai-je dit. Émerge ici une préoccupation centrale dans les discussions en cours sur la signification fonctionnelle de la biodiversité, sur les priorités à dégager en matière de biologie de la conservation : c'est la question de la *redondance fonctionnelle*. Quelles espèces sont fonctionnellement équivalentes ? En quoi le fonctionnement et la persistance d'un écosystème sont-ils affectés si disparaît, par exemple, la moitié des espèces de chaque groupe fonctionnel ? Quelle est la richesse spécifique minimale nécessaire et suffisante pour cela ? Encore faut-il s'entendre sur l'*identité* du système. Une forêt tropicale humide peut sans doute persister en tant que forêt tropicale après disparition de plusieurs dizaines d'espèces d'arbres, de centaines de milliers d'espèces d'insectes – mais ce n'est plus tout à fait la même. On voit bien les limites, ou les risques, de ce que l'on appelle l'approche fonctionnelle. C'est un type de raisonnement utilitariste comme un autre. En d'autres termes, on est confronté là à un problème de choix moral, culturel, social. Il est évident que beaucoup d'espèces peuvent avoir, en première approximation, la même fonction. Mais celle-ci n'est pas définissable dans l'absolu, ou en tout cas pas complètement. Si de nombreux micro-organismes peuvent fixer l'azote, ils ne le peuvent pas tous dans les mêmes conditions : certains, symbiotiques, doivent être associés à telle ou telle espèce de légumineuse, et à celle-là seulement ; d'autres ne seront efficaces que dans des conditions écologiques données (température, acidité du sol...). Bref, à regrouper par commodité des taxons variés, on n'élimine pas pour autant le fait que la richesse spécifique, comme la variabilité génétique intraspécifique, a sa fonction propre – à un autre niveau d'interrogation que celui adopté ici. Il faut laisser la place à la *diversité* des points de vue !

Enfin, reste à examiner un dernier aspect de la question, que l'obsession numérique, quantitative, fait perdre de vue. On l'a déjà dit, la diversité représentée par un groupe de dix espèces devrait être d'autant plus grande que celles-ci appartiennent à des catégories taxonomiques plus éloignées : si chacune de ces espèces appartient à des embranchements différents (arthropodes, vertébrés, vers annélides, échinodermes...), elle sera plus élevée que si elles sont prises dans des classes d'un même embranchement, et, *a fortiori*, dans des familles d'un même ordre ou dans un même genre.

Le mot embranchement (ou phylum) a été avancé. Il s'agit de ce que l'on appelle les grands types d'organisation des êtres vivants, les grands plans structuraux : cnidaires, à symétrie radiale, tels que les méduses et autres anémones de mer, et dont le corps est constitué de deux couches de tissu ; vers plats, à symétrie bilatérale, composés de trois couches de tissu ; puis le vaste ensemble des coelomates, qui sont tous des animaux à trois couches tissulaires avec une cavité (coelome, d'où leur nom) dans la couche centrale ; vers segmentés (annélides), échinodermes à symétrie d'ordre cinq (étoiles de mer, oursins), arthropodes (insectes, crustacés, arachnides), mollusques, vertébrés, etc. Tous ces grands types structuraux sont apparus peu après les premiers organismes pluricellulaires, il y a plus de 600 millions d'années, au cours du Précambrien supérieur. Selon Jeffrey Levinton [1], tous les embranchements animaux connus apparurent au cours des 60 millions d'années du Cambrien ; on ignore exactement quand, mais à l'échelle de l'histoire de la vie, soit 3,5 milliards d'années, cela apparaît si soudain que certains paléontologues ont parlé d'« explosion cambrienne ». Depuis, aucun type structural nouveau n'est apparu. Même au niveau taxonomique inférieur, celui des classes, la plupart des innovations seraient apparues très tôt, précise Levinton : après le Cambrien, les nouvelles classes ont été rares. Le début du Cambrien semble avoir été un épisode de radiation évolutive spectaculaire.

Ainsi, au-delà des variations dans le nombre des espèces, cette diversité fondamentale que représentent les grands types d'organisation, embranchements, classes ou même ordres, justifie une attention particulière. Par exemple, on a tendance à focaliser les inquiétudes sur la forêt tropicale et sa prodigieuse richesse spécifique, notamment par suite de la diversité des plantes et des insectes qu'on y rencontre.

---

1. J. Levinton, « Le " Big Bang " de l'évolution animale », *Pour la science*, 183 : 56-59, 1993.

Mais il faut souligner qu'en termes de types structuraux, c'est le milieu marin qui est le plus varié [1], avec 28 embranchements animaux, dont 13 endémiques (spécifiques de ce milieu) – tandis que l'on en dénombre 14 en eau douce (aucun endémique), 11 en milieu terrestre (dont un endémique) et 15 à mode de vie symbiotique (dont quatre endémiques).

De la diversité biologique à la diversité culturelle

Et la diversité culturelle ?

La considérant comme un sous-produit de la variabilité interindividuelle, on peut évidemment l'inclure sans état d'âme particulier dans la composante phénotypique de la diversité intraspécifique – puisqu'elle s'exprime à l'échelle d'une même espèce.

Pourtant, sans méconnaître ni sous-estimer le fait que cette diversité culturelle est bien l'aboutissement ultime de la plasticité phénotypique exceptionnelle de notre espèce, donc un produit de l'évolution biologique et une expression du vivant, il paraît utile en même temps d'en souligner la spécificité. De fait, comme nous l'avons vu à propos de la spéciation, s'il est vrai que l'on passe insensiblement de la variabilité génétique intraspécifique à la différenciation spécifique, on n'en atteint pas moins là un autre niveau dans la diversité biologique, celui de la diversité spécifique. De même, si la diversité culturelle s'inscrit bien dans la gamme des expressions de la variabilité phénotypique individuelle, elle n'en traduit pas moins un saut décisif : celui qui nous fait passer de l'individuel au social et nous affranchit du biologique pour nous ouvrir au spirituel. Cela a été remarquablement souligné par Jacques Monod [2] : « Le point important [dans l'évolution], c'est que, pendant des centaines de milliers d'années l'évolution culturelle ne pouvait

---

1. J. F. Grassle *et al.*, « Marine Biodiversity and Ecosystem Functions. A Proposal for an International Programme of Research », *Biology International*, 23 : 19, 1991.

2. J. Monod, *Le Hasard et la nécessité*, Le Seuil, Paris, 1970.

pas ne pas influencer l'évolution physique ; chez l'homme plus encore que chez tout autre animal, et en raison même de son autonomie infiniment supérieure, c'est le *comportement* qui *oriente* la pression de sélection. Et dès lors que le comportement cessait d'être principalement automatique pour devenir culturel, les traits culturels eux-mêmes devaient exercer leur pression sur l'évolution du génome. Ceci jusqu'au moment cependant où la rapidité de l'évolution culturelle devait en dissocier complètement celle du génome. »

La diversité culturelle peut donc être tenue pour une composante particulière de la biodiversité, comme l'aboutissement ultime de notre propre évolution. Elle a bien, de ce point de vue, la même fonction que la biodiversité pour les autres espèces. Mais elle nous ouvre sur quelque chose de nouveau : affranchis dans nos actes et nos choix du seul déterminisme génétique, notre avenir nous appartient. Responsables de nous-mêmes et de notre environnement, il nous revient de le gérer... et d'en tirer d'abord toutes les leçons.

Aboutissement ultime de la biodiversité, la diversification culturelle peut devenir aussi la *source* d'une diversité biologique, le facteur de son maintien, de son entretien ou de sa restauration. On le verra à diverses reprises dans cet ouvrage mais il faut le souligner dès maintenant. Le développement d'habitudes sociales, de traditions culinaires, de pratiques culturales, de cultes, a largement contribué à produire ou propager de la diversité variétale ou spécifique, ou de la diversité paysagère. Que l'on songe à la diversité des fromages en France, dont chacun est l'expression d'une variété d'agents de fermentation, sélectionnés et améliorés dans le cadre de traditions régionales particulières ; à la fascinante profusion des races de chiens créées un peu partout à la surface du globe, avec des tailles, des pelages, des traits de caractère qui répondent à des goûts, des besoins ou des intérêts fort variés.

Il n'y a pas discontinuité entre diversité culturelle et diversité biologique et l'agriculture en donne certainement la plus belle illustration.

Les plantes cultivées que nous connaissons ont pris naissance dans une douzaine d'aires géographiques (fig. 7). Elles

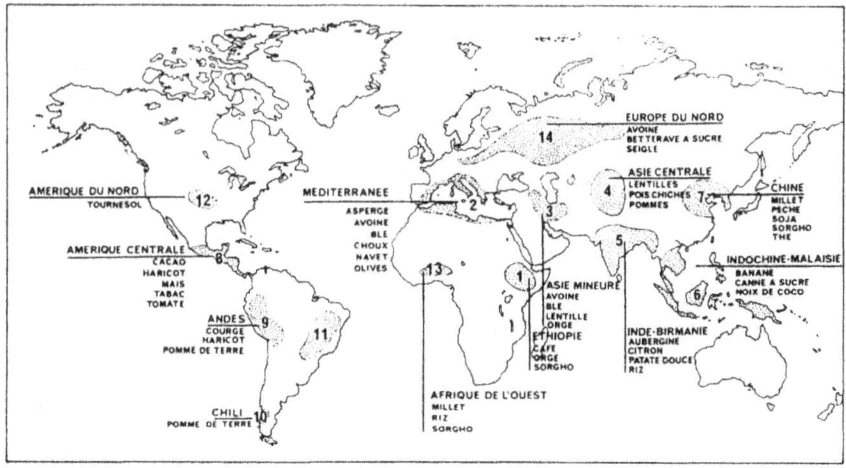

Figure 7 : Principaux centres biogéographiques d'où sont originaires les plantes cultivées par l'homme (d'après un rapport de P. R. Mooney [1]).

y ont prospéré, évolué, se sont croisées, avant d'être domestiquées et transformées par l'homme. Ces « centres de Vavilov », du nom du botaniste russe qui les a mis en évidence en 1951, présentent un grand intérêt pour l'agriculture, dans la perspective très actuelle de la valorisation ou de la conservation des ressources génétiques. Ils renferment encore, en effet, de nombreuses espèces sauvages cousines des espèces cultivées. Certaines ont vu le jour dans deux ou trois zones différentes, d'autres ont une origine très strictement localisée.

Naturellement, les aires d'origine se sont étendues, avec l'extension de l'agriculture, vers des zones plus larges de diversification agricole. On remarquera que, pour l'essentiel, les plantes cultivées proviennent des pays du tiers monde. Il est vrai que les pays de l'hémisphère Nord ont été particulièrement affectés par les ères glaciaires et ceci expliquerait cela. Quoi qu'il en soit, cette disparité biogéographique dans la distribution du patrimoine génétique alimentaire de l'humanité est un point essentiel à considérer : il devra être pris en compte quand on discutera des enjeux

---

1. P. R. Mooney, *Les Semences de la Terre*, © ICDA, Londres, 1991.

de la biodiversité, de conflits d'intérêts, d'équilibres Nord/ Sud, d'équité planétaire.

Enfin, méditons cette profonde réflexion de Claude Lévi-Strauss, extraite de son essai *Race et histoire* :

« La véritable contribution des cultures ne consiste pas dans la liste de leurs inventions particulières, mais dans l'écart différentiel qu'elles offrent entre elles. »

Chapitre 3

Sélection naturelle
et diversité des rôles

> *Comme on sait, les grandes articulations de l'évolution ont été dues à l'invasion d'espaces écologiques nouveaux. Si les vertébrés tétrapodes sont apparus et ont pu donner le merveilleux épanouissement que représentent les Amphibiens, les Reptiles, les Oiseaux et les Mammifères, c'est à l'origine parce qu'un poisson primitif a « choisi » d'aller explorer la terre où il ne pouvait cependant se déplacer qu'en sautillant maladroitement. Il créait ainsi, comme conséquence d'une modification de comportement, la pression de sélection qui devait développer les membres puissants des tétrapodes.*
>
> *Le Hasard et la nécessité*, Jacques Monod, 1970.

La profusion des espèces, la diversité des formes ou des styles de vie, trouvent leur sens dans une perspective évolutionniste et écologique, en tant qu'expression d'une pluralité de fonctions, d'une organisation de rôles. Pour comprendre ce point de vue, qui induit presque nécessairement tout le reste, il faut parler de ce processus majeur apparu avec la vie sur Terre : la sélection naturelle.

On peut bien sûr aussi choisir de donner comme sens à cette diversité le jeu, le plaisir de créer : Dieu modelant des formes et des êtres selon son bon plaisir – manifestations du jeu divin, de la Lîla, selon la tradition hindoue. Il n'est pas sûr que tout cela soit fondamentalement différent ; encore faudrait-il discuter de ce que l'on entend par Dieu, et tel n'est pas le propos ici : il s'agit seulement de proposer une explication écologique des phénomènes, une explication vérifiable. On laissera donc la Lîla divine pour une théorie qui, dans sa forme contemporaine, rassemble toute la biologie et permet de concilier *unité* du vivant et *diversité* des êtres vivants, une théorie qui permet d'espérer des réponses à nos « pourquoi » et des éclaircissements sur les « comment » – je veux parler de la théorie de l'évolution par sélection naturelle.

La sélection en action

La sélection naturelle est un processus qui s'exerce sur des individus, à l'échelle de la population qu'ils constituent, et qui implique nécessairement trois conditions :

1. la population doit présenter une variation *interindividuelle* de quelque trait ou performance (taux de croissance, agressivité, pigmentation, longueur de tel ou tel organe, rapidité de course, de vol ou de nage, etc.) ;

2. ce trait, ou cette performance, doit être relié de manière régulière avec le succès de reproduction ou la survie – c'est-à-dire affecter le taux de multiplication ou valeur sélective de l'individu ;

3. il faut qu'il y ait *transmission héréditaire* de ce caractère.

Cela peut naturellement être analysé, vérifié [1]. Si les trois conditions énoncées sont remplies, pour une population déterminée dans un contexte écologique donné, alors : on observera un effet intragénération, c'est-à-dire que des individus de même âge différeront entre eux de *manière prévisible* selon qu'ils survivent ou non à cet âge ; on relèvera également un effet intergénération, c'est-à-dire que la population des descendants différera de *manière prévisible* de la population parentale.

Contrairement à une idée encore trop répandue, selon laquelle la mécanique de l'évolution est tellement lente qu'on ne saurait l'observer directement, il est possible d'étudier la sélection naturelle à l'œuvre dans les systèmes écologiques actuels. John Endler, de l'université de Santa Barbara en

---

1. J. A. Endler, *Natural Selection in the Wild*, Princeton University Press, Princeton, New Jersey, 1986.

Californie, a pu recenser plus d'une centaine de travaux qui décrivent les mécanismes de la sélection naturelle en action [1].

L'une des histoires les plus remarquables dans ce domaine, et certainement la plus attachante par sa valeur symbolique, est celle des pinsons de Darwin. C'est, notamment, en étudiant ces pinsons des Galapagos que Darwin conçut la théorie de l'évolution.

Treize espèces de pinsons vivent sur les îles Galapagos, au large de la côte ouest de l'Équateur. Toutes dérivent d'un ancêtre commun, qui aurait colonisé l'archipel il y a quelques millions d'années : c'est un exemple typique de ce que l'on appelle une *radiation adaptative* (fig. 8). La dispersion de la population colonisatrice entre des îles offrant des habitats et des ressources différents a favorisé une spéciation intense, c'est-à-dire la création d'une diversité biologique qui affecte la couleur, la taille (les espèces actuelles ont de 7 à 12 cm de longueur corporelle) – et surtout la forme du bec, reliée au régime alimentaire des oiseaux.

Peter et Rose-Mary Grant ont étudié les pinsons qui vivent sur la Grande Daphné, un îlot d'environ 40 hectares. On y trouve deux espèces, le pinson à bec moyen et le pinson des cactus.

À la suite des sécheresses de 1977 et de 1982, qui affectèrent les ressources alimentaires des oiseaux (notamment les graines), beaucoup disparurent. En particulier, la population de pinsons à bec moyen fut réduite à 15 % de ses effectifs. Les Grant ont pu montrer que la sélection favorisa les oiseaux de grande taille. Les plus petits individus périrent et les oiseaux qui survécurent avaient un bec plus grand. Au cours des années normalement humides, de nombreuses plantes produisent une quantité de petites graines, tandis que d'autres donnent des graines plus grosses mais en moindre quantité. Les oiseaux consomment les grosses graines quand ils ont épuisé les petites. Alors un gros bec solide est avantageux parce qu'il permet d'ouvrir les grosses graines pour en retirer l'amande. Cet avantage est décisif

---

1. J. A. Endler, *op. cit.*, 1986.

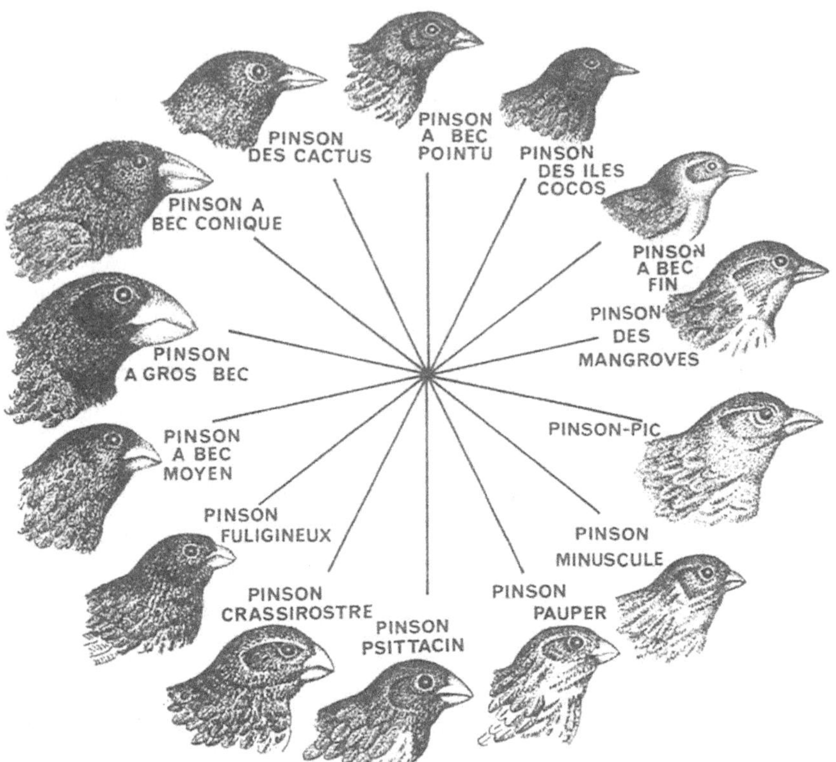

Figure 8 : La radiation adaptative des pinsons de Darwin aux Galapagos. (D'après P. Grant, 1991, « La sélection naturelle et les pinsons de Darwin », © *Pour la science,* n° 170, p. 115, doc. 91.) La dispersion de la population colonisatrice il y a 1 à 5 millions d'années entre des îles offrant des habitats et des ressources différents a favorisé une spéciation intense qui a donné naissance à 13 espèces morphologiquement et écologiquement différentes.

en cas de sécheresse car la survie des oiseaux repose sur la consommation prolongée de grosses graines.

Une analyse statistique a montré une corrélation entre la survie et la taille du corps et entre la survie et l'épaisseur du bec. Par ailleurs, il a été bien montré que ces caractères étaient héritables (condition nécessaire pour parler de sélection naturelle et d'évolution).

Les Grant ont pu établir que 74 % de la variation de l'épaisseur du bec et 91 % de celle de la taille corporelle étaient imputables aux effets conjugués des gènes concernés (le reste résultant des facteurs environnementaux). Aussi peut-on conclure que la population de pinsons évolue parce que les modifications de ces caractères, imposées par la sélection, sont transmises génétiquement à la génération suivante.

La sélection observée à la Grande Daphné est de type oscillant : les effets des sécheresses de 1977 et 1982 furent à peu près compensés par une sélection en direction opposée – vers une plus petite taille corporelle – en 1984 et en 1985 : la relative rareté des grosses graines et la surabondance des petites favorisèrent alors les petits individus, plus efficaces que les gros dans ces conditions. Comme, sur cette île, la composition et la taille de la nourriture changent d'une année à l'autre, la taille optimale du bec pour un pinson change sans cesse et la population soumise à la sélection naturelle oscille en fonction des changements successifs. Mais la tendance à l'accroissement des tailles pourrait s'affirmer si les sécheresses se multipliaient en raison du réchauffement global de la Terre.

La sélection oscillante est universellement répandue et n'est pas l'apanage des pinsons de Darwin, mais ceux-ci constituent un bon modèle d'intérêt général pour expliquer les mécanismes de maintien de la biodiversité et sa signification adaptative.

Une autre histoire exemplaire de sélection naturelle qui s'est déroulée sous nos yeux – et où l'impact des activités humaines dans ce type de processus est indirectement mis en relief – est celle des papillons noirs qui apparaissent avec l'ère industrielle... dans le pays de Darwin !

L'exemple le plus classique est celui de la phalène du bouleau, étudié par Kettlewell. Rares au siècle dernier, les exemplaires mélaniques (variété *carbonaria* des collectionneurs) de ce papillon sont devenus de plus en plus fréquents, jusqu'à représenter, dans certaines régions de Grande-Bretagne, 100 % des individus. La base génétique du mélanisme était connue. Partant de là et frappé de constater que les populations mélaniques apparaissaient dans les zones fortement industrialisées, Kettlewell imagina diverses expériences qui lui permirent d'expliquer le phénomène – phénomène manifesté d'ailleurs chez de nombreuses autres espèces d'insectes.

Les papillons reposent durant le jour sur les troncs d'arbres. L'hypothèse la plus simple était que les variants mélaniques, mieux camouflés sur les troncs noircis par les polluants industriels que sur les troncs clairs, échappaient mieux aux prédateurs (oiseaux chassant à vue) que les individus clairs (fig. 9). Kettlewell démontra expérimentalement la réalité de cette sélection par les prédateurs :

1. Libérant des individus marqués (c'est-à-dire reconnaissables par l'expérimentateur) de phénotype typique ou mélanique dans une forêt polluée de Birmingham, il observe un taux de recapture (assimilé à un taux de survie) de 34 % chez les seconds contre 17 % chez les premiers. La même opération réalisée dans une forêt non polluée du Dorset donne un résultat inverse : 6,3 % de recaptures de *carbonaria*, 12,5 % de recaptures d'individus typiques.

2. À disponibilité égale de chaque type de papillons, les oiseaux capturent beaucoup plus d'individus noirs en bois non pollué et d'individus clairs en bois pollué, à troncs noirs.

L'existence d'un processus de sélection est donc bien établie et le rôle de la prédation dans celui-ci est démontré. On retrouve respectées les trois conditions énoncées au début :

1. il y avait au départ, dans les populations de phalènes du bouleau, une variabilité interindividuelle, ici pour le caractère « pigmentation » (des individus mélaniques existaient avant l'apparition du phénomène étudié) ;

2. ce caractère est relié à la survie de manière régulière, par le biais d'une prédation différentielle qui dépend du contraste couleur du papillon/couleur du support ;

3. la pigmentation obéit à un déterminisme génétique bien connu et est donc un caractère *transmissible*.

Les mécanismes fins de la réponse évolutive à un facteur sélectif donné peuvent parfois être analysés dans le détail. C'est, par exemple, ce qu'ont fait des chercheurs de Montpellier, dans le cas de la résistance des moustiques

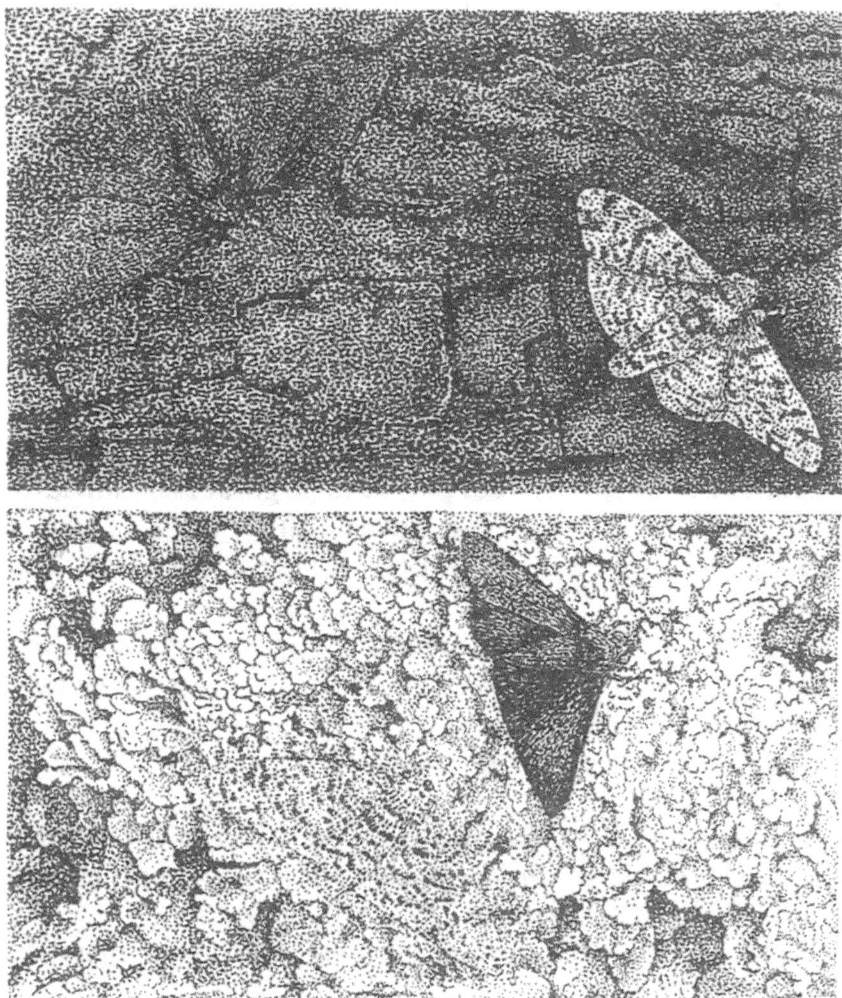

Figure 9 : La phalène du bouleau. Le phénotype typique, très mimétique avec l'écorce des bouleaux non pollués, cède la place au phénotype mélanique dans les régions industrielles où les troncs sont noircis.

aux insecticides organophosphorés. Après quelques années de traitement par ces substances neurotoxiques, il est apparu nécessaire d'augmenter progressivement les doses et la fréquence des pulvérisations pour obtenir les mêmes résultats qu'au début. Ainsi, au bout de dix-sept ans, la résistance des moustiques du Languedoc-Roussillon aux organophosphorés était multipliée par 200 – et le même phénomène était observé en Californie, dans les mêmes conditions. Nicole Pasteur [1] et ses collègues ont pu montrer que cette résistance provenait de la surproduction d'une enzyme de détoxification, une estérase qui a la propriété de détruire les molécules organophosphorées, et que cette surproduction d'estérase résultait de l'amplification du gène de structure correspondant.

Sélection naturelle et comportements

Les écoéthologistes sont des spécialistes de l'analyse évolutionniste des comportements animaux : ils décrivent comment se comportent des individus ou groupes d'individus, dans des conditions écologiques déterminées, puis se demandent *pourquoi* les choses se déroulent ainsi. Par exemple :

— Pourquoi l'antilope royale vit-elle à l'état solitaire, tandis que beaucoup d'autres antilopes vivent en troupeaux, c'est-à-dire en société ?

Question de misanthrope, travaillé par ses difficultés d'insertion sociale ?

— Pourquoi la plupart des espèces animales ont une parade nuptiale avant de s'accoupler, s'exposant ainsi à l'attention malveillante de leurs prédateurs ?

Question d'obsédé sexuel paralysé par une culpabilité chronique ?

Et ce type de questions peut même se faire très précis :

— Pourquoi le mâle d'une mouche coprophage copule-t-il pendant quarante et une minutes ?

Admiration puérile d'un éjaculateur précoce ?

Que signifient donc ces questions ?

Niko Tinbergen, un des trois spécialistes du comportement animal couronnés par le prix Nobel en 1963, a souligné qu'il y avait plusieurs façons de répondre à la question « pourquoi ? » en biologie. En particulier, il y a lieu de distinguer les interrogations qui portent sur la signification

---

1. M. Poirié et N. Pasteur, « La Résistance des insectes aux insecticides », *La Recherche*, 204 : 874-882, 1991.

fonctionnelle des traits comportementaux considérés – le pourquoi évolutif – de celles qui en recherchent le comment physiologique. Dans ce dernier cas on a pour objectif l'analyse des mécanismes causaux qui conduisent aux performances observées, tandis que dans le premier cas on cherche à déceler les facteurs *ultimes*, c'est-à-dire les pressions sélectives qui confèrent aux traits considérés la valeur optimale en termes de survie et de multiplication (c'est-à-dire la valeur sélective maximale).

Ainsi, loin d'être puériles, les questions énoncées ci-dessus à titre d'exemple touchent à l'essence même de la vie et de ses performances, à *la raison d'être* des comportements. Parce que tout cela est à la fois essentiel et peu connu ou mal compris, j'aimerais m'y arrêter quelque peu, à la faveur d'un exemple détaillé.

Au hasard, ou presque, j'ai choisi le cas très symbolique du lion superbe et généreux. Au hasard, ai-je dit : alors pourquoi cette association immédiate, cette réminiscence littéraire ? Laissons cela à une autre lecture, c'est-à-dire au lecteur, et contons ici les dessous de la vie sexuelle du lion d'Afrique, où le roi des animaux apparaît comme le jouet d'une sélection naturelle qui en fait un triste pantin. Bref, une vie de chien, cette vie de lion !

La vie de lion, une vie de chien

En Afrique de l'Est, dans la réserve du Serengeti, les lions vivent en troupes de un à six mâles adultes et de trois à douze femelles accompagnées de quelques jeunes. Chaque troupe défend un territoire où elle chasse zèbres, gazelles et antilopes. Dans une même troupe, toutes les femelles sont apparentées : sœurs, mères, filles, cousines – cela est important pour comprendre l'histoire qui suit. Toutes sont nées et ont été élevées dans la troupe où elles restent pour se reproduire – à la différence des mâles. Les lionnes commencent à se reproduire à l'âge de quatre ans et peuvent le faire encore jusqu'à dix-huit ans. Les choses sont très différentes pour les mâles. À l'âge de trois ans, les jeunes lions, frères ou cousins, quittent leur troupe natale. Après deux années de vie nomade où ils apprennent à s'aguerrir, ils tentent de s'emparer d'une nouvelle troupe au détriment des mâles présents qu'ils doivent expulser. Après une prise fructueuse, ils restent deux à trois ans dans la troupe avant d'être à leur tour « jetés dehors » par de nouveaux mâles. Ainsi, la vie reproductive du lion mâle est courte. Une vie de chien, ai-je dit ; lisez la suite.

Trois caractéristiques de la vie reproductive des lions étonnent de prime abord le naturaliste qui les observe :

1. les lions peuvent se reproduire toute l'année, à la différence des autres mammifères de la savane, mais au sein d'une troupe donnée toutes les femelles tendent à être en chaleur en même temps ;

2. leur succès de reproduction apparaît étonnamment faible ;

3. les mâles pratiquent l'infanticide.

Examinons ces trois points à la lumière de la théorie de l'évolution par sélection naturelle.

Le mécanisme, c'est-à-dire l'explication causale du synchronisme des « chaleurs », est probablement la production de phéromones [1] par la lionne dominante, lesquelles déclenchent les cycles œstriens des autres femelles. Quant à la *fonction* de ce synchronisme, elle serait d'assurer la naissance simultanée de plusieurs portées *parce que* les lionceaux nés dans ces conditions survivent mieux. Du fait de l'existence d'un allaitement communautaire rendu possible par le synchronisme des maternités, un jeune peut téter n'importe quelle femelle allaitante quand sa mère est partie chasser pour nourrir la famille – *mais que font donc les lions, ces fainéants que l'on voit dormir, repus, à l'ombre des acacias* ?

De plus, avec des naissances synchronisées, la probabilité pour un jeune mâle de quitter la troupe avec des compagnons quand il en atteindra l'âge est plus élevée. Or, un jeune

---

1. On appelle ainsi des substances biologiquement actives de type hormone, sécrétées à l'extérieur de l'organisme, qui déclenchent chez d'autres individus de la même espèce une réaction spécifique.

mâle accompagné a beaucoup plus de chances de conquérir une nouvelle troupe, c'est-à-dire d'*accéder à la reproduction*, qu'un individu solitaire : la probabilité de succès est de l'ordre de 100 % quand ils sont quatre ou davantage, proche de 60 % quand ils sont deux, contre 18 % seulement pour l'individu solitaire !

Les lionnes sont en chaleur chaque mois, ou à peu près, quand elles ne sont pas gravides. Les chaleurs durent de deux à quatre jours pendant lesquels la lionne copule une fois toutes les quinze minutes, jour et nuit ! En dépit de ce rythme de copulation phénoménal, le taux de natalité est faible. En outre, 20 % seulement des jeunes atteindront l'âge adulte. On a calculé – je ne dirai pas qui, sinon que c'était un fils de la prude Albion – qu'il fallait en moyenne trois mille copulations pour produire un jeune atteignant cet âge.

L'explication causale de l'inefficacité des accouplements des lions n'est pas l'incapacité du mâle à éjaculer – leur honneur est sauf – mais plutôt la probabilité élevée d'échec ovulatoire et d'avortement chez la femelle. Mais pourquoi les femelles sont-elles conçues de cette manière apparemment inefficace ? Que fait donc la sélection naturelle ?

L'hypothèse avancée ici est qu'il pourrait être avantageux pour les femelles d'être réceptives même à des périodes où la probabilité de concevoir est faible *parce que* cela signifie que chaque copulation est dévaluée. Pour un mâle, il y a seulement une chance sur trois mille – on l'a dit – de voir une copulation donnée aboutir à un jeune survivant à la maturité, de sorte que ça ne vaut pas la peine de se battre avec d'autres mâles de la troupe – des frères, des cousins, qui plus est – à propos d'une opportunité d'accouplement. De fait, chaque femelle peut s'accoupler avec tous les mâles de la troupe et ceux-ci attendent souvent patiemment leur tour avec peu de manifestations d'agressivité. Ce qui apparaît comme une inefficacité des accouplements pourrait être un « truc » évolué chez les femelles pour maintenir la paix parmi les mâles et ainsi promouvoir la stabilité de la troupe.

L'importance de la stabilité familiale pour les femelles tient au fait que lorsqu'un nouveau mâle, ou groupe de mâles, s'approprie une troupe, il tue parfois les lionceaux présents. L'explication causale de ce comportement pourrait être l'odeur non familière des lionceaux (comme l'effet Bruce chez les rongeurs, où la présence d'un mâle étranger empêche l'implantation d'œufs fécondés ou induit l'avortement).

L'avantage de l'infanticide pour le lion qui gagne la troupe est que cela amène la femelle de nouveau en condition reproductive et rapproche le jour où il pourra être père à son tour. Si les lionceaux sont laissés en vie, la femelle qui les allaite ne sera pas en œstrus avant vingt-cinq mois. Si le mâle tue les jeunes, elle l'est après neuf mois seulement. Il faut rappeler que la vie reproductive d'un mâle dans la troupe est courte, de sorte que tout individu qui pratique l'infanticide quand il s'empare d'une troupe produira davantage de jeunes, et donc la tendance à l'infanticide se propagera par sélection naturelle, s'il s'agit bien d'un caractère héritable [1].

Naturellement, le style finaliste adopté pour conter cette aventure du lion d'Afrique ne vise qu'à traduire le jeu de la sélection naturelle qui en a modelé les comportements et autres traits biologiques au cours d'une longue histoire évolutive. Le lion ne calcule pas les probabilités qu'il a d'avoir le maximum de descendants susceptibles d'accéder à la reproduction selon qu'il adopte tel ou tel comportement. Les *parce que* de cette histoire naturelle ne font que rendre compte du caractère implacable de la machinerie génétique : si la diversité des comportements possibles (se battre pour un accouplement ou attendre son tour ; tuer les lionceaux présents au moment où l'on s'empare d'une troupe ou les ignorer...) répond à un déterminisme génétique, alors inexorablement, les allèles impliqués dans les comportements qui produisent le maximum de reproducteurs efficaces envahiront la population... et les lions et lionnes se comporteront bien en conséquence.

On ne sait pas grand-chose du déterminisme génétique de comportements aussi complexes que ceux évoqués dans ce récit. Ce que l'on sait en revanche c'est que les troupes

---

1. B. C. R. Bertram, « Social Factors Influencing Reproduction in Wild Lions », *J. Zool. Lond.*, 177 : 463-482, 1975.

de lions ont bien la structure génétique qui rend plausibles les interprétations évolutionnistes avancées :

– les femelles d'une même troupe sont génétiquement apparentées ;

– les mâles qui s'emparent d'une troupe de femelles sont bien des frères ou des cousins ;

– il n'y a pas de parenté génétique proche entre les lions et lionnes d'une même troupe [1].

Il est intéressant de souligner enfin qu'un comportement aussi contraire que l'infanticide à l'idée que l'on peut se faire à première vue d'un comportement optimal en termes de multiplication, a également été observé chez une dizaine de primates, le plus souvent avec des structures sociales comparables à celle du lion. Chez le langur des Indes, par exemple, les mâles pratiquent l'infanticide. Comme chez le lion, les troupes de femelles rassemblent des individus apparentés. Conquises par un mâle, elles doivent âprement défendre leurs jeunes contre ses attaques répétées. Celles-ci peuvent s'exercer encore jusqu'à un peu moins de six mois après la conquête de la troupe, c'est-à-dire à l'encontre des jeunes qui naissent dans cet intervalle. De fait, ceux-ci ne peuvent avoir été engendrés par le mâle en question puisque la gestation chez cette espèce de singes est de six mois. En dépit des controverses que ce type d'interprétation a soulevées, il ne fait guère de doute que l'infanticide observé chez une dizaine de primates, comme chez le lion, a bien une signification adaptative, ainsi que le souligne Hiraiwa-Hasegawa [2] de l'université de Tokyo.

La population prise dans son environnement

On pourrait passer des siècles, fasciné par la diversité, à compter et contempler les espèces, à décrire leur variabilité

---

1. C. Parker, D. A. Gilbert, A. E. Pusey et S. J. O'Brien, « A Molecular Genetic Analysis of Kinship and Cooperation in African Lions », *Nature*, 351 : 562-565, 1991.
2. M. Hiraiwa-Hasegawa, « Adaptive Significance of Infanticide in Primates », *TREE*, 3 : 102-105, 1988.

géographique ou leur diversité intrapopulationnelle, comme on collectionnerait des timbres. Néanmoins, sans renier pour autant leur amour premier de naturaliste, les chercheurs sont aussi et d'abord animés par une autre passion : celle de comprendre. Aussi, afin de se retrouver dans cette émeute de formes, de couleurs, de modes de vie qu'ils voyaient autour d'eux, en ont-ils cherché l'ordre caché, la signification profonde : à quels déterminismes répondent les diversités observées et leurs variations temporelles ou spatiales ?

Ils l'ont fait essentiellement selon trois grands types d'approches, d'ailleurs complémentaires : une approche *taxonomique*, de systématicien, qui consiste à relier entre elles les unités observées, c'est-à-dire les espèces ou les populations, par des liens de parenté ; une approche *écologique*, qui consiste à établir les connexions *fonctionnelles* entre les espèces ; et une approche *biogéographique* enfin, par laquelle la distribution des espèces est reliée aux variations géographiques de leur environnement.

L'approche écologique, qui va nous retenir ici, part généralement d'une espèce, ou d'une population locale, à laquelle on s'intéresse particulièrement pour une raison ou pour une autre : espèce menacée dont on veut comprendre la biologie pour en assurer la protection ; espèce exploitée dont on veut tirer le maximum de profit sans compromettre l'avenir ; espèce ravageuse ou parasite dont on veut limiter l'impact, etc. Ainsi, la première unité élémentaire qui sera définie n'est pas l'individu, mais une *population* d'individus de l'espèce considérée. Il y a là une rupture importante, un saut épistémologique, qui n'a été réalisé que progressivement par la pensée écologique. De fait, le concept de population a été une révolution majeure de la biologie, même si cela ne semble pas avoir encore pénétré la culture du citoyen, ce qui explique bien des malentendus en matière de protection des espèces, de chasse ou de pêche – bref, quand, d'une manière plus générale, il s'agit de problèmes à l'interface nature/sociétés.

Dans les bambouseraies qui recouvrent encore les montagnes de la Chine centrale vit le panda géant. Bien qu'il soit l'objet, de la part du gouvernement chinois, d'une protection intégrale, cet animal étonnant, devenu le symbole du Fonds mondial pour la Protection de la nature, est actuellement menacé. De fait, ce gros ours à face blanche est essentiellement un mangeur de pousses de bambous : sa survie *dépend* des bambous. Où est le problème ? direz-vous. Là commence le problème, justement.

Au cours des derniers siècles, les bambouseraies ont régressé du fait de l'extension des surfaces cultivées pour l'alimentation d'une autre population, celle des hommes. L'homme respecte le panda, mais il lui faut bien nourrir ses enfants : il défriche, plante le riz, sème le blé. Dans les lambeaux de bambouseraies qui subsistent, parfois encore sur de vastes étendues, se maintiennent des populations de quelques centaines de grands pandas : il n'y a pas de quoi en nourrir davantage. Ainsi, dans la réserve de Wolong, qui couvre 2 000 km² de montagnes, entre 1 200 et 6 250 m d'altitude en bordure orientale des hauts plateaux tibétains, vivaient, dans les années soixante-dix et quatre-vingt, environ 150 pandas. On est loin de la douzaine d'ours des Pyrénées ! Et pourtant... À l'abri des coups de fusil qui menacent notre ours brun, le grand panda doit craindre, si j'ose dire, les « coups » de bambou. Les bambous sont des plantes assez extraordinaires, qui passent des dizaines d'années à croître, sans produire de fleurs, c'est-à-dire sans avoir de reproduction sexuée. Et puis, d'un seul coup, sur des milliers d'hectares, voilà qu'ils fleurissent tous ensemble... puis meurent. Lorsque, par hasard, cela survient simultanément chez les principales espèces dont se nourrit le grand panda, c'est pour lui la catastrophe. C'est ce qui s'est produit dans la réserve du Wolong à la fin des années quatre-vingt et de nombreux pandas périrent de faim avant que la végétation dont ils se nourrissent ne se soit reconstituée [1].

Cet exemple montre bien le caractère essentiel du concept de population. Au-delà des individus, qui meurent et se renouvellent, l'entité biologique fondamentale est la population : il ne suffit pas que, localement, toutes les conditions

---

1. G. B. Schaller, H. Jinchu, P. Wenski et Z. Jing, *The Giant Pandas of Wolong*, University of Chicago Press, Chicago, 1985.

soient remplies pour permettre l'existence d'*un* vautour fauve, d'*un* lynx ou d'*un* panda. Encore faut-il qu'ils puissent y constituer des populations capables de se renouveler. Cela requiert généralement un espace minimum, d'autant plus important que l'organisme considéré est de grande taille et que son alimentation est spécialisée. Ces populations ne sont pas à l'abri d'accidents. Elles y seront d'autant plus vulnérables qu'elles seront réduites en nombre et, on le verra, moins diversifiées : la probabilité de survie d'une population dépend de son effectif et de sa variabilité interindividuelle. Le concept moderne de population inclut donc celui d'individu mais le transcende.

Une autre leçon que l'on doit tirer des malheurs du panda géant est que toute population dépend d'un ensemble plus vaste, que l'on appellera un système population-environnement. Le panda géant est étroitement lié à diverses populations de bambous dont il se nourrit. Il est, indirectement, en concurrence avec l'homme qui recherche de l'espace pour développer ses cultures vivrières ou ses activités industrielles.

Ainsi, la plus petite unité fonctionnelle que l'on puisse reconnaître dans la nature est ce système population-environnement. C'est sur cette base que les questions relatives à une espèce donnée, dans un écosystème donné, doivent être posées – qu'il s'agisse de comprendre, de protéger ou d'exploiter. De fait, dans cette perspective, les écosystèmes sont des assemblages d'espèces beaucoup trop riches et trop complexes pour être analysables en tant que tels. Focaliser l'attention sur l'espèce au sujet de laquelle on s'interroge est une démarche scientifique simplificatrice parfaitement légitime. Elle aboutit à ce concept opérationnel de système population-environnement dont la structure fondamentale est schématisée dans la figure 10. Il faut bien réaliser que chaque entité biologique qui y apparaît est d'abord une population, ensemble d'individus de même espèce qui se déploient dans l'espace considéré.

Le système est, par décision de l'observateur, centré sur la population de l'espèce qui l'intéresse. Les autres composantes retenues ne le sont que dans la mesure où elles sont connues pour (ou supposées) intervenir dans la dynamique

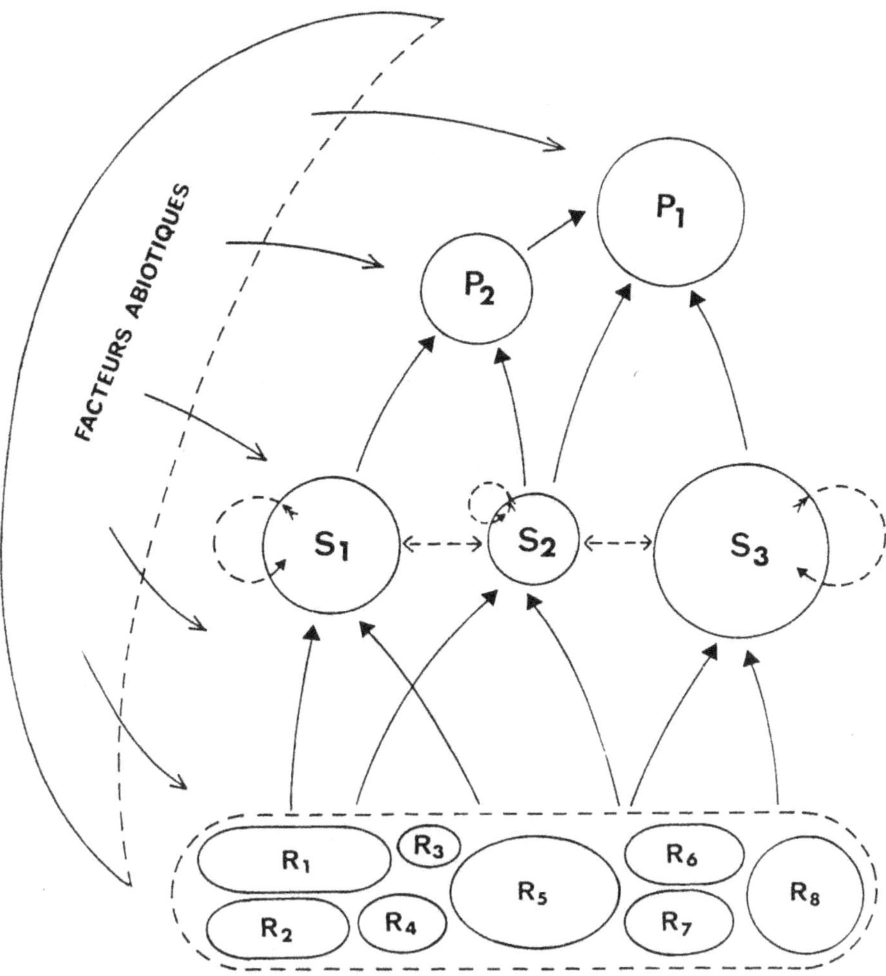

Figure 10 : Représentation schématique d'un système population-environnement. Les populations naturelles ne sont jamais isolées : elles peuvent présenter entre elles des interactions diverses – de prédation, de compétition, de coopération – et sont soumises aux facteurs physico-chimiques du milieu... et à des facteurs intrinsèques.

de cette population : espèces source de nourriture ; populations qui entrent en compétition avec elle pour l'utilisation de ces ressources ; espèces prédatrices ou parasites et environnement physique (substrat, climat, accidents).

C'est donc un système finalement assez complexe, même si l'on a au départ focalisé l'attention sur *une* espèce et une seule ! Dans les écosystèmes réels, il n'y a pas de populations centrales : il s'agit de réseaux d'interactions entre espèces, dont la représentation la plus simple est celle du réseau trophique.

Des espèces comme « fonctions »

Considérer les diverses régions naturelles de la biosphère – les savanes, les forêts, les lacs, les océans ou les déserts, etc. – comme des systèmes écologiques, c'est tenir les espèces, animales, végétales ou microbiennes, pour des *fonctions*... ou du moins des agents caractérisés par les fonctions qu'ils assument dans le système, les rôles qu'ils y jouent. On parle habituellement à ce propos, dans la littérature spécialisée, de *niche écologique*.

C'est une approche scientifique de la diversité biologique, une *construction*, qui vise à dégager des règles générales, à faciliter des comparaisons. La définition des fonctions et les regroupements qui en résultent dépendent toutefois des questions que l'on se pose et de l'échelle de perception que l'on adopte. Si l'on s'interroge sur le cycle de l'azote dans les écosystèmes et dans le système biosphère-géosphère tout entier et que l'on cherche à en caractériser les étapes, on ciblera les fonctions en termes de *fixateurs* d'azote libre, de *nitrificateurs* (qui convertissent l'ammonium en nitrates assimilables par les plantes), de *dénitrificateurs* (qui réalisent l'opération inverse), etc. Si l'on s'intéresse aux flux d'énergie et de matière dans les écosystèmes, on y reconnaîtra de grands compartiments fonctionnels, tels que les producteurs primaires qui fabriquent de la matière organique à partir du gaz carbonique de l'air et des éléments minéraux du sol (et l'on y regroupe toutes les plantes vertes, à *fonction chlorophyllienne*, qui permettent la photosynthèse), les consommateurs primaires ou herbivores, qui vivent aux dépens des plantes, les consommateurs secondaires ou carnivores, qui se nourrissent des précédents, etc.

On pourra aussi adopter une lecture plus fine et distinguer, parmi les consommateurs primaires, des granivores qui se nourrissent de graines, des folivores qui consomment les feuilles... et puis en affinant encore l'analyse pour mieux comprendre, il faudra bien distinguer les *différents* granivores ou les *différents* folivores – qui ne consomment pas nécessairement, ni même le plus souvent, les mêmes graines ou les mêmes plantes. Ainsi, indifférencié dans un premier temps, l'ensemble granivore, par exemple, apparaîtra comme un système complexe (on parlera de *guilde* ou de *peuplement*) où chaque espèce assume une fonction particulière, voire où le rôle de chaque espèce dépend de celui des autres. En d'autres termes, les peuplements sont des ensembles fonctionnels où s'organisent les *niches écologiques* des espèces.

La diversité apparaît comme une nécessité *fonctionnelle* : l'uniformité est biologiquement et écologiquement inconcevable, même en ce qui concerne les caractéristiques physiques de l'habitat. De fait, c'est l'homogénéité qui, dans la nature, est l'exception pour ne pas dire une pure abstraction. Imaginons un plan ou un volume parfaitement homogène au départ (fig. 11). Du seul fait des phénomènes géologiques ou géochimiques, de la position de la planète Terre dans le système solaire, cela n'est guère possible *durablement* : des

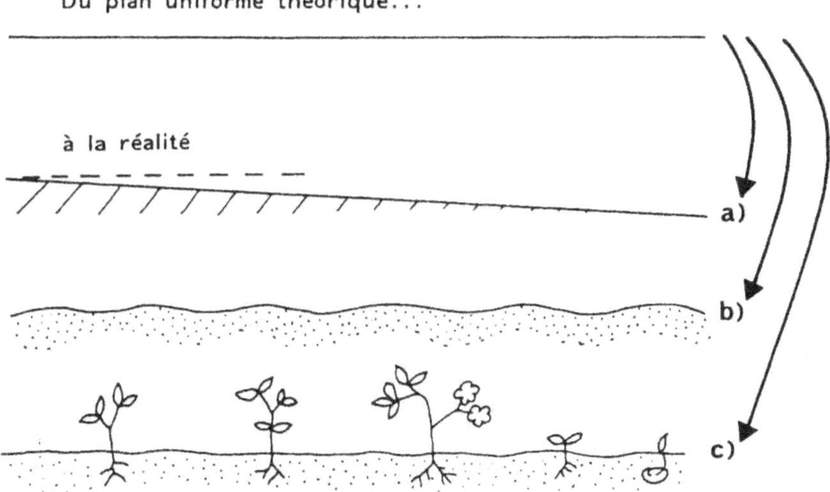

Figure 11 : La notion de plan homogène n'est pas concevable dans la nature : l'hétérogénéité finit toujours par s'y inscrire, soit à la suite de l'apparition de gradients *(a)* ou d'inégalités de relief *(b)*, soit du fait même de la colonisation par des propagules *(c)*.

gradients apparaissent et une hétérogénéité s'instaure nécessairement. En outre, du seul fait de la colonisation par des propagules biologiques – le transport de graines par le vent, par exemple – s'établit une hétérogénéité de type mosaïque : les microsites où les graines vont germer différeront ensuite nécessairement des espaces intermédiaires, et une structuration spatiale apparaît (fig. 11).

Venons-en maintenant à la dimension biologique du problème : que va-t-il se passer le long d'un gradient écologique donné ?

Soit un gradient spatial H, caractérisé par une augmentation légère et progressive de l'humidité du sol. Une plante colonisatrice, apportée par le vent, s'installe. Elle y constitue une population qui occupe théoriquement tout le substrat disponible (fig. 12A).

Pourtant, hors intervention humaine, cela n'existe nulle part : ce que l'on observe, c'est un partage de l'espace entre plusieurs variants, ou espèces, distincts (fig. 12B). Parce que aucun type d'organisme, parce que aucun génotype ou espèce n'est identiquement performant sur la totalité d'un gradient quelconque (types d'habitats, types de ressources alimentaires – par exemple tailles de proies), celui-ci sera nécessairement exploité par un système d'utilisateurs diversifiés. Selon les cas, cela peut se faire par une diversification intraspécifique (cas d'une île éloignée dont la probabilité de colonisation par d'autres espèces est faible) mais le plus souvent, avec le temps, on aboutira à un système plurispécifique (fig. 12C) – soit du fait d'une colonisation par d'autres espèces, mieux adaptées pour exploiter les franges extrêmes du gradient par exemple, soit par suite d'une évolution locale comme dans le cas de la radiation adaptative des pinsons de Darwin.

En d'autres termes, quand il y a compétition entre plusieurs espèces pour l'utilisation de ressources communes, chacune tend à être plus spécialisée – c'est-à-dire moins diversifiée ; à l'inverse, en l'absence de compétition interspécifique, les populations tendent à se diversifier sous l'effet de la compétition intraspécifique : le spectre des ressources alimentaires et/ou des habitats qu'elles utilisent s'élargit.

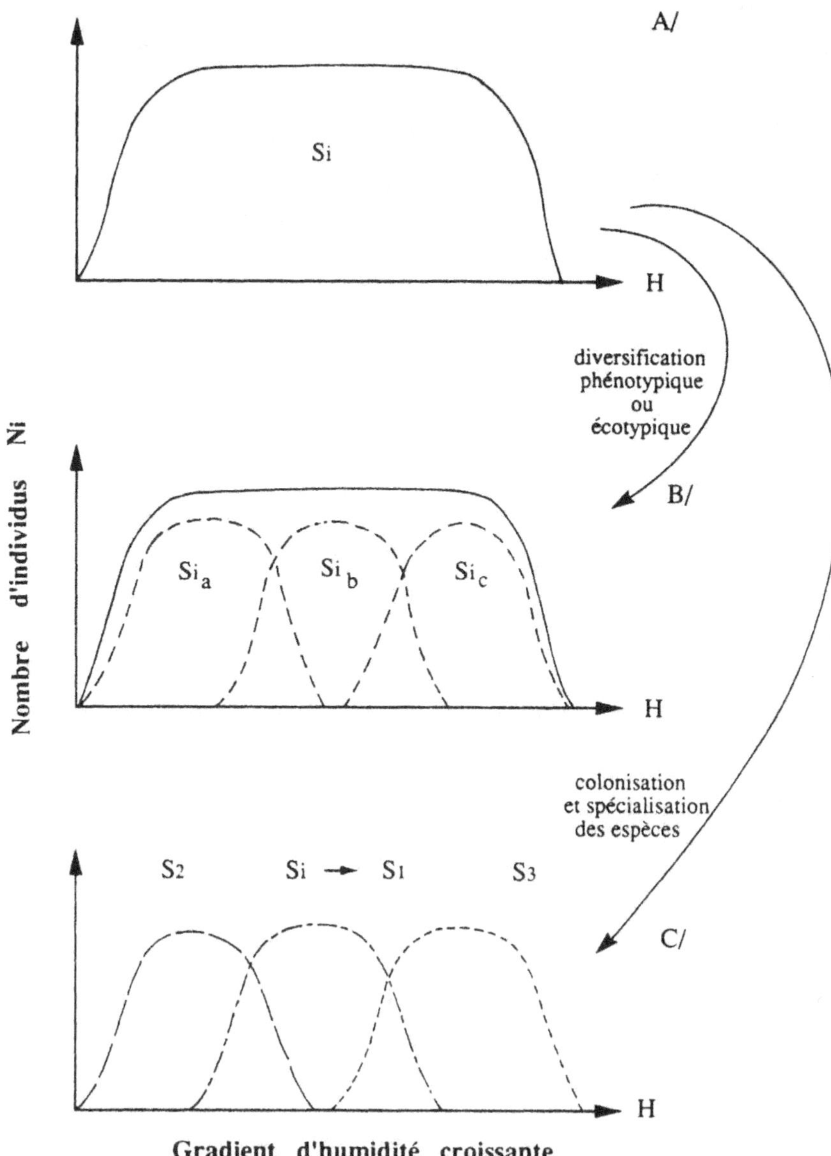

Figure 12 : L'uniformité est contre nature : la diversité apparaît comme une nécessité fonctionnelle. Le maintien indifférencié de la population de l'espèce S_i sur la totalité du gradient d'habitat H (A), n'est pas écologiquement concevable. Avec le temps, on verra apparaître soit des variants spécialisés sur les diverses régions du gradient (différenciation infraspécifique, B), soit d'autres espèces S_2, S_3, qui entraîneront le resserrement de la niche écologique de S_i et son évolution vers une spécialisation vis-à-vis de cette fraction du gradient (S_i -> S_1, C).

Ainsi, chez une fourmi déserticole granivore, Diana Davidson [1] observe un accroissement de la variabilité intra-population de la taille des mandibules des ouvrières, lié à un élargissement du spectre des ressources utilisées (gamme de tailles des graines récoltées et transportées entre les mandibules), lorsque diminue la richesse spécifique du peuplement de fourmis granivores auquel appartient la population considérée – et donc que s'atténue l'intensité de la compétition interspécifique à laquelle cette dernière est soumise. Les diverses fonctions – récolte des différentes tailles de graines par exemple – sont assumées soit par plusieurs espèces différentes, mais chacune très spécialisée, quand il y en a beaucoup, soit par des classes d'ouvrières différentes (notamment par la taille des mandibules) quand il n'y a qu'une ou très peu d'espèces.

La diversité apparaît bien comme une nécessité *fonctionnelle*. Elle se crée inexorablement par différenciation phénotypique, sélection naturelle, spéciation... ou spécialisation sociale ou professionnelle : la diversification des espèces le long d'un gradient de ressources est une spécialisation écologique qui a la même signification fonctionnelle que la *différenciation* des castes dans les sociétés d'insectes, que la floraison des métiers dans les sociétés humaines, que la *spécialisation professionnelle*. On parle de *créneaux* dans le dernier cas, de *niches écologiques* dans les premiers.

---

1. D. W. Davidson, « Size Variability in the Worker Caste of a Social Insect (*Veromessor pergandei* Mayr) as a Function of the Competitive Environment », *Am. Nat.*, 112 : 523-532, 1978.

Les stratégies du vivant

Rappelez-vous bien mes enfants qu'il n'existe rien de constant si ce n'est le changement.

Bouddha.

Plus ça change,
plus c'est la même chose.

Les Guêpes, Alphonse Karr.

Chapitre 4

Changer pour durer

> *Vivants ou non, les objets complexes sont les pro-
> duits de processus évolutifs dans lesquels inter-
> viennent deux facteurs : d'une part, les contraintes
> qui, à chaque niveau, déterminent les règles du jeu
> et marquent les limites du possible ; d'autre part,
> les circonstances qui régissent le cours véritable des
> événements et réalisent les interactions des systèmes.
> La combinaison de contrainte et d'histoire se retrouve
> à chaque niveau en proportions différentes. Les objets
> les plus simples sont soumis aux contraintes plus
> qu'à l'histoire. Avec l'accroissement de complexité
> grandit l'influence de l'histoire.*
>
> Le Jeu des possibles, François Jacob, 1981.

Depuis toujours, la Terre bouge. Le monde où se déploie la vie est changeant : les milieux où vivent les organismes sont variables dans l'espace et dans le temps – et cela à différentes échelles.

Ces variations peuvent être prévisibles – les fluctuations de lumière à l'échelle du cycle de vingt-quatre heures, les fluctuations thermiques moyennes à l'échelle du cycle annuel. Parler ici de prévisibilité ne veut pas dire que l'individu sait ce qui va se produire. Toujours dans cette perspective évolutionniste hors de laquelle les manifestations du vivant ne sont guère compréhensibles, cela signifie que la sélection naturelle peut opérer de telle manière que soient retenues les stratégies qui « collent » avec ces rythmes réguliers : par exemple, ajustement de la période de reproduction avec la saison favorable pour produire le plus de descendants capables d'accéder à leur propre reproduction.

Les variabilités imprévisibles sont celles qui n'ont aucune

régularité, ou du moins aucune régularité aux échelles d'espace et de temps où vivent les organismes considérés : orages, éruptions volcaniques, crises climatiques sont imprévisibles. Cela peut se traduire par des stratégies plus complexes à l'échelle des populations.

L'existence d'une variabilité génétique importante au sein des populations est, pour partie, l'expression de cette situation : la réponse de la sélection naturelle à un monde incertain. Pour se perpétuer, les gènes doivent produire des machineries capables de pallier ces aléas : des organismes qui *parient*. Faut-il se reproduire tout de suite ou attendre encore et grandir ? Faut-il faire beaucoup de petits œufs ou peu d'œufs plus gros ? Pour beaucoup d'espèces, se reproduire c'est prendre un risque. Quand on considère les parades nuptiales de nombreux oiseaux, d'insectes, de poissons, on est frappé par l'étalage des couleurs, des mouvements... Pour le prédateur qui rôde, que voilà des proies faciles ! Pourquoi la sélection naturelle a-t-elle retenu de tels comportements parfois presque suicidaires ? Sans parler de toutes ces plantes, tels les bambous, de tous ces animaux, tels les saumons, chez qui l'acte de reproduction, unique, est une condamnation sans appel : c'est la mort programmée ! En fait, le principe de la sélection naturelle n'est pas pour autant pris en défaut : dès lors que l'organisme A qui va mourir produit davantage de rejetons A que son variant B, qui se survit à lui-même, donne de rejetons B, c'est le gène de type A qui se répandra dans la population, quelle que soit la durée de vie de l'organisme individuel qui le porte.

La sélection naturelle ne retient nécessairement ni les plus forts, ni les plus beaux, ni les mieux conçus, mais tout simplement ceux qui se multiplient le plus de génération en génération. Alors pourquoi n'y a-t-il pas que de petites espèces, à taux de multiplication nécessairement plus rapide, puisque à temps de génération plus court ? C'est ce que permet de comprendre la théorie des stratégies biodémographiques.

La vie : aventure ou stratégie ?

Le cycle de vie des organismes résulte d'un ensemble de traits qui contribuent à leur survie et leur reproduction – c'est-à-dire à leur taux de multiplication, à leur valeur sélective. Ces assemblages de caractères – taille corporelle, aptitudes physiologiques ou écologiques, comportements, âge à la reproduction, fécondité – ont été appelés, dans une perspective évolutionniste, *stratégies* : réunissant des traits qui fonctionnent ensemble et interagissent, ces stratégies traduisent l'adaptation des populations à leur environnement.

D'une manière très générale, on peut dire que, pour un être vivant conçu comme le produit de l'évolution par sélection naturelle, une stratégie est, dans une situation donnée, un type de réponse ou de performance parmi une série d'alternatives possibles : attaquer ou fuir en présence d'un congénère qui revendique la proie que l'on vient de capturer ou la femelle que l'on vient de séduire ; se reproduire ici et tout de suite ou bien grandir encore, ou migrer, etc.

Implicitement on admet l'existence de contraintes, externes et internes, ainsi que celle de choix, de compromis. Pour survivre et se reproduire, en effet, tout être vivant a besoin de matière et d'énergie qu'il lui faut répartir entre ses fonctions essentielles : croître, échapper à ses ennemis, se reproduire. Par suite de contraintes diverses – abondance et capturabilité des proies, temps nécessaire à leur recherche, leur capture et leur ingestion – la quantité d'énergie disponible est limitée. Par conséquent, accroître l'allocation d'énergie à la reproduction, par exemple, équivaut à réduire l'énergie disponible pour la croissance ou les dépenses d'entretien. Il y a donc nécessité de choix.

Considérons le cas d'une plante annuelle en croissance dans des conditions écologiques déterminées et identiques d'année en année. Elle dispose pour se développer et se reproduire d'une quantité donnée de ressources R (eau, azote...). Le génotype qui investirait la totalité de ces ressources dans la croissance somatique produirait certes une plante vigoureuse et de belle taille, mais incapable de se reproduire : sa valeur sélective serait nulle et la sélection naturelle l'aurait éliminé depuis longtemps. La valeur sélective W des divers génotypes de cette plante croîtra avec l'augmentation progressive de la proportion de ressources allouée à la production de graines, jusqu'à un maximum qui définira la stratégie optimale, dans les conditions écologiques données, pour l'espèce considérée. En effet, au-delà de la proportion R_r^* correspondante (fig. 13), la valeur sélective décroîtra parce que la plante ne sera pas suffisamment grande ou vigoureuse pour produire des graines efficaces (qui permettent la germination de nouvelles plantes).

D'un point de vue évolutionniste, on considère que la sélection naturelle devrait favoriser les génotypes qui, entre les multiples compromis possibles (stratégies), adoptent ceux qui leur confèrent de génération en génération le taux de multiplication (valeur sélective) le plus élevé possible. La solution optimale dépend des contraintes qui s'exercent au sein du système population-environnement en question, c'est-à-dire de la nature des pressions sélectives qui pèsent sur la dynamique de la population considérée : imprévisibilité des conditions climatiques ou des ressources, prédation affectant tel ou tel stade du développement, compétition intra- ou interspécifique, etc. Quoi qu'il en soit, le résultat d'une telle allocation optimale des ressources entre les diverses fonctions vitales de l'organisme se traduit par un profil biologique et démographique caractéristique, défini par un ensemble de traits tels que l'âge et la taille à la première reproduction, les taux de fécondité et de mortalité spécifiques de chaque classe d'âge, le type d'organisation sociale, la taille des jeunes à la naissance (ou des graines). Ce profil biodémographique est donc l'expression globale de l'adaptation de l'organisme à son milieu. On parlera de stratégie adaptative, ou de stratégies biodémographiques pour souligner, au-delà de la dimension démographique des caractères en cause, leur signification globale (traits démographiques

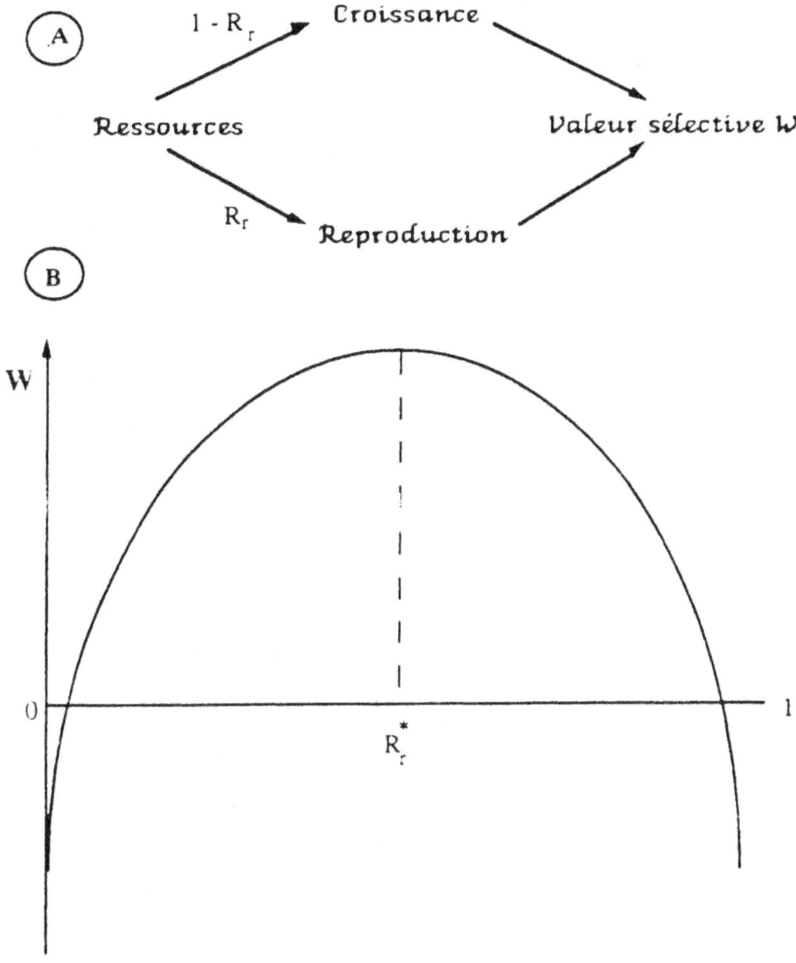

Figure 13 : Relation entre l'allocation des ressources à la croissance et à la reproduction et la valeur sélective. A) Chaque stratégie, définie par R_r, la proportion des ressources ($R = 1$) allouées à la reproduction, se traduit par une valeur particulière de W. B) Variation de la valeur sélective W en fonction de la stratégie d'allocation des ressources adoptée, R_r. La sélection naturelle retiendra la stratégie optimale R_r^*.

mais aussi comportementaux, physiologiques, morphologiques). Ainsi, pour reprendre une définition donnée par Stephen Stearns, de l'université de Bâle, « les stratégies biodémographiques sont des ensembles de traits coadaptés, modelés par le jeu de la sélection naturelle, pour résoudre des problèmes écologiques particuliers ». Ce concept associe deux idées essentielles :

1. les différentes variables qui composent les profils biodémographiques sont ou peuvent être interdépendantes ;

2. l'ajustement entre le profil démographique et l'environnement résulte du jeu de la sélection naturelle et implique une tendance à l'optimisation de la valeur sélective des organismes.

En d'autres termes, cela veut dire que l'on admet, d'une part, que les profils biodémographiques répondent à des contraintes internes et externes telles qu'ils traduisent nécessairement une solution d'équilibre et de compromis et, d'autre part, que ces solutions d'équilibre, ou les conditions d'expression de ces solutions, sont déterminées génétiquement.

L'idée de contrainte rappelle ici que tout n'est pas possible pour un type d'organisme donné, compte tenu des pressions qui s'exercent sur lui et de sa structure propre (morphologie, taille, patrimoine génétique).

Ainsi, chez les espèces ovipares (poissons, amphibiens, etc.) qui, à chaque ponte, produisent leurs œufs simultanément, la biomasse reproductive sera limitée, contrainte par la capacité abdominale. Cela explique que l'on puisse observer, entre diverses espèces de batraciens appartenant à des familles diverses et ayant des modalités de reproduction très différentes, une même relation générale entre le volume des pontes et la longueur moyenne des femelles. Cependant, au-delà de cette contrainte générale, diverses solutions sont possibles, puisque la même biomasse peut être répartie entre un nombre variable d'œufs, d'autant plus élevé qu'ils sont petits (fig. 14).

Il peut être avantageux de produire de gros œufs si ceux-ci donnent naissance à des jeunes plus viables (ayant un avantage compétitif pour l'exploitation des ressources, ou évitant mieux les prédateurs), la valeur sélective dépendant en définitive du nombre de descendants susceptibles de se reproduire à leur tour. Il y a donc nécessité de compromis entre le nombre et la taille des œufs. Les choix retenus par la sélection naturelle dépendront des pressions qui s'exercent

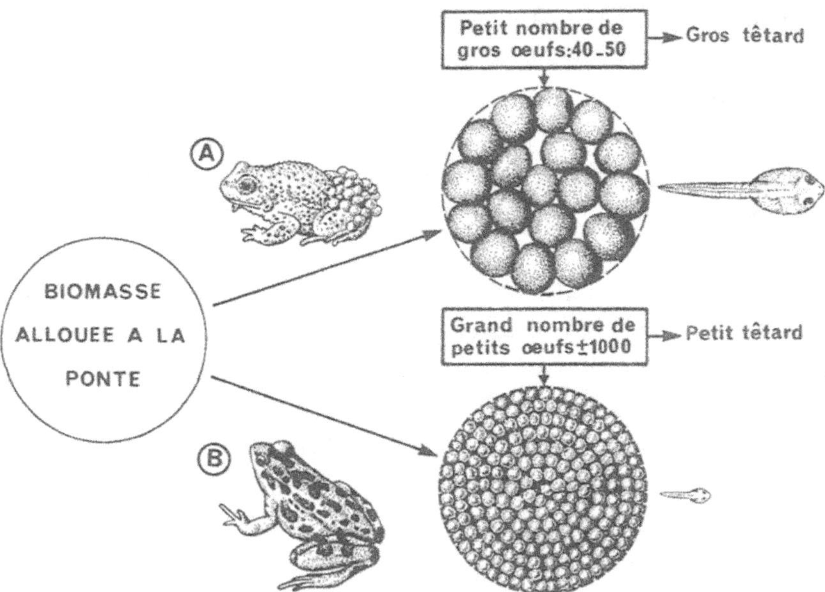

Figure 14 : Chez beaucoup d'espèces le volume de la ponte est contraint par la capacité abdominale de la femelle. Mais, pour une même biomasse allouée à la ponte, il existe plusieurs solutions possibles. Ainsi, chez les batraciens, la plupart des espèces déposent dans l'eau des pontes abondantes constituées d'œufs minuscules, comme le fait le pélodyte ponctué B, tandis que d'autres produisent de gros œufs en nombre réduit. C'est le cas du crapaud accoucheur A qui porte les œufs sur son dos et les soigne avant de libérer les têtards dans une mare, ou encore de cette espèce africaine évoquée dans le texte, *Arthroleptis poecilonotus,* dont les œufs pondus dans le sol permettent un développement complet sans stade larvaire aquatique. Naturellement, ces différentes stratégies dépendent des contraintes internes (possibilités offertes par le génome des espèces) et des contraintes externes, c'est-à-dire des pressions de sélection.

dans le cadre de chaque système population-environnement considéré et compte tenu des contraintes propres à chaque type d'organisme.

Ainsi, grâce à leur aptitude à s'affranchir du milieu aquatique, les femelles du petit crapaud africain *Arthroleptis poecilonotus* pourront coloniser des espaces privés d'eau libre et produiront des œufs relativement gros mais en moins grand nombre que d'autres espèces de taille similaire qui pondent dans les flaques d'eau et autres bassins temporaires. Ces gros œufs, riches en vitellus (le jaune), permettent aux petits crapauds un développement complet – sans la nécessité d'un stade têtard, fort exposé aux prédateurs et autres aléas de l'environnement (assèchement des flaques).

À Trinidad, les populations naturelles d'un petit poisson vivipare, le guppy *Poecilia reticulata*, sont exposées à des régimes de prédation très différents selon les rivières considérées. Certaines subissent une prédation intense, de la part du poisson *Crenicichla alta*, qui s'exerce principalement sur les adultes, tandis que d'autres sont soumises à une prédation d'intensité modérée, due à un autre poisson, *Rivulus hartii*, et qui frappe surtout les jeunes. Reznick et Endler [1] ont montré que ces deux groupes de populations avaient des profils démographiques significativement différents du point de vue de la théorie des stratégies biodémographiques. Par rapport aux secondes, les premières, à régime *Crenicichla*, présentaient en effet les particularités suivantes :

1. un effort de reproduction plus soutenu, avec allocation d'énergie par portée plus élevée et portées plus fréquentes tout au long de l'année ;

2. une taille plus petite à la première reproduction ;

3. une production plus nombreuse de jeunes, ceux-ci étant en contrepartie plus petits.

L'ensemble des résultats présentés par Reznick et Endler démontre le rôle décisif joué par la prédation dans le façonnement des profils démographiques observés chez cette espèce. Restait à préciser que les différences démographiques observées entre les populations soumises à des régimes de prédation différents avaient bien une signification évolutive et possédaient une base génétique. Pour cela Reznick a élevé, en conditions contrôlées de laboratoire, des guppies provenant de quatre populations naturelles, deux à prédation faible par *Rivulus hartii*, deux à prédation forte par *Crenicichla alta*. Les individus de seconde génération issus de parents du deuxième lot se reproduisaient plus tôt et à une taille plus petite que ceux issus du lot *Rivulus*. Ils produisaient des jeunes plus petits mais plus nombreux, et

---

1. D. N. Reznik et J. A. Endler, « The Impact of Predation on Life History Evolution in Trinidadian Guppies (*Poecilia reticulata*) », *Evolution*, 36 : 160-177, 1982.

avec une fréquence plus grande que leurs homologues *Rivulus* – consacrant au total une plus large proportion de leur énergie à la reproduction. Ces différences génétiquement inscrites, relevées entre le lot *Rivulus* et le lot *Crenicichla,* traduisent des stratégies adaptatives distinctes, associées à deux régimes de prédation bien différents, une prédation qui frappe presque exclusivement les jeunes dans le premier cas et une prédation préférentielle des adultes dans le second cas.

Les aspects les plus étudiés de la problématique ainsi brièvement illustrée concernent, d'une part, les stratégies d'acquisition des ressources et, d'autre part, les stratégies de reproduction.

Dans le premier cas, se mettant à la place des organismes considérés, les auteurs se posent des questions telles que : Quelle nourriture choisir ? Comment se procurer cette nourriture ? Où la rechercher ? Quand ? Puis ils tentent d'y répondre dans une perspective évolutionniste par une analyse des coûts et des bénéfices attachés aux diverses solutions possibles.

Dans le second cas, étant donné l'importance de la reproduction pour la valeur sélective des organismes, une grande attention a été portée à l'effort relatif consenti par ceux-ci pour les activités de reproduction. Le concept d'*effort de reproduction* a été forgé : c'est la fraction de son budget énergétique que l'organisme alloue à la reproduction. Ce concept débouche sur la notion de *coût de reproduction,* qui relie l'effort de reproduction aux autres performances de l'organisme, croissance et survie notamment.

Les comportements alimentaires pour survivre

Comment se nourrir, c'est-à-dire quelles proies choisir ? Où se nourrir ? Quand se nourrir ? Voilà des questions complexes que tout organisme doit résoudre... avec l'aide de la sélection naturelle, et que les éthologistes, spécialistes du comportement animal, ont pris plaisir à étudier minutieusement. Naturellement, comme toujours lorsque l'on parle de stratégie, il existe des contraintes internes (d'ordre morphologique ou physiologique) et externes (risques de prédation, caractéristiques des proies potentielles, compétiteurs...) qui limitent ou orientent les choix. C'est par ce biais que les stratégies peuvent être analysées.

Mais intéressons-nous tout d'abord aux conditions économiques du choix, c'est-à-dire à l'optimisation des gains d'énergie, représentés par la proie, en regard des dépenses entraînées par la recherche et la capture de celle-ci. Pour simplifier, on admettra que le coût de la capture peut être estimé indirectement (et bien plus facilement que le coût énergétique réel) par le temps que recherche et absorption des proies auront nécessité. Ainsi, chaque type de proie ou chaque situation (choix de la parcelle explorée, choix de la période de la journée...) peut être caractérisé par un indice de profit, rapport de l'énergie gagnée (contenu énergétique des proies collectées) au temps dépensé.

Beaucoup d'animaux choisissent, parmi des proies identiques de tailles différentes, celles qui sont les plus profitables, au sens indiqué ci-dessus. On peut penser, en effet, qu'il est vital pour beaucoup d'espèces d'acquérir le maximum d'énergie dans le minimum de temps – ne serait-ce que parce que l'animal en train de se nourrir est exposé à des risques de prédation.

Avec des crabes verts pour modèles, Elner et Hugues[1] ont établi expérimentalement l'indice de profit, en joules par seconde, de moules de différentes tailles qui leur étaient proposées. La courbe de profit augmente logiquement avec la taille des moules puis diminue, parce que les coquilles des grandes moules sont longues à briser. La *profitabilité* – énergie collectée par unité de temps – culmine autour de la valeur moyenne de 2,7 cm. Dans une deuxième série d'expériences, ces auteurs montrent que des crabes choisissent plus fréquemment les moules de 2 à 3 cm – donc celles qui leur apportent le maximum d'énergie dans le minimum de temps.

---

1. R. W. Elner et R. N. Hughes, « Energy Maximisation in the Diet of the Shore Crab, *Carcinus maenas* », *J. Anim. Ecol.*, 47 : 103-116, 1978.

Évidemment, l'histoire est plus complexe, puisque les crabes consomment *aussi* des proies moins profitables. C'est d'ailleurs ce que l'on observe généralement dans ce type d'expérience. Machines imparfaites ou stratégies plus raffinées ? Parmi les hypothèses avancées, la plus commune, qui a fait l'objet de nombreux contrôles, est que le temps mis à rechercher les tailles les plus profitables influence les choix.

Naturellement, l'aspect énergétique n'est qu'un volet du problème : il y a aussi des contraintes nutritives plus spécifiques qui peuvent orienter les choix. L'exemple le plus classique, le plus sympathique aussi, est le cas d'un herbivore, l'élan, remarquablement étudié par Gary Belovsky[1]. Le régime alimentaire de l'élan dans la région du lac Supérieur au Michigan est fortement influencé par ses besoins en sodium. L'élan se nourrit dans deux types de milieux, en forêt, où il broute les feuilles, et dans les petits lacs, où il recherche des plantes aquatiques. Ces dernières sont riches en sodium mais peu énergétiques, tandis que les plantes terrestres, pauvres en sodium, ont un contenu relativement plus élevé en énergie. L'élan a besoin à la fois de sodium et d'énergie pour survivre et se reproduire, et son régime est donc mixte. Pour prédire la stratégie qui devrait être adoptée, c'est-à-dire la proportion de plantes aquatiques qui confère le meilleur bilan nutritionnel, il faut élaborer un modèle d'optimisation (fig. 15). Trois contraintes y sont introduites : la quantité minimale de sodium que l'élan doit consommer pour satisfaire ses besoins journaliers (représentée par la ligne horizontale en pointillé sur le graphique) ; la quantité d'énergie nécessaire et la capacité maximale de l'estomac de l'élan. Évidemment, la ration énergétique journalière peut être apportée, en régime spécialisé, aussi bien par y grammes de plantes aquatiques que par x grammes de plantes terrestres ; ou, en régime mixte, par une combinaison de plantes des deux provenances. Cette contrainte énergétique est représentée sur la figure par la droite en

---

1. G. E. Belovsky, « Diet Optimisation in a Generalist Herbivore : the Moose », *Theor. Pop. Biol.*, 14 : 105-134, 1978.

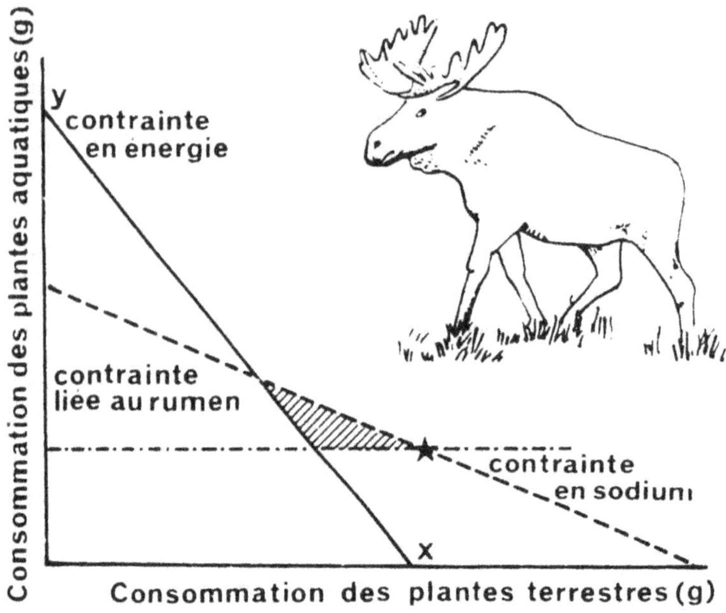

Figure 15 : Le régime alimentaire de l'élan est fixé par trois contraintes : les besoins journaliers en sodium et en énergie et la capacité de l'estomac (rumen). Celles-ci sont représentées sur le graphique par trois droites qui sont fonctions des quantités respectives de plantes aquatiques et de plantes terrestres consommées. Le régime adopté par l'élan, symbolisé par une étoile, se situe à la pointe du triangle qui maximise l'apport énergétique journalier. (D'après G. E. Belovsky, 1978, *in* J. R. Krebs et N. B. Davies, *An Introduction to Behavioural Ecology*, © Blackwell Scientific Publications, Oxford, 1987.)

trait plein *yx* : au-dessus, la ration énergétique est suffisante ; en dessous, il y a carence d'énergie.

Enfin, il faut préciser que la ration journalière de plantes est limitée par la capacité de la poche stomacale, le rumen, où les tissus végétaux fermentent lentement sous l'action de micro-organismes avant d'être effectivement digérés : cette contrainte est schématisée par la droite en hachuré sur la figure.

L'effet global de ces contraintes peut maintenant être précisé : seuls les régimes inscrits dans le triangle hachuré conviennent à l'élan. Peut-on être plus précis ? Oui, si l'on connaît le critère d'optimisation. Ainsi, si l'élan gagne à maximiser sa prise journalière de sodium, la ration alimentaire devrait inclure autant de plantes aquatiques que possible et se situer dans l'angle supérieur gauche du triangle de la figure. En revanche, si l'élan trouve avantage à minimiser le temps passé dans l'eau – parce qu'il y fait froid, qu'on y risque rhumes et rhumatismes ! – son régime sera près de la base droite du triangle. À partir d'une étude très détaillée du régime de l'élan, Gary Belovsky a montré que le mélange de plantes consommées correspondait au point du triangle prédit dans l'hypothèse où l'élan maximise sa prise journalière d'énergie, dans le cadre des contraintes imposées par les besoins minimums en sodium et la taille du rumen.

Les stratégies alimentaires (quoi manger ? quand manger ?) sont affectées par la prise en compte des risques de prédation et par le degré de faim.

Manfred Milinski et Rolf Heller [1] ont étudié ce problème avec des épinoches. Ils mettent des poissons affamés dans une petite cuve et leur offrent un choix simultané de différentes densités de puces d'eau, une proie appréciée. Quand les poissons sont très affamés, ils vont vers les densités les plus élevées où le taux de capture des proies est supérieur, tandis qu'ils préfèrent les zones les plus pauvres en proies quand ils ont moins faim. Milinski et Heller font l'hypothèse que lorsque les poissons s'alimentent dans une zone à haute densité, il leur faut se concentrer davantage pour saisir avec succès des puces d'eau parmi l'essaim qui s'agite dans leur champ visuel, de sorte qu'il est difficile de rester vigilants vis-à-vis des prédateurs.

Un poisson très affamé est donc prêt à sacrifier de la vigilance de façon à réduire rapidement son déficit alimentaire. Quand l'épinoche n'est pas si affamée, elle privilégie la vigilance sur l'obtention rapide de nourriture et elle préfère les sites à basse densité de proies. La balance entre coûts et bénéfices se déplace de la prise de nourriture vers la vigilance quand l'épinoche a moins faim. En accord avec cette hypothèse, Milinski et Heller ont montré que les risques de pré-

---

1. M. Milinski et R. Heller, « Influence of a Predator on the Optimal Foraging Behaviour of Stickelbacks *(Gasterosteus aculeatus)* », *Nature*, 275 : 642-644, 1978.

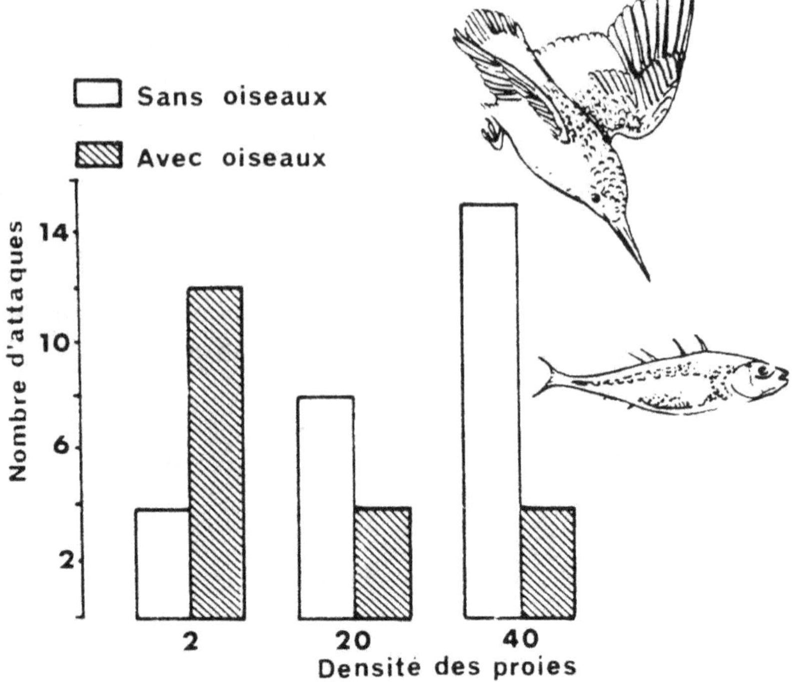

Figure 16 : Les épinoches affamées préfèrent chasser dans les zones riches en proies, sauf lorsque la présence d'un prédateur a été détectée (ici, survol de l'aquarium par une simulation de martin-pêcheur, en hachuré). (D'après M. Milinski et R. Heiler, 1978, *in* J. R. Krebs et N. B. Davies, *An Introduction to Behavioural Ecology,* © Blackwell Scientific Publications, Oxford, 1987.)

dation influencent les choix de taux de prise de nourriture. Ils construisent un leurre qui simule un martin-pêcheur, l'un des prédateurs que redoutent les épinoches. Quand ils font voler le leurre au-dessus d'un bassin contenant des poissons affamés, ils notent que les épinoches préfèrent se nourrir dans les zones à basses densités de proies. C'est ce que l'on pouvait attendre si les poissons affamés, en dépit des risques d'ina-nition, privilégient la vigilance *quand un prédateur a été repéré dans le voisinage* (fig. 16).

La reproduction coûte cher

La nécessité d'un coût, du point de vue théorique, est la conséquence logique et nécessaire du fait que l'organisme est un système *contraint*. Si deux (ou plusieurs) attributs biodémographiques sont en compétition pour se partager une même quantité limitée de ressources il sera impossible en effet de les maximiser simultanément, les gains accordés à l'un se traduisant par une perte pour l'autre. Dans le cas de la reproduction on distingue habituellement deux sortes de coûts.

Tout d'abord la reproduction peut drainer de l'énergie et des nutriments de telle sorte que ces réserves ne peuvent être complètement restaurées avant la tentative de reproduction suivante : c'est le *coût en fécondité*, qui se traduit par une corrélation négative entre la fécondité actuelle et la fécondité future. Ce phénomène est vraisemblable chez les organismes dont la reproduction est limitée par la quantité de nourriture disponible. En outre, chez beaucoup d'espèces animales et végétales, la reproduction inhibe la croissance. Aussi, parce qu'il existe, chez de très nombreuses espèces, une relation étroite entre la fécondité (nombre d'œufs par ponte) et la taille des femelles, cela peut se traduire par une diminution de la reproduction future. Cela a été décrit chez des bivalves, des crustacés, des poissons et des plantes herbacées pérennes. Ainsi, chez un cloporte, Lawlor a montré expérimentalement que l'engagement de dépenses reproductives se traduisait essentiellement par une forte diminution de l'énergie allouée à la croissance.

La seconde source de coût est le *risque* associé aux activités de reproduction, conduisant à une corrélation négative entre reproduction et survie : c'est le *coût en survie.* On conçoit bien sûr que des activités telles que la garde du nid chez les poissons, ou les parades de distraction chez les oiseaux – qui visent à écarter le prédateur du nid où reposent sans défense œufs ou poussins – comportent des risques.

Divers exemples étayent cette hypothèse, même s'il est vrai que dans l'ensemble l'information actuellement disponible sur ce point reste largement anecdotique. Les éleveurs ont noté, par exemple, dans les populations domestiques de poules de race Leghorn où avait été pratiquée une sélection pour maximiser la production d'œufs, que la survie des poules était d'autant plus faible que l'effort de ponte avait été élevé la première année : elle chute de onze à trois ans quand la production d'œufs passe de 110 à 175.

Dans la nature, les observations effectuées sont plus difficiles à interpréter : il ne suffit pas d'établir une corrélation entre la survie des femelles et leur effort de reproduction. La « qualité » des individus peut différer en effet, par suite de circonstances particulières de leur développement ou de leur croissance, de telle sorte que l'on est en présence d'individus vigoureux et d'individus fragiles. Dans ce cas, les premiers pourront être, à la fois, ceux qui survivent le plus longtemps, et ceux qui produisent et élèvent le plus de jeunes : la corrélation entre fécondité et survie sera alors positive.

Pour contourner cette difficulté, il faut recourir à des expérimentations. Ainsi, l'ornithologue Nadav Nur [1] a manipulé l'effectif des nichées dans une population naturelle de mésanges bleues où les mâles aussi bien que les femelles participent au nourrissage des jeunes : il démontre que la survie des adultes, entre la saison de reproduction considérée et celle de l'année suivante, décroît proportionnellement avec l'effort de reproduction, mesuré par le nombre de jeunes à élever.

Particulièrement probants dans ce domaine sont les travaux réalisés chez de petits crustacés, qui mettent bien en évidence le rôle et le mode d'action des prédateurs dans le coût en survie de la reproduction. Ainsi Winfield et Townsend [2] ont décrit la prédation de poissons sur des cyclopes ovigères et non ovigères. Les cyclopes sont de petits crustacés aquatiques qui gardent leurs œufs dans deux sortes de sacs portés de chaque côté de la partie postérieure de leur corps, ce qui accroît ainsi leur volume corporel – et leur visibilité. Un prédateur efficace comme la brême capturait aussi bien les deux types d'individus, mais un prédateur moins doué, comme le gardon, apprenait à capturer plus fréquemment les femelles ovigères. Une analyse comportementale a montré

---

1. N. Nur, « The Consequences of Brood Size for Breeding Blue Tits », *J. Anim. Ecol*, 53 : 479-518, 1984.
2. I. J. Winfield et C. R. Townsend, « The Cost of Copepod Reproduction : Increased Susceptibility to Fish Predation », *Oecologia*, 60 : 406-411, 1983.

que les gardons avaient plus de chances de capturer une femelle ovigère qu'une femelle non ovigère à leur première tentative, ou de la pourchasser avec succès après un premier échec. Le temps nécessaire à la capture d'un cyclope non ovigère était nettement supérieur à celui demandé pour une femelle ovigère (27 secondes contre 10) ; les femelles ovigères sont aussi détectées à une plus grande distance (29 cm contre 20 cm).

Compter avec les autres

Sous l'effet de pressions externes – et dans le cadre des contraintes internes, génétiques, physiologiques ou morphologiques, propres au type d'organisme considéré – les êtres vivants tendent à développer des stratégies optimales. Mais, dans certains cas, le succès des solutions adoptées par un individu donné dépend des solutions pratiquées par les autres individus de la même population : on retrouve ici l'idée de jeu, de pari.

De fait, toute stratégie est un jeu contre la nature ; l'idée nouvelle ici est qu'il puisse y avoir aussi jeu entre individus. Comment la sélection naturelle gère-t-elle, par exemple, les conflits, réels ou potentiels, entre individus de même espèce ? Quelles stratégies peut-on promouvoir, puisque le succès de la décision prise par un individu donné dépend de l'attitude qu'adopteront les divers congénères auxquels il se confrontera ?

Pour résoudre ce type de problème, John Maynard Smith[1] a introduit dans les sciences de l'évolution, il y a vingt ans, les premières applications d'une branche particulière des mathématiques : la théorie des jeux. Depuis 1973, cette approche s'est développée avec succès, aussi bien dans l'analyse évolutionniste des comportements animaux que dans l'étude des stratégies biodémographiques[2]. Pour en faire

---

1. J. Maynard Smith et G. R. Price, « The Logic of Animal Conflict », *Nature*, Londres 246 : 15-18, 1973.
2. J. Maynard Smith, *Evolution and the Theory of Games*, Cambridge University Press, Cambridge, 1982.

saisir l'originalité et la pertinence, on s'en tiendra ici au cas simple et caricatural du modèle « Colombe-Faucon » qui ébauche une logique des conflits animaux sans nécessiter de développements mathématiques.

Soit deux animaux qui se disputent une même ressource – territoire, proie ou partenaire sexuel. Admettons qu'ils puissent adopter deux attitudes, deux stratégies et celles-là seulement :

– celle que l'on qualifiera de *Faucon*, qui consiste à attaquer jusqu'à la retraite de l'adversaire ou la défaite par blessure ;

– celle que l'on baptisera *Colombe*, par laquelle on évite le combat, se bornant à des parades de menace pour dissuader l'autre de s'emparer de la ressource convoitée.

S'approprier la ressource en question, par exemple un territoire riche en proies, c'est accroître sa valeur sélective. Mais le combat, qui peut entraîner *et* l'échec de la tentative d'acquisition dudit territoire *et* un risque de blessure, présente un coût. Selon les valeurs respectives du gain et des coûts, la stratégie *Faucon* pourra ou non être sélectionnée. Mais surtout, la valeur sélective *moyenne* de cette stratégie *pourra dépendre* de la fréquence avec laquelle la stratégie opposée est pratiquée dans la population considérée.

Faisons une simulation de ce jeu Faucon/Colombe en posant *a priori* le montant des gains et des pertes. Supposons que tout vainqueur d'un conflit gagne 50 points, tandis que le perdant, battu et blessé, en perd 100. La Colombe qui, face à un Faucon, renonce immédiatement au combat, voit sa valeur sélective inchangée (gain = 0), tandis que la Colombe qui « roule les mécaniques » paye un coût (en temps perdu) de 10 points, qu'elle s'efface finalement ou qu'elle l'emporte, mais dans ce dernier cas, elle compense cette perte par un gain de 50 (bénéfice apporté par le territoire dont elle s'est emparée). On admet que les bénéfices calculés sur cette base dans le tableau II sont des estimations des variations de la valeur sélective des individus des deux types et, pour raison de simplicité, que ceux-ci se reproduisent identiques à eux-mêmes [1] en proportion des bénéfices obtenus.

Si tous les individus de la population adoptent la stratégie Colombe, le bénéfice moyen est égal à 15 (une fois sur deux on est crédité de 50 − 10 = 40, l'autre fois de − 10, d'où la moyenne de 15). Mais que survienne un mutant Faucon, dont la valeur sélective est supérieure puisqu'il gagne à tous les coups, et que le gain est plus élevé (50), alors cette stratégie se répandra dans la population : on dit que la stratégie Colombe n'est pas une stratégie évolutivement stable, une ESS (*Evolutionary Stable Strategy*). Selon John Maynard Smith, une stratégie est une ESS si, une fois adoptée par la plupart des membres d'une population, elle ne peut être refoulée par l'expansion d'une nouvelle stratégie. Les ESS sont des stratégies robustes vis-à-vis de mutants adoptant des stratégies alternatives.

Cependant, la stratégie Faucon ne peut envahir complètement la population : dans une population composée exclusivement de Faucons le bilan moyen est égal à − 25, si l'on admet que la probabilité de vaincre est de 50 %, d'où un gain moyen de 1/2 (50-100) ; c'est inférieur aux performances des mutants Colombe, qui « marquent » 0 − et la stratégie Colombe tendra à se propager si la population est essentiellement composée de Faucons : la stratégie Faucon n'est pas non plus une stratégie évolutivement stable !

En revanche, il peut y avoir un équilibre stable pour une certaine fréquence de la stratégie Faucon, et l'on peut calculer cette fréquence puisque c'est celle qui se traduira par des bénéfices moyens identiques pour les deux types de stratégies : F = C.

Dans l'exemple choisi (tableau II), le mélange stable peut être calculé comme suit :

Soit *f* la fréquence de Faucons dans la population. Celle des Colombes est évidemment 1 − *f*. Pour chaque type d'individus, le bénéfice moyen est le produit du bénéfice de

---

1. En d'autres termes, il n'y a pas reproduction sexuée, avec les problèmes que posent les brassages génétiques que cette dernière entraîne.

Tableau II

Le jeu entre Faucon et Colombe (d'après Maynard Smith[1]) :
bilans moyens des combats pour l'attaquant
dans chaque type de rencontre
Règles du jeu : + 50 quand on gagne ; 0 quand on perd ;
— 10 quand on déploie des parades de menace ;
— 100 quand on est blessé

		Attaqué	
		Faucon	Colombe
A t t a q u a n t	Faucon	(a) $0,5 (50) + 0,5 (- 100) = - 25$	(b) $+ 50$
	Colombe	(c) 0	(d) $0,5 (50 - 10) + 0,5 (- 10) = + 15$

(a) Dans les contacts Faucon/Faucon la probabilité de succès est de 0,5
(b) Les Faucons gagnent toujours contre les Colombes
(c) Les Colombes battent en retraite immédiatement devant des Faucons
(d) Il y a toujours des parades de menaces entre Colombes et la probabilité
de succès est de 0,5.

chaque combat par la probabilité de rencontre de chaque type d'opposant. Ainsi, $F = - 25f + 50 (1 - f)$ et

$C = 0 f + 15 (1 - f)$. Il y a équilibre stable quand $F = C$, soit pour $f = 7/12$.

L'ESS peut être accomplie de deux façons distinctes :

1. La population comprend des individus qui jouent des *stratégies pures*, c'est-à-dire qui sont soit Faucon, soit Colombe ; il y aura alors 7 Faucons pour 5 Colombes dans la population à l'équilibre.

2. Les individus pratiquent des *stratégies mixtes* et jouent 7 fois sur 12 le Faucon et 5 fois sur 12 la Colombe.

Mais la leçon la plus importante à tirer de ce jeu de l'évolution est que l'ESS n'est pas nécessairement celle qui confère le bénéfice maximum, c'est-à-dire la valeur sélective la plus élevée : ici, le bénéfice moyen à l'équilibre est de

---

1. J. Maynard Smith et G. R. Price, *op. cit.*, 1973.

6,25 par conflit ; c'est moins que ce qui pourrait être obtenu si seulement tous les individus s'accordaient pour se comporter tous en Colombes, puisque celui-ci serait de 15. Ainsi, la stratégie optimale pour maximiser la valeur sélective de chacun serait de s'entendre pour jouer Colombe. Mais comment éviter l'irruption d'un tricheur ? Cette stratégie n'est pas évolutivement stable, on l'a vu, puisque le mutant qui adopte la stratégie Faucon a une valeur sélective supérieure. Seules les stratégies évolutivement stables restent hermétiques aux tricheurs et autres mauvais joueurs !

Ce concept d'ESS, rappelons-le, rend très opérationnelle la théorie des jeux pour l'approche évolutionniste des comportements. Il a donné lieu à une littérature très riche que le caractère simpliste de l'exemple adopté à des fins pédagogiques ne doit pas faire sous-estimer.

L'ennui naquit un jour de l'uniformité

La diversité génétique des populations naturelles apparaît d'abord comme un défi à l'idée première que l'on peut se faire – trop rapidement – de l'adaptation par sélection naturelle. Tirer la leçon de cette apparente contradiction est essentiel. Si la sélection naturelle, dans un contexte écologique donné, élimine progressivement, de génération en génération, les variations génétiques les moins adaptées (par définition : celles qui ne confèrent pas la valeur sélective maximale), on doit tendre vers une uniformisation génétique de la population. Point le rêve du génotype idéal et resurgit le mythe de la race supérieure.

Alors pourquoi observe-t-on, en règle générale, une forte diversité génétique dans les populations naturelles ? Est-ce le fait d'une accumulation de mutations neutres, c'est-à-dire qui n'affectent pas les performances des organismes ? Est-ce la preuve de l'inanité du modèle de pensée néo-darwinien ?

Que se passe-t-il lorsqu'on réduit artificiellement la diversité génétique en pratiquant une sélection dirigée ? L'histoire de l'agronomie et de l'élevage – comme l'étude des populations à faibles effectifs – est ici d'un grand enseignement.

Derrière la plupart des marques commerciales de semences se trouvent des ancêtres communs. En dépit du travail des sélectionneurs, qui cherchent à faire du neuf avec du vieux, les variétés commercialisées ont en commun de nombreux gènes ancestraux. Chantal Ducros et Pierre-Benoît Joly, de l'INRA, ont montré que les 136 variétés de blé tendre créées en France entre 1959 et 1982 étaient presque cousines. Tous les maïs cultivés au nord de la Loire sont issus de la lignée INRA 258. Du fait d'une trop grande homogénéité génétique, les cultures sont ainsi exposées à des attaques qui prennent rapidement l'allure d'épidémies [1].

Avec l'emploi accru et sur de vastes régions de variétés dites « supérieures » de céréales dans les années soixante, les agronomes ont vite réalisé, à des coûts parfois considérables, la vulnérabilité de celles-ci à des agents pathogènes et autres ravageurs à capacité d'évolution rapide. Ainsi, tandis que les pratiques de croisement avaient réduit 85 % du maïs cultivé aux États-Unis à une presque totale homogénéité génétique, la résistance à la rouille fut surmontée par cette dernière en 1970 et l'épidémie provoqua des dégâts considérables. En 1980, 90 % de la récolte cubaine de tabac fut détruite par le mildiou !

Ce type d'accident souligne que les systèmes de défense simples, monogéniques par exemple, sont particulièrement vulnérables à des fléaux à évolution rapide. Pimentel et Bellotti [2] l'ont bien montré expérimentalement. Ils soumettent des mouches domestiques à un poison chimique présenté à une concentration qui provoque 80 % de mortalité. Les survivants sont croisés entre eux et leurs descendants sont exposés au même poison dans les mêmes conditions et ainsi de suite. Après sept générations seulement d'exposition répétée au même poison la mortalité chuta à 30 % et des résultats similaires ont été obtenus avec cinq

---

1. On note toutefois, suite à de tels accidents, une inflexion de la tendance à l'uniformisation, grâce aux évolutions du marché, c'est-à-dire de la demande.
2. D. Pimentel et A. C. Bellotti, « Parasite-Host Population Systems and Genetic Stability », *Am. Nat.*, 110 : 877-888, 1976.

répétitions utilisant chacune une molécule chimique différente (fig. 17). Pimentel et Bellotti conçoivent alors une nouvelle expérience en utilisant les cinq substances toxiques éprouvées comme ci-dessus, de manière à simuler les effets d'un système de défenses diversifiées comme peuvent en présenter certaines plantes. La population de mouches est subdivisée en cinq lots, chacun exposé à un seul poison et les survivants des différents lots se croisent entre eux. Puis les substances toxiques sont présentées simultanément selon un arrangement spatial qui simule une diversité de défenses

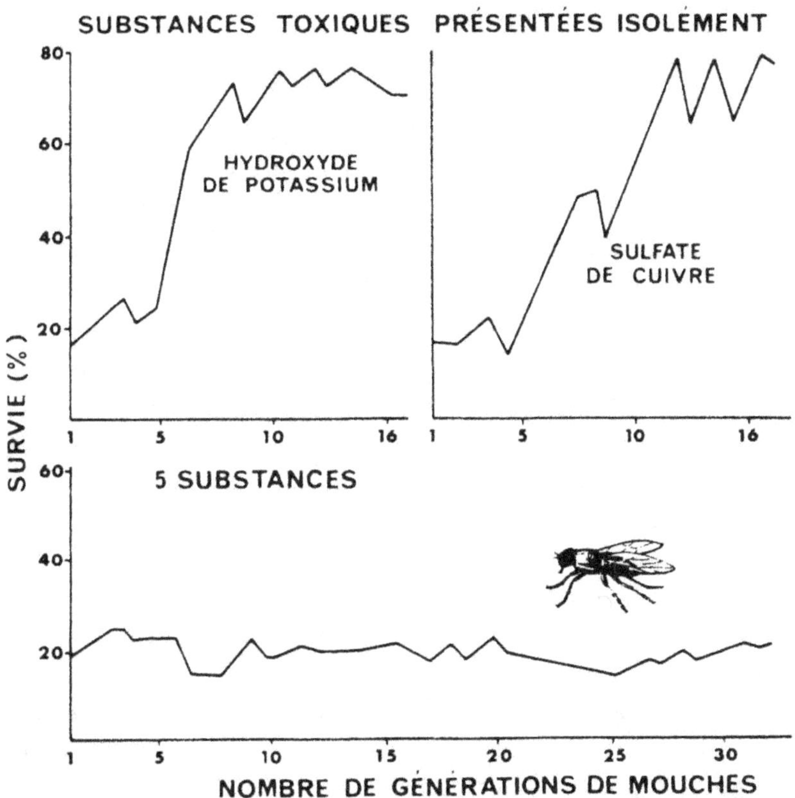

Figure 17 : Les systèmes de défenses chimiques diversifiées rendent difficile l'évolution de mécanismes de résistance (d'après Pimentel et Bellotti, 1976) : en présence d'un seul type de molécules toxiques (en haut), les mouches récupèrent un taux de survie élevé (75 à 80 %) en moins de dix générations, tandis qu'elles en sont incapables en présence d'un complexe de cinq types de molécules différentes (en bas).

offertes par un peuplement d'hôtes à mécanismes de protection chimique dissemblables. Après 32 générations aucun changement notable de résistance (= survie) n'est survenu dans la population de mouches. Ainsi, tandis que ces insectes peuvent développer rapidement des mécanismes de détoxification lorsqu'ils sont exposés à un même type de molécule toxique, ils deviennent incapables de le faire lorsqu'ils sont soumis à des défenses chimiques diversifiées. Comme le soulignent Pimentel et Bellotti, des défenses multiples dans la population hôte sont très difficiles à contourner parce que, pour surmonter la résistance de l'hôte, le parasite doit acquérir tous les gènes nécessaires.

Certaines populations naturelles, caractérisées par leurs hauts niveaux d'homozygotie [1], seraient rescapées de crises passées. Par suite de perturbations climatiques ou d'épidémies dramatiques, elles seraient passées par des goulots d'étranglement (effectifs faibles) qui leur auraient fait perdre leur variabilité génétique première (dérive génétique, reproduction consanguine). Le guépard est l'exemple le plus célèbre d'espèce menacée directement par suite d'une vulnérabilité à base génétique. O'Brien et ses collaborateurs [2] ont tout d'abord montré que la population sud-africaine de guépards n'avait qu'une diversité génétique excessivement pauvre, par suite très probablement d'une réduction drastique des effectifs dans un passé récent. Le monomorphisme génétique de l'espèce touche le complexe majeur d'histocompatibilité, impliqué dans les défenses immunitaires de l'organisme. Les conséquences d'une telle uniformité génétique sont, notamment, des difficultés d'élevage en captivité, un degré élevé de mortalité juvénile, en élevage comme dans la nature, et une proportion inhabituelle de spermatozoïdes anormaux dans les éjaculats.

La vulnérabilité de l'espèce a été mise en relief lors d'une épizootie de péritonite féline qui sévit en 1989 dans des

---

1. Pour chaque paire de chromosomes la plupart des gènes sont représentés, de part et d'autre, par la même forme allélique : AA, bb, CC, dd...
2. S. J. O'Brien *et al.*, « Genetic Basis for Species Vulnerability in the Cheetah », *Science*, 227 : 1428-1434, 1985, et S. J. O'Brien, D. E. Wildt et M. Bush, « The Cheetah in Genetic Peril », *Sci. Amer.*, 245 : 68-76, 1986.

colonies captives : plus de la moitié des guépards maintenus dans les parcs zoologiques américains en colonies jusque-là saines et prospères ont péri suite à une invasion du coronavirus. Bénin chez le chat domestique (moins de 1 % de décès chez les individus infectés), ce virus de la péritonite féline, acclimaté chez un guépard, s'est rapidement répandu dans les petites populations captives à défenses immunologiques uniformes et a décimé ces malheureux animaux.

Par ailleurs, O'Brien et ses collègues avaient entrepris une étude sur la génétique et la reproduction de la population est-africaine du guépard, afin de comparer avec la précédente. Comme en Afrique du Sud, la qualité du sperme des guépards est-africains était pauvre, caractérisée par une faible concentration en spermatozoïdes et une proportion élevée d'anomalies morphologiques (79 %). Les estimations du polymorphisme génétique (2,4 %) et du niveau moyen d'hétérozygotie (0,0004-0,014) fait du guépard l'espèce féline la plus pauvre génétiquement. O'Brien et ses collaborateurs suggèrent que l'espèce actuelle est le résultat d'une histoire marquée par le passage par deux goulots d'étranglement démographique, suivis de phases de reproduction consanguine. Le premier épisode critique aurait été assez ancien, probablement à la fin du Pléistocène (il y a 10 000 ans environ), tandis que le second fut beaucoup plus récent et conduisit à l'isolement des populations sud-africaines. Le guépard est devenu le symbole même du caractère tragique de la perte de diversité génétique chez une espèce mammalienne sauvage et de ses graves conséquences.

Un autre exemple clair des avantages de la diversité nous est fourni par l'étude de la dispersion des individus à l'échelle de populations subdivisées (métapopulations). Chez le chardon annuel il existe deux types de graines : les unes possèdent une aigrette qui leur permet d'être disséminées par le vent (graines migrantes), les autres pas (graines non migrantes). Chaque individu produit les deux types de graines, mais en proportions variables selon les individus. Ces variations entre individus sont influencées par des facteurs génétiques (polymorphisme) et environnementaux (plasticité). On peut facilement montrer que dans des populations grandes et stables, parce que les graines migrantes s'envolent, et que les autres germent sur place, le polymorphisme est perdu : ne subsistent que les non-migrants. C'est uniquement grâce à la destruction de sites ici et là et à leur recolonisation par des graines migrantes, comme l'ont montré Pierre-Henri Gouyon de l'université d'Orsay et Isabelle Olivieri de l'université de Montpellier, qu'un équilibre est maintenu à l'échelle de la *métapopulation*. Dans chaque site où existe une population, les gènes déterminant un fort taux de migration émigrent plus que les autres et, de ce fait, chaque population évolue vers une diminution de la proportion de graines migrantes. Mais, à l'échelle de la métapopulation, chaque population est fondée à partir de migrants ; elle démarre donc avec une forte proportion de ces gènes. La diversité est donc maintenue dans la métapopulation, alors qu'elle tend à se perdre dans chaque population. Elle ne se conserve que parce que les populations ne sont pas éternelles et que l'espèce doit constamment recoloniser de nouveaux sites (fig. 18).

Ces auteurs ont pu analyser ce phénomène sur le terrain et le modéliser. Un résultat remarquable du modèle est que la sélection naturelle, dans la métapopulation, détermine toujours un taux de migration inférieur au taux optimal, celui qui donnerait à celle-ci une probabilité minimale de s'éteindre. La proportion sélectionnée frise même parfois les taux pour lesquels l'espèce s'éteint. Paradoxalement, perturber le milieu et déplacer les espèces peut, dans certains cas, aider à leur conservation et au maintien de leur diversité interne. Cela pourrait expliquer pourquoi le taux d'extinction d'espèces est si élevé dans les réserves naturelles, et l'idée que des perturbations peuvent être utiles au maintien de la diversité est d'ailleurs déjà appliquée dans la gestion de certains parcs naturels.

Ainsi, la diversité génétique, par la gamme de réponses qu'elle permet face aux variations de l'environnement, est un gage de survie à long terme. Cela veut dire aussi que « personne » n'est le meilleur en tout et partout. Lorsque, par sélection naturelle, un cultivateur ou un éleveur améliore telle ou telle performance d'une variété (production laitière,

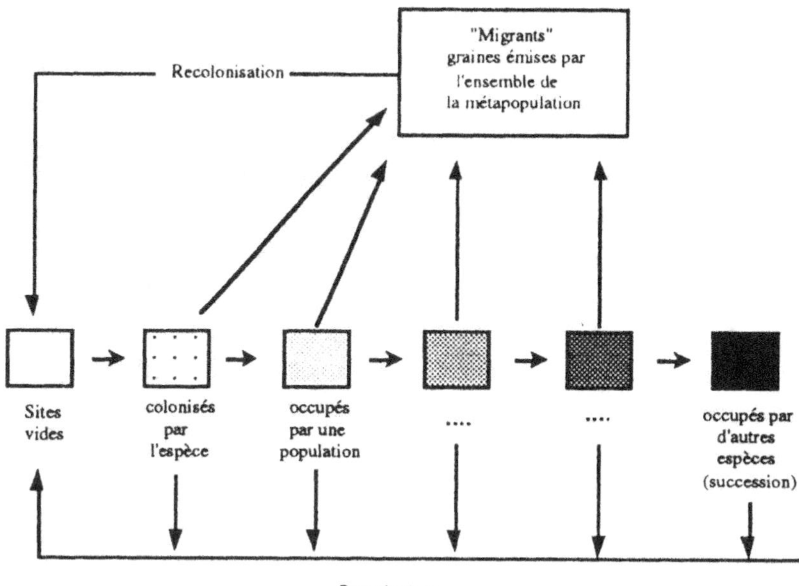

Figure 18 : Dynamique d'une métapopulation végétale. Chaque population a une durée de vie limitée dans le temps. Elle disparaît soit sous l'action de perturbations, qui vident les sites, soit sous l'action de la succession écologique par laquelle des espèces plus compétitives remplacent l'espèce considérée. L'ensemble de populations ne se maintient qu'en recolonisant constamment les sites vides. Les génotypes qui produisent le plus de graines migrantes sont, par construction, « sur-représentés » dans les « nuages » de graines qui permettent la recolonisation des sites vides. Chaque population « naît » donc avec une proportion de ces gènes plus élevée que la moyenne. Ensuite, chaque population perd ces génotypes qui émigrent plus que les autres. L'ensemble est maintenu divers et adaptable grâce à deux mécanismes antagonistes à l'échelle de la métapopulation : sélection des migrants à la fondation et sélection de non-migrants ensuite (d'après P. H. Gouyon).

production d'œufs, taille des graines ou des œufs...) cela se fait généralement au détriment d'autres caractères. Et ce qui vaut dans un contexte écologique donné ne vaut plus nécessairement dans un autre.

Bref, la diversité génétique au sein des espèces, comme la diversité spécifique au sein des peuplements végétaux et animaux et la diversité des écosystèmes et des paysages à l'échelle de la biosphère, ont une signification profonde : tout simplement, assurer l'avenir de la vie.

Si la diversité a une raison d'être purement biologique,

il ne faudrait toutefois pas s'en tenir là. En particulier, toute tentative de transposition à l'espèce humaine ne saurait s'arrêter à cette dimension biologique des choses, même si celle-ci *aussi* doit être reconnue, soulignée et acceptée. Avec l'espèce humaine apparaît la diversité culturelle, expression collective d'une diversité intrinsèque de personnalités, d'histoires, de hasards. On peut penser que ces types de diversité épigénétique – sociale, linguistique, professionnelle, culturelle, religieuse – assurent le même type de fonction que la diversité génétique et phénotypique dans les autres populations animales et dans les populations végétales. De là à confondre ces systèmes de diversité, c'est autre chose [1].

---

1. Voir par exemple A. Jacquard, *Éloge de la différence*, Le Seuil, Paris, 1978.

Chapitre 5

L'homme face aux ravageurs

> *L'intensification récente des systèmes de production agricole, en particulier par la quasi-monoculture de variétés hautement sélectionnées pour leur rendement, a de plus favorisé la sélection des ravageurs les plus adaptés à des conditions de plus en plus artificielles alors que, dans le même temps, le succès généralisé de la lutte chimique induisait l'apparition de phénomènes de résistance et limitait le rôle régulateur des cortèges parasitaires. L'intensification des échanges intercontinentaux favorisait, en outre, le brassage des populations et surtout les introductions malencontreuses de nouveaux ravageurs. Il suffisait alors que des différends socio-économiques fassent un instant oublier l'expérience et le savoir-faire pour qu'en cette fin du XXᵉ siècle, celui de la conquête de l'espace, la huitième plaie de l'Égypte menace à nouveau l'ensemble du Sahel avec ses escadrons de criquets volants...*
>
> Pierre Ferron, 1989 [1].

L'agriculture est la forme la plus ancienne et la plus remarquable d'écologie appliquée, même si, au cours de son développement, la science écologique ignorait largement les agrosystèmes tandis que l'agronomie, de son côté, poursuivait son évolution propre.

Les agrosystèmes sont évidemment des écosystèmes particuliers. Particuliers parce qu'ils sont intensément exploités et donc régulés artificiellement ; particuliers parce qu'ils ont subi une longue domestication – domestication des plantes

---

1. *In* G. Riba et C. Silvy, *Combattre les ravageurs des cultures. Enjeux et perspectives*, INRA, Paris, 1989.

et des animaux exploités certes, mais aussi domestication du sol. Les agrosystèmes diffèrent donc des écosystèmes naturels par nombre de traits : grande homogénéité spatiale, appauvrissement considérable de la richesse spécifique, réduction de la diversité génétique des espèces exploitées (par suite d'une sélection artificielle), dépendance totale de l'homme. Cela leur confère des propriétés, sur le plan du fonctionnement et de l'équilibre, que la théorie écologique permet de prévoir. On examinera ici, comme exemples d'applications de connaissances biologiques et écologiques de base à la gestion rationnelle d'agrosystèmes (cultures, plantations, forêts et autres systèmes exploités), la lutte contre les ravageurs et les perspectives ouvertes par le développement de ce que l'on appelle aujourd'hui les bio-technologies.

La mise en place d'une culture implique toujours la suppression de la végétation naturelle. Aussi le problème de sa protection se joue-t-il dès le départ.

Protection, en premier lieu, vis-à-vis d'autres plantes, concurrentes de la variété cultivée pour l'utilisation des ressources (eau, nutriments, lumière). Le sol héberge en effet de nombreuses graines en attente, notamment d'espèces propres aux premiers stades de la série végétale caractéristique de la localité, qui, profitant du défrichement accompli, germent et croissent rapidement.

Protection vis-à-vis de ravageurs divers, en second lieu. Ceux-ci proviennent d'abord des écosystèmes environnants – espèces exploitant habituellement d'autres plantes mais capables de profiter de la nouvelle source de nourriture offerte en quantité. Puis, tôt ou tard, apparaissent des espèces spécialisées, qui peuvent provoquer des dégâts considérables. Elles proviennent d'autres parcelles cultivées ou ont été introduites accidentellement, en même temps que les plantes ou les semences. Elles sont particulièrement redoutables lorsque, d'origine exotique, elles se développent en l'absence de leurs ennemis et maladies habituels.

Les ravageurs (fléaux des cultures, plantations ou élevages, toutes catégories confondues) sont un facteur important de limitation des ressources alimentaires de l'homme.

Les pertes alimentaires mondiales imputées aux ravageurs sont estimées à 48 % de la production potentielle (35 % avant récolte et 20 % des stocks après récolte) et à 40 % pour les États-Unis, où tous les moyens de lutte sont pourtant largement utilisés. Ainsi, en dépit d'un effort important et croissant consacré à la protection des cultures, les ravageurs continuent de peser lourdement sur la production alimentaire de l'humanité (tableau III).

Tableau III
Pertes totales et pertes dues aux insectes
pour les 5 principales cultures mondiales
en % (d'après Riba et Silvy, 1989)

	Pertes totales	Pertes dues aux insectes
Riz	47,1	27,5
Maïs	35,6	13
Blé	24,4	5,1
Canne à sucre	54,0	19,5
Coton	33,9	16

En 1987, le marché mondial des produits de protection des cultures (herbicides, insecticides, fongicides...) était estimé à plus de 140 milliards de francs dont 44 % pour les herbicides, 31 % pour les insecticides et 19 % pour les fongicides.

Les enjeux d'une stratégie de lutte adaptée à ceux mis en œuvre par les ravageurs issus de la nature et obéissant aux pressions de la sélection naturelle sont donc bien évidents.

Diversifier les défenses

Ces quelques chiffres montrent l'importance du problème posé et justifient l'intérêt porté à une approche écologique de la protection des cultures – approche d'autant plus fondée que beaucoup de spécialistes voient, dans les conditions écologiques mêmes imposées par l'agriculture moderne, une cause importante de l'accroissement des pertes infligées par les ravageurs. Pimentel et Goodman [1] notaient ainsi que les nouvelles variétés à haut rendement introduites par la *révolution verte* étaient plus vulnérables aux déprédateurs et aux aléas climatiques que ne l'étaient les anciennes. Auparavant les agriculteurs utilisaient comme semences les graines produites par les plantes qui se développaient et survivaient le mieux dans les conditions locales de culture. Ces plantes possédaient les allèles de résistance aux insectes et pathogènes et/ou ceux conférant une bonne aptitude compétitive vis-à-vis des mauvaises herbes.

« Vouloir standardiser chaque production agricole entraîne inéluctablement un effort soutenu d'isogénisation, dont le double effet est de perdre irrémédiablement une précieuse information génétique et de compromettre la survie de l'espèce », écrit Labeyrie [2]. Les principaux problèmes de phytopathologie trouvent leur origine dans la recherche de la rentabilité maximale à court terme, objectif qui engendre très souvent une monotonie préjudiciable : monotonie génétique du matériel végétal, monotonie des techniques culturales, monotonie des matières actives [3].

Le principe essentiel d'une protection des cultures écologiquement fondée est de rendre les conditions du milieu défavorables au développement de la population de l'espèce fléau – et non la recherche de l'éradication.

Parce que la dynamique des populations dépend de multiples facteurs, parce que les populations naturelles peuvent évoluer lorsque change leur environnement, il ne saurait y avoir *une* recette miracle, *une* arme décisive : la stratégie optimale de contrôle des populations de ravageurs impliquera toujours le recours à plusieurs types

---

1. P. Pimentel et N. Goodman, « Ecological Basis for the Management of Insect Populations », *Oikos*, 30 : 422-437, 1978.
2. V. Labeyrie, « Vaincre la carence protéique par le développement des légumineuses alimentaires et la protection de leurs récoltes contre les bruches », *Food and Nutrition Bulletin*, 19 : 24-38, 1981.
3. F. Rapilly, *L'Épidémiologie en pathologie végétale*, INRA, Paris, 1991.

d'interventions, avec une certaine variabilité dans leur mise en œuvre.

Les moyens de lutte dont on dispose sont de trois types : écologiques, génétiques et, bien sûr, chimiques. Ensemble, ils constituent ce que l'on appelle la *lutte intégrée*.

Parmi les principaux facteurs écologiques qui interviennent dans la dynamique et la stabilisation des populations de ravageurs potentiels, on relève habituellement la diversité spécifique de la communauté végétale et animale, la présence de prédateurs et parasites efficaces (espèces spécialisées notamment), la prévisibilité des ressources, l'état physiologique des plantes ou animaux à protéger, leur espacement. Dès le début du siècle, l'existence de pullulations catastrophiques pour l'agriculture fut attribuée à la pratique des monocultures, qui rompt avec l'hétérogénéité des écosystèmes naturels et réduit la diversité spécifique de la faune associée. S'il est difficile, dans l'agriculture moderne, d'intervenir sur l'espacement des plantes-cibles, qui joue néanmoins un grand rôle sur le niveau de densité que peuvent atteindre les populations de phytophages spécialisés, il est possible en revanche d'agir sur la distribution dans le temps et la prévisibilité des ressources du ravageur potentiel en pratiquant l'alternance culturale, qui brise efficacement les pullulations de fléaux.

Prédateurs, parasites ou agents pathogènes sont employés avec un certain succès, depuis de longues années, pour lutter contre insectes ravageurs ou mauvaises herbes. Ainsi, dès la fin du XIXe siècle, l'introduction en Californie d'une coccinelle, en provenance d'Australie, mettait un terme à la prolifération d'une cochenille, d'origine australienne elle aussi, qui ravageait les plantations d'agrumes. De nombreuses introductions d'auxiliaires furent réalisées ensuite dans diverses régions du monde, souvent avec succès : depuis une centaine d'années, trois mille introductions ont été faites, impliquant plus d'un millier d'espèces différentes de parasites, de prédateurs ou de pathogènes, afin de contrôler plus de deux cents espèces de ravageurs. Le bilan économique de ces acclimatations est malheureusement plus difficile à établir que le coût immédiat des pesticides, mais on estime que 35 % des introductions ont été écologiquement stables, dont 60 % avec une incidence économique sensible [1].

De fait, les insectes entomophages constituent d'excellents auxiliaires de l'agriculture grâce à l'extrême diversité des espèces capables de s'adapter à toutes les situations écologiques (caractéristiques climatiques, types de proies) ; au régime spécialisé de beaucoup d'entre eux (une famille, un genre, une espèce) ; et à leur capacité d'ajuster spontanément l'intensité de leur destruction à la densité de la proie.

La protection des céréales vis-à-vis de divers lépidoptères ravageurs est de plus en plus assurée à l'aide de microhyménoptères parasites d'œufs de papillons, tels que les trichogrammes. De faible taille, ils peuvent être obtenus en quantité considérable dans des installations très modestes ; oophages, ils offrent en outre l'avantage d'arrêter les pullulations avant même que des dégâts aient pu être provoqués. La technique utilisée avec succès en URSS et au Mexique sur maïs et coton, consiste en *lâchers inondatifs* de trichogrammes produits dans de véritables usines automatisées. Les recherches poursuivies par l'INRA en France depuis une trentaine d'années ont permis de mettre au point près de cent cinquante souches de trichogrammes adaptées à une gamme très large d'hôtes et de climats.

Les insectes ne sont pas les seuls auxiliaires biologiques efficaces – acariens, bactéries, champignons et virus le sont aussi – de même que l'interaction prédateur-proie ou parasite-hôte n'est pas la seule exploitable ; quelques exemples le montreront.

Le bacille de Thuringe [2], responsable d'épidémies dévastatrices chez de nombreuses espèces de chenilles, a permis de mettre un terme à certaines pullulations, notamment de la carpocapse (ver du fruit, fléau des pommiers et des poiriers) et de diverses chenilles défoliatrices en forêt. Les

---

1. N. M. Hokkanen, « Success in Classical Biological Control », *CRC crit. Rev. Plant. Sci.*, 3 : 35-72, 1986.

2. Commercialisé sous le nom de *bactospeine*. La station de La Minière, de l'INRA, a contribué à la mise au point de cette préparation de spores bactériennes.

relations de compétition peuvent être également exploitées pour améliorer la production de certaines cultures.

Dans le midi de la France, en pleine zone de culture du melon où le risque de fusariose vasculaire (maladie provoquée par un champignon du genre *Fusarium*) est élevé, les cultures sur sol alluvionnaire de Château-Renard (Bouches-du-Rhône) restaient saines. La résistance à la maladie était due à la présence dans le sol de champignons proches de l'agent pathogène et qui l'excluaient compétitivement. Ce pouvoir protecteur a pu être transmis, en conditions expérimentales de laboratoire, à d'autres sols qui ne le possédaient pas. Cet exemple met en relief le caractère délicat et parfois décisif de l'équilibre microbiologique des sols, équilibre que des interventions inconsidérées (d'ordre chimique par exemple) peuvent compromettre. La régression spontanée du chancre du châtaignier qui, en Italie, ravageait des châtaigneraies entières, est la conséquence de l'apparition fortuite de souches hypovirulentes du champignon, dont la présence entravait le développement des souches virulentes.

Les moyens génétiques de lutte contre les ravageurs doivent évidemment être considérés dans le cadre des conditions écologiques propres au système en cause. La mesure de protection la plus évidente, à caractère préventif, est l'utilisation de plantes résistantes. Parmi les conditions de cette résistance, il y a le respect d'une bonne adéquation de la variété (ou de l'essence dans le cas de forêts) avec les conditions écologiques (sol, climat) – beaucoup d'arbres en effet ne cèdent aux ravageurs que physiologiquement affaiblis – et le maintien d'une diversité génétique élevée.

Les recherches s'orientent actuellement vers la sélection et l'utilisation de variétés résistantes vis-à-vis d'une large gamme de parasites. Cette résistance doit être obtenue sans entraîner de faiblesse sur d'autres plans – fragilité aux intempéries, baisse de productivité, réduction de la qualité alimentaire ou commerciale. Les généticiens ont déjà enregistré de nombreux succès dans ce domaine. Ainsi le blé Roazon, créé par des chercheurs de l'INRA par hybridation avec une espèce sauvage, résiste bien à la plupart des parasites dangereux *actuels* sans perte de productivité.

La résistance des plantes vis-à-vis des insectes et micro-organismes risque d'autant moins d'être surmontée par eux qu'elle dépend de plusieurs facteurs génétiques différents, comme nous l'avons vu. Lorsque la résistance dépend d'un seul caractère, il y a un risque élevé de voir apparaître une nouvelle souche de parasite capable de contourner le mécanisme génétique en cause, particulièrement si de vastes territoires sont couverts par la même variété. Plusieurs variétés de pommiers proposées aux arboriculteurs français résistent à la tavelure, maladie cryptogamique répandue, grâce au même mécanisme génétique *Vf*. Les chercheurs visent à créer maintenant des hybrides associant d'autres facteurs de résistance, notamment des résistances à contrôle polygénique connues chez certaines variétés anciennes comme la « Rouchetaude » du Massif central.

Des interventions génétiques efficaces sont également possibles sur la population fléau elle-même. Le procédé le plus utilisé est le lâcher de mâles stérilisés par irradiation. Ceux-ci, responsables d'accouplements stériles, peuvent réduire considérablement le taux de multiplication de la population touchée. La méthode présente toutefois des limites : il faut pouvoir libérer un nombre suffisant de mâles pour que ceux-ci l'emportent sur les mâles sauvages en dépit de leur aptitude compétitive généralement inférieure ; l'évolution de races évitant les mâles stériles risque toujours de se produire.

Cette technique a été appliquée avec succès aux États-Unis contre la lucilie bouchère, une mouche bleue aux yeux rouges qui s'attaque au bétail et provoque de gros dégâts dans les cuirs des bovins, car la larve se développe dans les blessures des animaux vivants, les dévorant littéralement sur pied. L'ampleur du problème justifia la construction, en 1961, d'une usine de production de mouches stériles : cette unité qui employait trois cents personnes multipliait cent cinquante millions d'individus par semaine, stérilisés par irradiation aux rayons gamma émis par une bombe au cobalt. Le lâcher de 6 milliards de mâles stériles en 1962 eut un résultat foudroyant : le nombre de cas identifiés dans les troupeaux de bovins du Texas chuta de 50 000 à 239. Entre 1962 et 1964, les dégâts ont été estimés à cent millions de dollars pour les États-Unis, tandis que le coût total du type d'intervention évoqué ne fut, pendant la même période, que de douze millions de dollars. Récemment, la presse a fait état de l'invasion accidentelle de la Libye par cette mouche dévoreuse, introduite avec des cargaisons de viande en provenance des États-Unis. On parlait des bataillons de larves affamées qui dévoraient sur pied les malheureux bovins et toute l'Afrique s'inquiéta devant les menaces d'une invasion. Des lâchers massifs de mâles stériles, là encore, ont enrayé la progression de l'espèce.

Les moyens chimiques mis en œuvre dans la protection des cultures sont soit des substances toxiques de synthèse (pesticides), soit des substances *biologiques*, molécules qui interviennent dans la biologie du ravageur visé (ou proches de celles-ci). L'efficacité des insecticides est bien connue et ils représentent encore le plus important moyen utilisé dans le monde contre les insectes. Leur inconvénient majeur est leur toxicité. Rarement très spécialisés, ils provoquent la destruction de nombreuses autres espèces et exercent un effet sélectif puissant qui entraîne l'apparition de souches résistantes (fig. 19). Un cercle vicieux est ainsi ouvert : le ravageur, débarrassé de ses ennemis et de plus en plus résistant, se multiplie davantage [1] ; on accroît l'importance ou la fréquence des traitements, etc. Dans certains cas il en résulte une pollution de l'environnement éventuellement dangereuse pour l'homme. On admet que 40 à 50 % des pesticides libérés par épandage aérien aboutissent hors de leur cible et contaminent l'environnement.

Sans aborder ici les problèmes de pollution dus aux pesticides, et considérant la protection des cultures, la quantité de produits libérés dans la nature peut être sérieusement réduite sans perdre d'efficacité dès lors que les conditions

---

1. Ce phénomène est souvent amplifié pour la raison suivante : le taux de multiplication potentiel du ravageur est souvent plus élevé que celui de ses ennemis naturels. Il récupère donc beaucoup plus vite que ceux-ci, après épandage d'insecticides, et a donc le champ libre pour une pullulation sans frein.

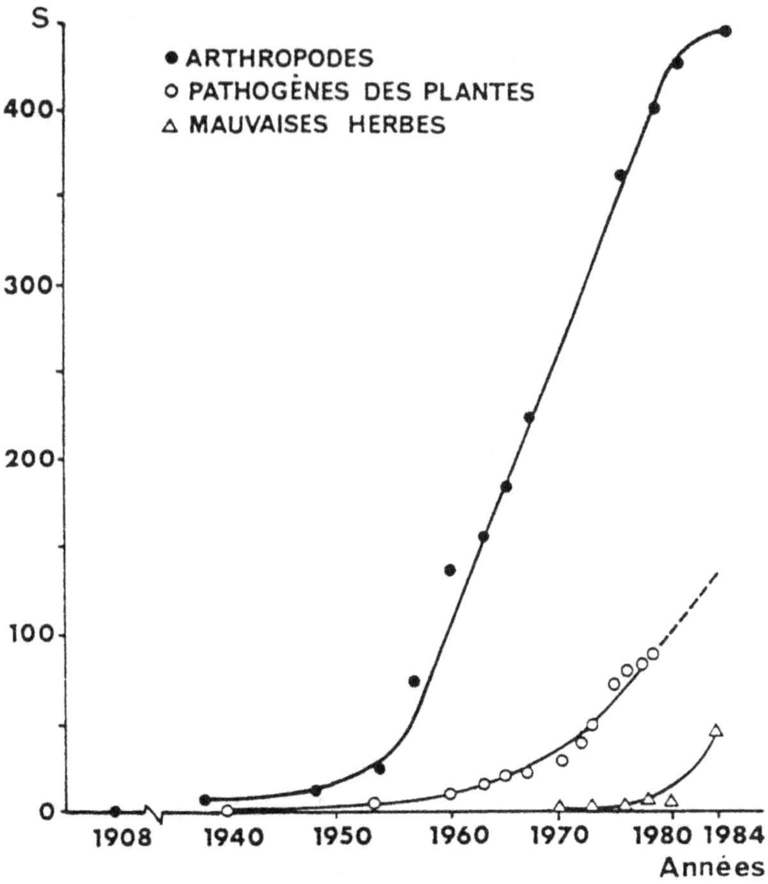

Figure 19 : Chronologie de l'augmentation du nombre S des espèces d'arthropodes, de pathogènes de plantes et de mauvaises herbes chez lesquelles une résistance à un pesticide au moins a été détectée [1].

d'application (période, fréquence) sont déterminées après un diagnostic et un suivi écologiques. Les pesticides ne constituent pas l'arme absolue contre les ravageurs mais peuvent intervenir, comme mesure d'accompagnement, à l'intérieur d'une stratégie globale de gestion écologique de la population fléau ou, mieux, du système « *ravageur-plante-environnement* ».

L'utilisation d'armes chimiques d'origine biologique, qui

---

1. N. Pasteur, « La Résistance aux pesticides », © *Le Courrier du CNRS*, 72 : 74-75, 1989.

donne déjà d'excellents résultats, ouvre aujourd'hui d'intéressantes perspectives. On sait que le comportement, la reproduction et le développement des insectes sont gouvernés par divers signaux chimiques libérés par les insectes eux-mêmes ou par leur plante-hôte. Il est possible d'employer ces substances – phéromones d'attraction sexuelle, hormones juvéniles ou ecdysones (hormones de mue) – pour capturer et éliminer une quantité considérable d'insectes ou pour empêcher leur développement ou leur reproduction.

La mouche des fruits, *Ceratitis capitata*, a été éradiquée de Floride par distribution d'une substance attractive, sous forme d'appâts renfermant du malathion (insecticide). Grâce à la grande sélectivité de celle-ci, une très faible quantité d'insecticide a pu ainsi exercer une action radicale sur l'espèce cible et elle seule.

Des *attracteurs sexuels* peuvent également être associés à des stérilisants chimiques ou à des pièges adhésifs : le contrôle d'une population de teignes, fléau des pommiers dans la région de New York, a été obtenu de cette façon.

Comme pour d'autres méthodes, la limitation majeure de ces techniques réside dans l'évolution possible de races résistantes ou insensibles aux molécules utilisées.

De la lutte chimique à la protection intégrée

Depuis la fin des années cinquante s'est développée, dans le prolongement de ce qui vient d'être souligné, la notion de protection intégrée. L'idée majeure qui en constitue le fondement est d'associer, sur un agrosystème donné, le maximum de procédés alternatifs, qu'ils touchent à la plante cultivée, à ses ennemis ou aux auxiliaires biologiques et à l'environnement en général. Intégrer ne veut pas dire juxtaposer : la protection intégrée est une stratégie qui doit permettre de prendre des décisions de nature politique et non de s'engager dans un bricolage au coup par coup. Les bases d'une telle stratégie de protection des végétaux pour les années à venir ont été jetées dans une communication présentée par un groupe de cinq chercheurs européens et intitulée « La protection intégrée, une technique d'appoint conduisant à la production intégrée [1] ». Les recommandations qu'ils proposent visent à satisfaire simultanément trois séries d'exigences, souvent perçues comme contradictoires : économiques, écologiques et toxicologiques.

Moyens écologiques, chimiques, génétiques, il n'y a pas de panacée. La protection d'une culture ou d'une forêt implique une analyse d'ensemble du système écologique en cause et touche, en définitive, à sa gestion même. Les interactions y sont nombreuses et complexes, particulièrement dans le cas des écosystèmes forestiers, sinon des cultures. Leur intégration, en vue d'une décision, nécessite le recours aux techniques de modélisation et de simulation. Cette démarche est effectivement suivie, depuis une décennie, par divers pays soucieux de perfectionner sérieusement leur système de protection phytosanitaire.

Dans certains cas, pour divers ravageurs forestiers, il est apparu ainsi que la stratégie la plus avantageuse écologiquement et économiquement en face de pullulations, était la non-intervention ! Par exemple, au Nouveau-Brunswick, pour la tordeuse de l'épicéa, il a été montré que les opérations semi-permanentes d'épandage d'insecticides effectuées depuis 1949 avaient conduit à un état de pullulation chronique, au lieu de gradations d'une durée de huit ans enregistrées tous les trente-six ans environ.

Enfin, on ne sous-estimera pas les possibilités offertes par l'aménagement des techniques culturales. Dans bien des cas les cultivateurs sont parvenus à juguler ou à prévenir les pullulations d'un certain nombre de ravageurs par l'adoption de techniques agricoles appropriées portant aussi bien sur le choix de la date et la densité des semis que sur le respect des rotations judicieuses, l'installation de cultures intercalaires, la modification des conditions de récolte, la destruction des résidus végétaux après récolte, l'aménagement des conditions de stockage des denrées.

Ainsi, la diversité est au cœur des stratégies de tout être vivant et l'homme n'y échappe pas qui doit compter avec

---

1. G. Riba et C. Silvy, *op. cit.*, 1989.

les autres. On aura compris aussi que le progrès des techniques ne nous libérait pas des nécessités de préserver la nature et ses ressources : ces techniques ont précisément besoin de puiser dans le réservoir des espèces et des variétés infraspécifiques pour atteindre pleinement leurs objectifs de protection des cultures, d'amélioration de la qualité des produits. La biodiversité est plus que jamais une ressource indispensable au plein développement de notre espèce.

Nous venons de voir comment des méthodes de lutte, anciennes et empiriques, s'étaient transformées au cours de ces dernières années en techniques subtiles, conçues et mises en œuvre à la lumière d'une connaissance écologique précise et de la dynamique du système à contrôler. Se constitue ainsi peu à peu ce que l'on pourrait appeler un *génie écologique*. Naturellement, sans abandonner pour autant la perspective écologique dès lors qu'il s'agira d'application à l'agriculture, il est possible aussi d'intervenir directement sur les mécanismes biologiques fondamentaux des organismes (photosynthèse, fixation d'azote, production de telle ou telle enzyme, etc.) et sur leur contrôle génétique. C'est le domaine ouvert par le *génie génétique* et qui constitue sans doute la grande révolution biologique de la deuxième moitié du XXe siècle [1].

Les plantes transgéniques

La sélection de variétés résistantes aux ravageurs de cultures, notamment aux micro-organismes pathogènes, est une pratique déjà ancienne de l'agronomie moderne. Cependant le récent succès obtenu par l'entreprise belge PGS (Plant Genetic System), qui est parvenue à conférer à une variété de tabac des capacités de résistance aux insectes grâce à l'introduction artificielle dans la plante d'un gène étranger à effet insecticide, fait miroiter de séduisantes perspectives

---

1. F. Gros, F. Jacob et P. Royer, *Sciences de la vie et société*, La Documentation française, Paris, 1979.

en matière de lutte contre les ravageurs. Il convenait d'en dire ici quelques mots.

J'ai déjà évoqué l'utilisation en lutte biologique du bacille de Thuringe, bactérie qui produit des spores renfermant une protéine insecticide. Mais l'efficacité de ces insecticides naturels a évidemment ses limites, ne serait-ce que parce que la pluie les élimine des plantes sur lesquelles on les pulvérise et que leur action dans les champs est de courte durée. Des interventions répétées sont donc nécessaires. L'innovation technique apportée par PGS a consisté :

1. à *isoler* le gène responsable de la toxicité chez le bacille de Thuringe ;

2. à *l'associer à un gène marqueur* porté par un plasmide [1] d'*Escherichia coli* et permettant le repérage des cellules où s'exprime le gène de toxicité ;

3. à *introduire* cet ADN chimère dans une autre bactérie, *Agrobacterium tumefasciens*, qui provoque chez les plantes dicotylédones la galle du collet (« crown gall ») ;

4. à *intégrer dans le génome* de la plante hôte (ici, le tabac) le *plasmide* Ti d'*Agrobacterium tumefasciens*, porteur du gène de la toxine du bacille de Thuringe, après délétion des gènes responsables de la tumeur.

Au terme de ces manipulations le tabac « infecté » est devenu capable de répliquer le plasmide Ti et de synthétiser la toxine insecticide.

Le transfert de gènes par *Agrobacterium tumefasciens* est aujourd'hui largement pratiqué dans le monde. Cependant cette méthode reste inefficace pour les espèces, telles que le riz, le blé ou le maïs, qui ne sont pas des hôtes naturels d'*Agrobacterium*.

D'autres techniques ont été mises au point qui, par bombardement de cellules végétales en culture, permettent d'y introduire du matériel génétique étranger [2]. C'est le principe écologique qui explique les conditions de succès des transferts de gènes effectués en vue de rendre les plantes résis-

---

1. Les plasmides sont, chez les bactéries, des fragments d'ADN capables de se propager de l'un à l'autre indépendamment du chromosome bactérien.
2. C. Gasser et R. Fraley, « Les Plantes transgéniques », *Pour la science*, 178 : 68-74, 1992.

tantes aux maladies et notamment aux virus qui est intéressant pour nous ici ; je veux parler du phénomène d'exclusion compétitive. De fait – quelques exemples en ont été donnés plus haut – on avait observé que l'infection par un virus peu virulent pouvait protéger une plante contre des souches virales plus virulentes : la multiplication de la souche bénigne empêche toute autre infection. Tout cela ouvrait des perspectives immenses au génie génétique pour conférer aux plantes des mécanismes persistants de résistance aux maladies.

Ces techniques de transgénose ont déjà été appliquées à une cinquantaine d'espèces végétales mais leur succès est pour l'instant limité aux plantes dicotylédones dont on sait obtenir des protoplastes qui, après régénération, vont engendrer une plante entière.

Il ne faut cependant pas sous-estimer les contraintes qui limitent le recours à de telles techniques. De fait, très coûteuse en raison de sa haute technicité, la transgénose n'est envisageable que dans certaines conditions : il faut que le système ravageur-plante considéré ait une grande importance économique, qu'une molécule néfaste aux ravageurs ait pu être repérée dans un organisme vivant, que cette molécule soit inoffensive pour l'homme et les animaux qui consommeront la plante manipulée, que le gène de la toxine soit isolé, que l'on dispose d'un système de transformation capable de l'intégrer au génome de la plante, que le gène, enfin, ait une expression suffisante dans les organes de la plante attaqués par le ravageur.

Il faut rappeler également la fragilité des systèmes de défense monogéniques face à la capacité d'évolution de nombreux ravageurs et agents pathogènes. Ainsi les plantes transgéniques, fruits du *génie génétique,* ne dispenseront pas de recourir au génie *écologique* ou *agronomique,* par exemple en adoptant une stratégie de rotation des cultures pour minimiser les risques de pullulation d'un autre ravageur ou de sélection d'une souche devenue résistante à la toxine utilisée.

Enfin, que l'on ne s'y trompe pas : la source ultime des agents actifs, c'est-à-dire des gènes de résistance ou de « qualité » (caractéristiques de taille, de goût, de couleur ou de valeur agronomique), est la *biodiversité* naturelle. Les progrès technologiques ne dispensent donc pas de la conserver, bien au contraire : ils donnent du prix à ce réservoir presque infini « d'usines moléculaires », de chaînes naturelles de production de molécules à propriétés variées : pharmaceutique, alimentaire, industrielle.

TROISIÈME PARTIE

Guerre et paix dans la nature

La lutte pour l'existence résulte inévitablement de la rapidité avec laquelle tous les êtres organisés tendent à se multiplier. Tout individu qui, pendant le terme naturel de sa vie, produit plusieurs œufs ou plusieurs graines, doit être détruit à quelque période de son existence, ou pendant une saison quelconque, car autrement, le principe de l'augmentation géométrique étant donné, le nombre de ses descendants deviendrait si considérable qu'aucun pays ne pourrait les nourrir. Aussi, comme il naît plus d'individus qu'il n'en peut vivre, il doit y avoir, dans chaque cas, lutte pour l'existence, soit avec un autre individu de la même espèce, soit avec des individus d'espèces différentes, soit avec les conditions physiques de la vie.

L'Origine des espèces, Charles Darwin, 1859.

Chapitre 6

Trouver sa place

Le grain de mil a toujours tort devant la poule.
Proverbe zaïrois.

Individu ou espèce, il faut compter avec les autres : les places sont chères, les dangers permanents. Pour simplifier, on peut dire que, si le but ultime est de perpétuer les gènes que l'on porte, donc de se reproduire et de se multiplier, les objectifs assignés par la sélection naturelle à tout individu sont de deux types : il faut, d'une part, accéder à des ressources énergétiques qui permettent à la machine de fonctionner – se nourrir – et aussi, d'autre part, pour une partie au moins des êtres vivants, conquérir des partenaires avec lesquels se reproduire.

Les obstacles pour atteindre ces objectifs sont de trois ordres :

1. les conditions climatiques, physiques et chimiques qui nous menacent dans notre existence ou qui n'autorisent pas notre croissance et notre maturation ou notre colonisation d'espaces plus favorables ;

2. les concurrents qui nous disputent les ressources alimentaires recherchées, appelés les compétiteurs ;

3. les ennemis, dont nous sommes précisément la source de nourriture rêvée – ou qui rêvent de prendre notre place.

On parlera donc ici de ces trois types de problèmes que les espèces ont à surmonter. En ce qui concerne les relations de prédation on s'en tiendra à l'aspect « stratégies d'évitement ». Le point de vue du prédateur sera considéré dans le chapitre suivant. Naturellement, on verra à propos de la première situation que le franchissement des obstacles climatiques, physiques ou chimiques peut nécessiter l'association avec d'autres organismes, ou à tout le moins une intervention « facilitatrice ». Ce point sera repris au chapitre suivant.

Se spécialiser... mais pas trop

Il est difficile d'être aussi efficace dans tous les domaines : on ne connaît pas de champions olympiques du 100 mètres qui se soient fait remarquer à la fois dans le lancer du poids et le marathon. Pour gagner à ce niveau il y faut des dons – liés à une morphologie et des capacités physiologiques préadaptées – puis un long entraînement, une *spécialisation*.

À ces spécialistes que sont les champions du sprint, de courses de fond ou de lancers, s'opposent des généralistes, les athlètes du décathlon qui, pour gagner, doivent à la fois courir vite, sauter haut, lancer loin, être endurants.

Les espèces animales et végétales sont confrontées au même type de situation, avec une dimension supplémentaire, à savoir que l'ensemble des performances qu'elles doivent réaliser est sanctionné par la sélection naturelle et dépend de l'environnement où elles doivent vivre et se multiplier.

Ainsi, il y a des plantes d'ombre et des plantes de lumière, des variétés de sols acides ou de sols calcaires, des poissons d'eaux chaudes et des poissons d'eaux froides, d'eaux douces et d'eaux salées. Cette diversité de *compétences* peut être observée à l'échelle d'un groupe d'espèces, d'une espèce, voire d'un individu. Mais il y a toujours *diversité*, nécessité d'une *diversification*, d'une *spécialisation* plus ou moins marquée.

La ségrégation spatiale observée entre beaucoup d'espèces à fonction similaire, interprétée trop souvent comme une stratégie d'évitement de la compétition interspécifique, est l'expression géographique la plus visible de cette spécialisation des espèces. Ainsi, la zonation de la végétation observée autour du Grand Lac Salé dans l'Utah s'explique par des différences de sensibilité ou de préférences des espèces vis-à-vis de facteurs physico-chimiques du substrat (aridité, salinité), qui opèrent comme des contraintes et dont l'effet dépend de la physiologie propre des espèces végétales en présence (fig. 20).

Chez le poisson d'eau douce d'Amérique du Nord *Catostomus clarkii*, il existe des populations qui vivent dans des

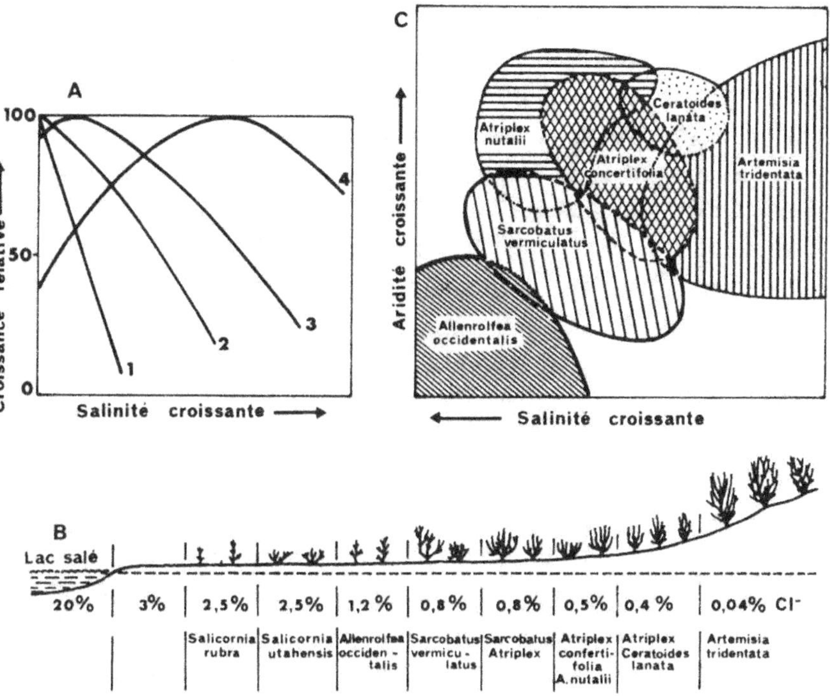

Figure 20 : Ségrégation d'espèces végétales en fonction de la salinité des sols et du gradient d'aridité [1]. A, croissance relative en fonction de la teneur en sel du sol : 1, d'une espèce franchement inhibée par le sel ; 2, d'une espèce faiblement tolérante au sel ; 3, d'une espèce tolérante à la salinité ; 4, d'une vraie halophyte, c'est-à-dire d'une espèce qui n'apprécie que les sols salés. B, zonation de la végétation au bord du Grand Lac Salé de l'Utah (USA) : cette zonation est due essentiellement au gradient de salinité (caractérisée ici par le pourcentage de chlore, Cl⁻) et ensuite, lorsque celle-ci diminue, en partie à l'élévation par rapport à la nappe phréatique. C, diagramme situant, par rapport à ces deux facteurs, quelques espèces de la zonation B. C'est une représentation graphique de la niche écologique partielle de ces espèces.

---

1. P. Ozenda, *La Cartographie écologique et ses applications*, © Masson, Paris, 1986.

eaux froides tandis que d'autres prospèrent en eau tiède. Cependant, chez cette espèce généraliste dans sa tolérance à la température de l'eau, on observe une variabilité génétique qui masque des spécialisations locales. Ainsi a-t-on mis en évidence deux sortes d'estérases *a* et *b*, déterminées respectivement par deux allèles E^a et E^b. La forme *a* se révèle peu active à 5° C, tandis qu'elle présente une activité normale à 37° C ; elle est rare dans les populations d'eaux froides et d'autant plus fréquente dans les populations naturelles que celles-ci vivent en eau chaude. C'est l'inverse pour la forme *b*. Cette variation est parfaitement explicable si l'on fait appel à la sélection naturelle : pour les animaux vivant dans des eaux chaudes, le fait de posséder la forme *b* de l'enzyme est un handicap, puisqu'elle n'est active qu'à basse température ; un individu de génotype E^b/E^b accomplit les fonctions vitales de manière moins efficace qu'un individu E^a/E^a ou E^a/E^b qui possède l'enzyme *a* [1] ; dans les populations d'eaux chaudes, l'allèle E^b doit donc être éliminé par la sélection naturelle. Au contraire, c'est l'allèle E^a qui doit être éliminé dans les populations vivant sous des climats froids. Dans des conditions intermédiaires, les eaux étant tantôt relativement chaudes, tantôt relativement froides, par suite des variations de températures journalières et saisonnières, on peut penser qu'il est favorable de posséder à la fois les deux formes d'enzymes, ce qui doit conduire à une supériorité de l'hétérozygote.

En définitive, on peut prévoir que, sous l'effet de la sélection, la fréquence de l'allèle E^a doit tendre vers une fréquence d'équilibre d'autant plus élevée que la température moyenne à laquelle vit la population est plus haute. C'est exactement ce que montrent les observations.

L'enfer, c'est les autres

« L'enfer, c'est les autres. » C'est là une vérité profondément écologique et largement vérifiée à l'échelle de la

---

1. Les individus hétérozygotes E^a/E^b possèdent les deux types d'enzymes.

biosphère. Mais une vérité seulement partielle : les autres, c'est aussi le paradis !

À l'échelle des populations, c'est-à-dire d'entités monospécifiques, l'autre peut être un concurrent ou un partenaire. Un concurrent pour l'appropriation d'un territoire, d'un site de reproduction, de ressources alimentaires... ou d'un conjoint. Mais parfois aussi un partenaire, pour acquérir tout cela ou pour se reproduire. On abordera ici, pour illustrer un aspect de cette problématique, le cas de la compétition intraspécifique et de ses effets sur la structure des populations et les stratégies de partage des ressources.

Considérons un individu-plante, par exemple une graine de plantain, qui germe à l'état isolé en sol fertile. Cet individu aura une bonne chance de croître, d'atteindre la maturité et pourra se multiplier avec succès. À l'opposé, une plantule étroitement entourée de voisins qui l'ombragent de leurs feuilles et appauvrissent *son* sol par leurs voraces racines, aura une faible probabilité de survie et un faible taux de multiplication si elle parvient à survivre : plus il y aura d'individus ainsi en *compétition*, plus leur valeur sélective sera réduite. Il est possible d'étudier expérimentalement les effets de la compétition intraspécifique liés à la densité de population.

Reprenons, par exemple, les résultats obtenus par Palmblad [1] chez une plante annuelle, la capselle bourse à pasteur, et une plante pérenne, le plantain majeur. Chaque espèce est semée en conditions contrôlées sur une large gamme de densités : une, cinq, cinquante, cent et deux cents graines par pot. Les résultats principaux sont résumés sur la figure 21. La première observation est que toutes les performances liées à la valeur sélective diminuent avec la densité. La nature densité-dépendante des diverses réponses à la compétition intraspécifique prévue par la théorie est donc confirmée. Chez les deux espèces, cette compétition a exercé des effets dépendant de la densité sur les proportions d'individus

---

1. I. G. Palmblad, « Competition Studies on Experimental Populations of Weeds with Emphasis on the Regulation of Population Size », *Ecology*, 49 : 26-34, 1968.

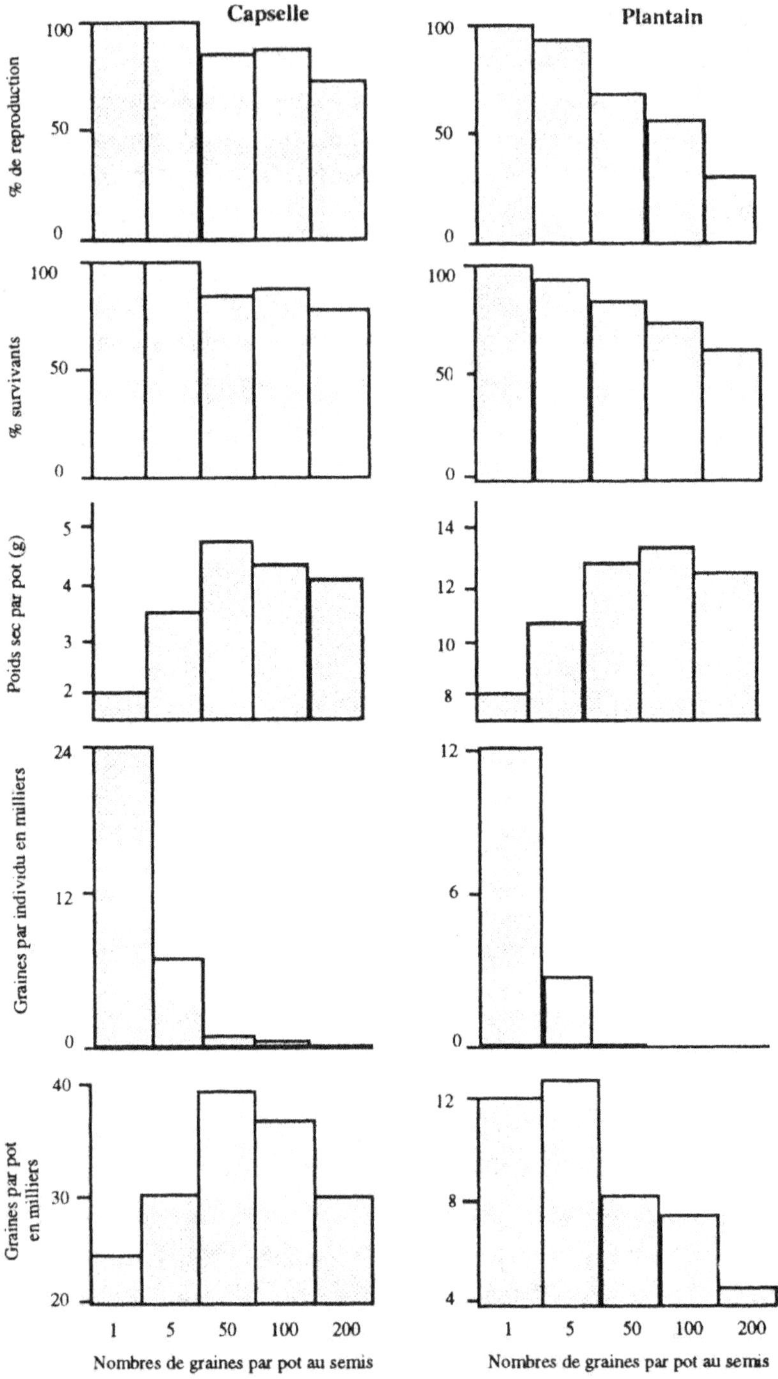

Figure 21 : Effets de la compétition intraspécifique, appréhendée par le biais de la densité des individus, sur les performances moyennes de plantes en pots (d'après Palmblad).

germant, survivant et, restant végétatifs et, dans chaque cas, les plantes tombaient de ce fait dans l'une des deux catégories : celles *qui font* et celles *qui ne font pas*. Avec la reproduction, cependant, la situation est beaucoup plus complexe. Au lieu d'une réponse de type *tout ou rien*, le nombre de graines produites par individu variait dans un rapport de un à deux cents chez le plantain et de un à cent chez la capselle. Cette plasticité de réponse est chose commune chez les plantes et les animaux : c'est une dimension essentielle de la biodiversité. Ainsi, la compétition intraspécifique ne conduit pas seulement à des changements quantitatifs, tels que le nombre des individus survivant dans les populations, mais aussi à des changements *qualitatifs* affectant ces survivants. Les déclins progressifs de qualité quand la densité augmente contribuent à accroître l'intensité de la compétition, ce que traduisent bien les résultats reproduits sur la figure 21.

Dans les expériences de Palmblad, ces changements qualitatifs ne se limitent pas à la production moyenne de graines. En dépit de la variation considérable de la densité des plantes survivantes, le poids sec total pour chaque espèce, après une augmentation initiale, reste remarquablement constant avec l'accroissement de densité. En d'autres termes, aux densités élevées, les individus plantes sont plus petits. Il y a *compensation*, de sorte que la production finale est inchangée. Cette plasticité de la réponse de croissance des plantes à la compétition intraspécifique est si commune que, pour la décrire, on parle depuis quarante ans de *loi de la récolte finale constante* [1]. Évidemment, les changements qualitatifs de poids sec et la production de graines sont étroitement liés : les petites plantes produisent moins de graines. Cela conduit à une tendance comparable, c'est-à-dire à la constance du nombre total de graines produites. Ainsi, les tendances régulatrices de la compétition intraspécifique sont amplement illustrées : en dépit d'un accrois-

---

1. T. Kira, H. Ogawa et K. Shinozaki, « Intraspecific Competition among Higher Plants. I. Competition-Density-yield inter-Relationships in Regularly Dispersed Populations », *J. Polytechnic Institute,* Osaka City University, 4 : 1-16, 1953.

sement de 200 fois des densités du semis, la gamme des productions de graines variait seulement de 1,4 fois chez la capselle et de 2,9 chez le plantain.

Ainsi, la compétition intraspécifique n'affecte pas seulement la quantité des individus qui survivent, mais aussi leur *qualité*. Pourtant, Palmblad a caractérisé les populations par des *individus moyens* : comme beaucoup d'autres chercheurs, il a choisi d'ignorer les différences qualitatives entre individus au sein d'un même lot.

D'autres chercheurs, au contraire, ont prêté une grande attention à ce type de différences [1]. C'est le cas de Obeid et ses collaborateurs qui ont réalisé le même type d'expériences que Palmblad, avec des graines de lin cette fois. Ils montrent que, plus la compétition est intense (donc plus la densité est élevée), plus l'écart par rapport à une distribution normale [2] des poids individuels est marqué. Les raisons de telles distributions sont faciles à comprendre. Les plantules qui émergent tôt sont, comparativement, libres de compétiteurs et ont un accès relativement illimité à la lumière, l'eau et les nutriments. En conséquence, elles croissent rapidement. Les plantules les plus tardives, à l'inverse, vont non seulement entrer en compétition avec beaucoup d'autres individus, généralement plus grands, mais doivent aussi le faire dans des conditions inégales. La compétition intraspécifique accentue les différences initiales de taille : les grands individus (précoces) sont moins affectés et croissent encore davantage que les petits qui, de plus en plus retardés, ont une probabilité de survie moindre.

On peut observer des phénomènes semblables chez les animaux, avec une complication apportée par un type de plasticité particulier : celui que confèrent les comportements, la possibilité de se déplacer, de choisir son habitat

---

1. M. Obeid, D. Machin et J. L. Harper, « Influence of Density on Plant Variations in Fiber Flax, *Linum usitatissimum* », *Crop Science*, 7 : 471-473, 1967.
2. Dans toute population de graines de lin, il existe une certaine variabilité au départ : celle-ci se caractérise par une distribution des valeurs pondérales que les statisticiens appellent *normale* et qui compte, entre autres, autant de cas de part et d'autre de la valeur la plus fréquente.

ou son conjoint, de défendre l'appropriation de l'un et l'autre.

Cela suffisait à justifier des approches spécifiques des stratégies de partage des ressources chez les animaux.

Comme dans toute théorie de la compétition, il est classique de distinguer la compétition par *exploitation* et la compétition par *interférence*. Dans le premier cas, il n'y a pas interaction *directe* entre les individus en présence : la compétition résulte du simple fait que *l'exploitation* de ressources communes par un individu diminue leur disponibilité pour d'autres. Dans le second cas, il y a interaction *directe* entre les individus en présence, l'un interdisant aux autres l'accès aux ressources recherchées en affectant activement leur valeur sélective (agression, sécrétion de substances toxiques).

Plaçons-nous dans le premier cas de figure, celui de la compétition par exploitation, et imaginons une situation simple dans laquelle l'animal a le choix entre deux milieux, l'un pauvre en ressources, l'autre riche, et qu'il cherche à occuper le milieu qui lui rapporte le maximum de ressources. En l'absence de compétiteurs il choisira le plus riche en proies. Mais à mesure que l'occupation de celui-ci va croissant, le profit moyen par individu diminue et il arrivera un moment où il deviendra avantageux pour de nouveaux arrivants de choisir le milieu plus pauvre en proies mais encore inoccupé, ou faiblement. Ainsi, si les choses fonctionnent selon ces principes, on doit s'attendre à ce que les deux milieux atteignent des niveaux de saturation en individus tels que la profitabilité moyenne par individu soit identique dans chacun d'entre eux. En d'autres termes, la distribution des individus entre les deux types de milieux est ajustée par la compétition intraspécifique de telle sorte que chaque individu bénéficie du même taux de ressources : c'est la « *distribution libre idéale* » postulée par Stephen Fretwell [1] en 1972.

---

1. S. Fretwell, *Populations in a Seasonal Environment*, Princeton Univ. Press, Princeton (NJ), 1972.

Manfred Milinski [1] a tenté de vérifier expérimentalement cette hypothèse avec des poissons ayant des daphnies comme proies. Six épinoches sont introduites dans un aquarium alimenté en proies aux deux extrémités par des pipettes qui déversent des daphnies à des taux qui varient du simple au double. La meilleure place pour un poisson donné dépend du choix effectué par les cinq autres. Il n'y a pas de défense possible des ressources et Milinski observe que les poissons se distribuent selon le rapport de profitabilité prévu, avec quatre individus à l'extrémité de l'aquarium où le débit de distribution alimentaire est double et deux individus à l'autre extrémité. L'inversion du régime d'approvisionnement amène rapidement une redistribution inversée des six épinoches, conformément à l'hypothèse de la distribution libre idéale (fig. 22).

Naturellement, lorsqu'il y a acquisition et défense de territoires – ce qui est fréquent dans la nature – la sélection de l'habitat s'opère selon un schéma sensiblement différent : les premiers arrivants s'installent dans le meilleur milieu où ils s'approprient et défendent des territoires, contraignant les nouveaux visiteurs à s'établir dans le milieu moins favorable, où le même processus se déroule jusqu'à ce que ce dernier soit également saturé. Les individus en surnombre seront exclus, condamnés à mourir ou contraints de nomadiser alentour... ou d'aller voir ailleurs. Chez la mésange charbonnière, John Krebs, de l'université d'Oxford, a démontré expérimentalement que les territoires libérés par leur propriétaire étaient rapidement occupés par de nouveaux individus (autrement privés de site de nidification).

Moi et les autres est aussi un problème qui se pose entre individus d'espèces différentes et l'on verra, là encore, que pour une espèce donnée, les autres peuvent être l'enfer... ou le paradis.

---

1. M. Milinski, « An Evolutionarily Stable Feeding Strategy in Sticklebacks », *Z. Tierpsychol.*, 51 : 36-40, 1979.

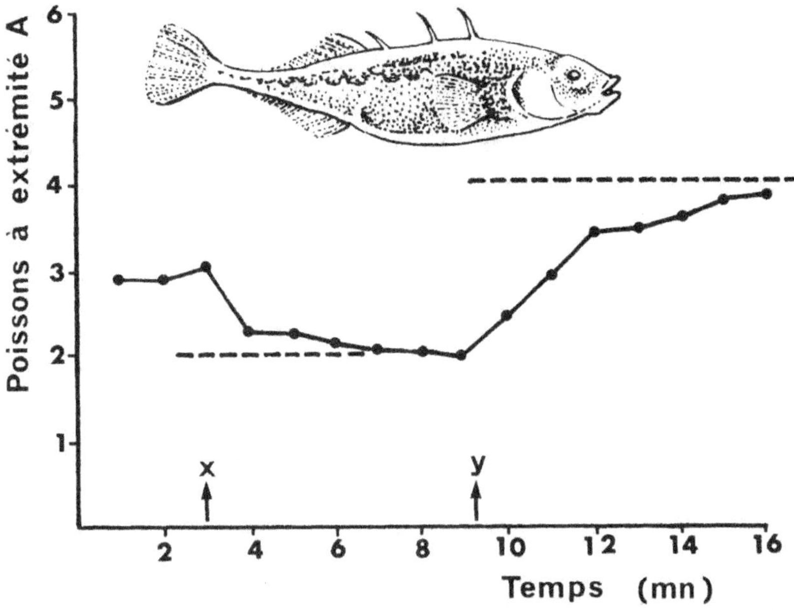

Figure 22 : Expériences de Milinski avec 6 épinoches qui trouvent leur nourriture aux deux extrémités A et B d'un aquarium, d'abord en quantités égales. Au temps x, l'extrémité B de l'aquarium reçoit deux fois plus de nourriture que l'extrémité A. Au temps y, les régimes d'approvisionnement sont inversés et l'extrémité A reçoit deux fois plus de daphnies que l'extrémité B. Les lignes en tireté indiquent le nombre de poissons attendus à l'extrémité A selon la théorie de la distribution libre idéale et les points les valeurs effectivement observées, qui sont les moyennes de plusieurs expériences. (D'après M. Mininski, 1979, *in* J. R. Krebs et N. B. Davies, *An Introduction to Behavioural Ecology,* © Blackwell Scientific Publications, Oxford, 1987.)

Compétition et organisation des peuplements

Les guildes, assemblages d'espèces exploitant localement – c'est-à-dire dans le même écosystème – la même catégorie de ressources, sont le type le plus simple de peuplements que l'on puisse définir et étudier. L'étude de l'organisation des guildes est devenue, au cours des années soixante-dix, l'un des thèmes fondamentaux de la recherche en écologie. Les nombreux travaux déjà parus touchent la plupart des groupes zoologiques aussi bien que les peuplements végétaux.

La niche écologique d'une espèce est définie par l'ensemble des conditions dans lesquelles elle vit et se maintient. Cet *espace écologique* peut être appréhendé, d'une manière opérationnelle, dans ses trois dimensions essentielles par référence à trois axes caractérisés respectivement par un gradient d'habitats, un gradient temporel (saisons) et un gradient trophique (types de nourriture). On peut ainsi mesurer l'amplitude de niche d'une espèce, la comparer à celle d'autres espèces, et surtout quantifier ainsi leurs chevauchements : plus les niches se chevauchent, plus la compétition potentielle entre les espèces s'intensifie. Au demeurant, les choses sont un peu plus complexes mais ce n'est pas le lieu d'en faire état ici.

Pour comprendre l'organisation locale de la biodiversité à l'échelle des guildes, on peut étudier et comparer les spectres d'utilisation des ressources des diverses espèces en présence – c'est une approche *directe* des modalités de partage des ressources.

De telles études descriptives, pour un certain nombre de guildes animales et végétales, mettent généralement en relief une ségrégation des niches des principales espèces, ségrégation établie soit sur un axe particulier de la niche (espace, temps, nourriture), soit par une série de décalages réalisés sur l'ensemble des axes considérés.

La ségrégation spatiale est le mécanisme le plus fréquent de maintien de la coexistence dans la plupart des guildes d'espèces généralistes du point de vue trophique (vertébrés insectivores ; vertébrés et fourmis granivores ; plantes), coexistence et ségrégation réglées par la compétition. Chez les plantes une telle ségrégation fait intervenir des différences de sensibilité ou de préférence des espèces vis-à-vis de facteurs physico-chimiques du substrat (voir fig. 20 *supra*). Dans le cas des animaux, apparaissent des stratégies de sélection de l'habitat déterminées autant par des contraintes internes (morphologiques, physiologiques, éthologiques) que par des contraintes externes dont la compétition interspécifique n'est que l'un des facteurs explicatifs possibles.

La ségrégation temporelle semble assez fréquente, comme mécanisme essentiel ou complémentaire assurant la coexis-

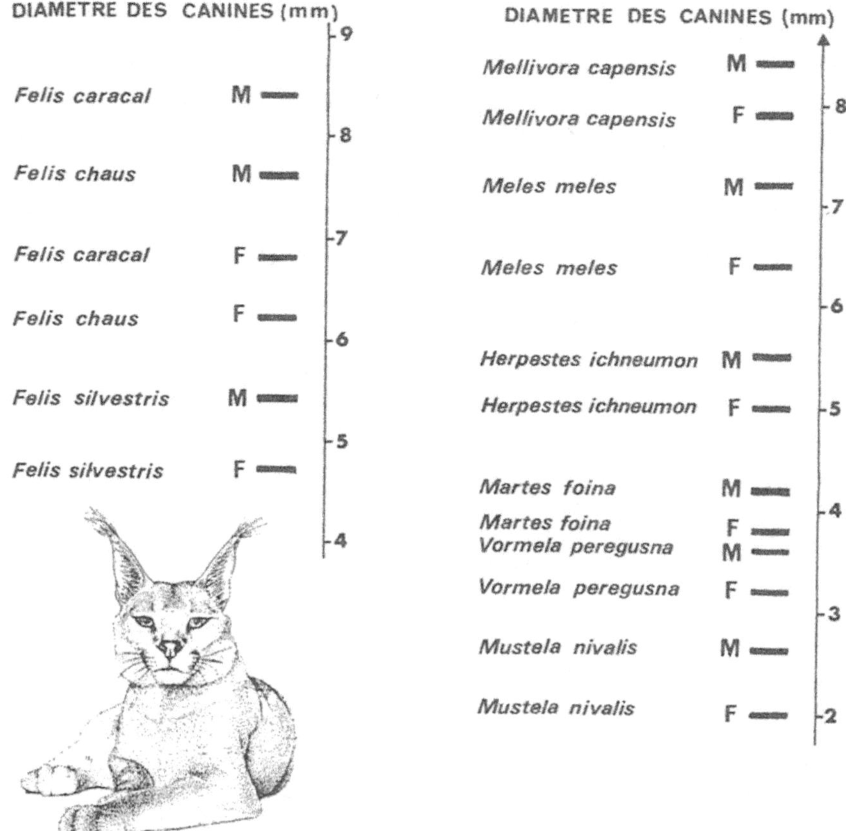

Figure 23 : Classement, par ordre de tailles (diamètres moyens) des canines supérieures des mâles et femelles de trois espèces de félins, à gauche, et de cinq espèces de mustélidés (belette, fouine...) plus un viverridé (mangouste), à droite, au Moyen-Orient. (Modifié de Pimm et Gittleman, « Carnivores and Ecologists on the Road to Damascus », *TREE,* 5 : 70-73, © Elsevier Science Publishers, 1990.) Les espacements observés sont beaucoup plus réguliers que ce qu'aurait donné le simple hasard.

tence, dans certaines guildes d'invertébrés ainsi que dans certaines communautés végétales tropicales où les décalages des périodes de floraison seraient maintenus par la compétition pour les pollinisateurs communs [1].

Il existe évidemment d'étroites relations entre l'éventail

---

1. E. R. Heithaus, « The Role of Plant-pollinator Interactions in Determining Community Structure », *Ann. Missouri Bot. Gardens,* 61 : 675-691, 1974.

des ressources qu'une espèce peut utiliser et ses caractéristiques morphologiques ou éthologiques. Il est fréquent, par exemple, de constater, dans un groupe d'espèces apparentées, que la taille moyenne des proies consommées augmente avec la taille des prédateurs. Aussi est-il conforme à la théorie de s'attendre à ce que la compétition interspécifique produise et maintienne, entre espèces qui dépendent d'un même type de ressource et coexistent, un certain espacement minimum des tailles corporelles.

Dans un peuplement de carnivores du Moyen-Orient, Pimm et Gittleman [1] observent un espacement remarquablement régulier des diamètres des canines supérieures, en distinguant pour chaque espèce le cas des mâles de celui des femelles (fig. 23).

Ce patron d'organisation par tailles, pour un organe étroitement lié aux proies exploitées, chez des prédateurs probablement limités par leurs ressources alimentaires, résulte vraisemblablement du jeu de la compétition intraspécifique (qui réduit ici la concurrence entre mâles et femelles de la même espèce) et interspécifique.

Le rôle de la compétition interspécifique dans la production ou le maintien de tels patrons structuraux a été bien démontré, dans le cas d'une guilde d'ichneumons, par l'expérience involontaire relatée par Peter Price. Au Canada coexistaient quatre espèces d'ichneumons, toutes parasites de la tenthrède des pins au stade cocon. Leurs organes de ponte (ovipositeurs [2]), qui leur permettent de déposer leurs œufs dans les tissus vivants du cocon, sont dans les rapports suivants :

Mastrus aciculatus

——————→ 1,11

Pleolophus indistinctus

——————→ 1,19

Endasys subclavatus

——————→ 1,41

Gelis urbanus

---

1. S. L. Pimm et J. L. Gittleman, « Carnivores and Ecologists on the Road to Damascus », *TREE*, 5 : 70-73, 1990.

2. Un long ovipositeur abdominal permet à la femelle d'atteindre des cocons enfouis profondément et inaccessibles à des espèces pourvues d'ovipositeurs plus courts.

À la fin des années trente une cinquième espèce, *Pleolophus basizonus*, fut introduite pour aider à lutter contre les pullulations de la tenthrède. L'ovipositeur de *P. basizonus* est de longueur intermédiaire par rapport à ceux de *M. aciculatus* et de *P. indistinctus*. Meilleur compétiteur que ces espèces, *P. basizonus* se multiplia en les éliminant de vastes zones forestières, sauf dans les parcelles les plus sèches et les plus pauvres en hôtes (fig. 24).

Ainsi, dans un espace écologique hétérogène, la *diversité* des compétences affichée par le complexe d'espèces d'ichneumons limite les effets de la compétition interspécifique : il y a ségrégation spatiale des niches écologiques et non exclusion totale.

Si l'intensité de la compétition dépend bien de la ressemblance écologique entre les espèces en présence, alors on doit s'attendre à ce que la probabilité d'exclusion croisse avec cette ressemblance. L'exemple des ichneumons, astucieusement analysé par Price, confirme cette hypothèse, même si l'exclusion compétitive reste localisée et n'aboutit pas à une extinction totale.

Une série intéressante d'exemples nous est offerte aux îles Hawaï, où de nombreuses espèces d'oiseaux ont été introduites, avec succès ou non. Moulton et Pimm [1] se sont penchés sur cet ensemble de données. Pour tester concrètement l'hypothèse générale énoncée ci-dessus, ils abordent le critère de *ressemblance écologique* à deux niveaux :

– tout d'abord, d'une façon un peu large, à l'échelle de la parenté taxonomique, étant entendu que des espèces appartenant à un même genre sont généralement plus proches écologiquement que des espèces de genres différents (il y a des genres insectivores, des genres granivores, des genres nectarivores) ;

– ensuite, d'une façon plus fine, à l'échelle de la ressemblance morphologique (taille du bec) au sein de groupes d'espèces congénériques, dès lors qu'il a été confirmé qu'il

---

1. M. P. Moulton et S. L. Pimm, « Species Introductions to Hawaï », 231-249, *in* H. Mooney et J. A. Drake (éd.), *Ecology of Biological Invasions of North America and Hawaï*, Springer Verlag, Berlin, 1986.

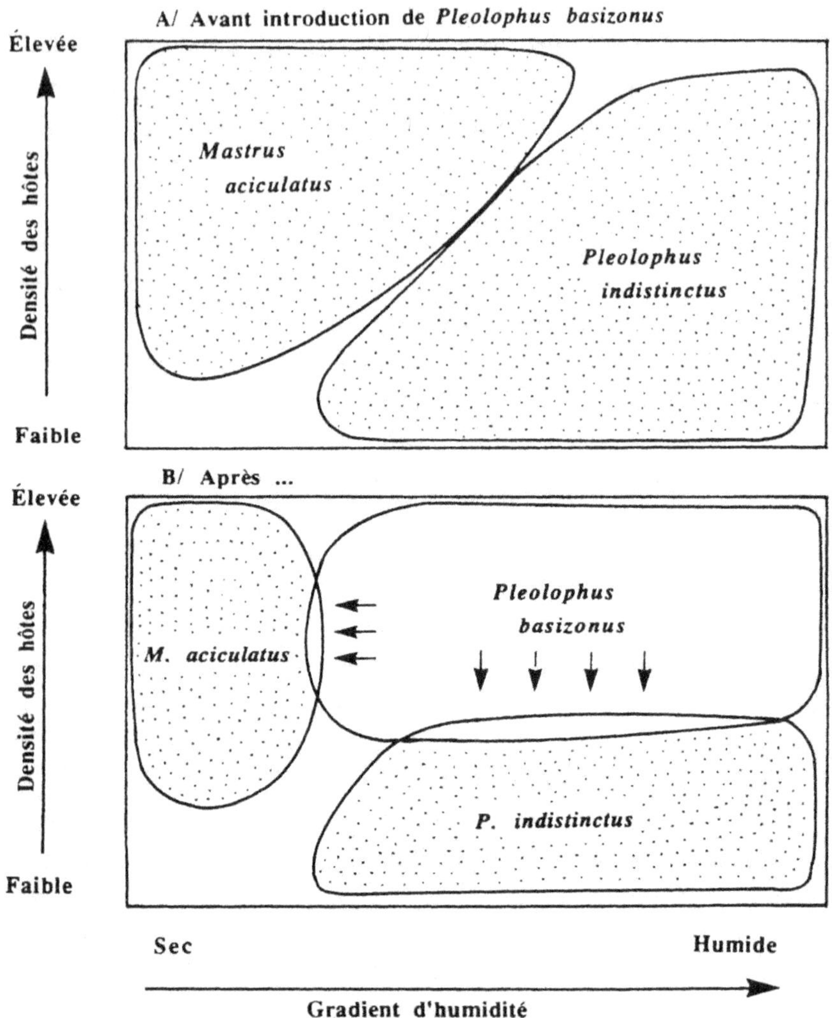

Figure 24 : Répartition des deux principales espèces d'ichneumons parasites de cocons de la tenthrède dans l'espace forestier défini par un gradient d'humidité et un gradient de densité de l'hôte – avant (A) et après (B) introduction d'une espèce étrangère *Pleolophus basizonus* (adapté d'après Price, 1971 [1]).

existe une relation entre le spectre des ressources utilisées et la taille de l'organe retenu.

Ils formulent alors deux questions qu'ils se proposent de tester :

---

1. P. W. Price, « Niche Breadth and Dominance of Parasite Insects Sharing the Same Host Species », © *Ecology*, 52 : 587-596, 1971.

1. Les espèces introduites sur des îles où d'autres espèces appartenant aux mêmes genres sont déjà installées échouent-elles davantage que celles qui n'ont pas de congénères présents ?

2. Les espèces introduites qui survivent sur les îles sont-elles morphologiquement plus différentes des populations congénériques déjà présentes que celles qui y échouent ?

La première question n'est pas vérifiée, puisque le succès des introductions est aussi élevé qu'il y ait ou non préalablement des espèces congénériques : seize introductions réussies sur trente tentatives dans le premier cas contre vingt-trois sur quarante-trois dans le second ; soit un succès sur deux en moyenne.

Pour tester la seconde question, Moulton et Pimm limitent l'analyse au cas des passereaux, où les espèces congénériques présentent généralement le même type de régime alimentaire. La divergence morphologique est mesurée par le pourcentage de différence entre les longueurs de bec. Il apparaît une réduction significative de la probabilité d'extinction quand la divergence morphologique s'accroît.

L'étude comparative des guildes insulaires ainsi que la comparaison entre guildes insulaires et guildes continentales sont des voies d'accès à la connaissance de l'organisation et du fonctionnement des communautés naturelles particulièrement fructueuses parce qu'elles nous placent d'emblée dans des conditions de type expérimental. Il faut souligner en outre que le terme d'île est à prendre ici dans son sens écologique, c'est-à-dire le plus large : la même problématique peut s'appliquer à des clairières isolées dans un massif forestier, à des mares, flaques ou étangs, voire à des arbres d'une essence déterminée dispersés dans une forêt mixte, pourvu que le comportement et la biologie des espèces considérées fassent de ces types de milieux des *îles* dans un univers inhabitable par ailleurs.

À latitudes égales les îles hébergent moins d'espèces que les régions continentales de même superficie et de même complexité topographique : les espèces insulaires ont donc moins de compétiteurs que leurs homologues continentales. Elles auront des densités plus élevées et des niches plus larges que ces dernières. Ainsi, la comparaison des profils et interrelations de niches dans les guildes insulaires d'une part et entre guildes insulaires et guildes continentales d'autre part est un moyen particulièrement commode de dégager le rôle de la compétition interspécifique dans la régulation de la biodiversité à l'échelle des guildes. La richesse spécifique moindre des guildes insulaires, par rapport aux guildes continentales homologues, et l'allégement de la pression de compétition interspécifique qui en résulte, auraient deux effets principaux sur l'organisation des guildes : les populations insulaires auraient des densités plus élevées (*compensation par la densité*) et elles occuperaient généralement des habitats plus variés que sur le continent (*expansion de niche*).

De nombreux travaux, consacrés principalement à des peuplements de lézards et d'oiseaux, confirment ces hypothèses [1].

La compensation par la densité n'est toutefois pas un phénomène mathématiquement rigoureux : les effectifs des peuplements insulaires peuvent être supérieurs ou inférieurs à ceux des peuplements continentaux. Parmi les facteurs qui affectent l'importance de la compensation par la densité il faut citer le remplacement des espèces continentales manquantes sur les îles par des espèces colonisatrices moins bien adaptées à l'habitat vacant (donc à densités de saturation plus basses) ; la sous-représentation des grandes espèces (accroissement de la densité pour une biomasse saturante donnée) ; le rôle d'autres facteurs que la compétition (pression de prédation inférieure en milieu insulaire).

Jacques Blondel, du CNRS, montre qu'entre les vieilles futaies de chênes verts de Provence et celles de Corse, la richesse spécifique du peuplement d'oiseaux passe de 23 à 18. Si la densité des couples par hectare est légèrement supérieure en Corse, la biomasse moyenne y reste inférieure à celle du continent ; ce qui veut dire que les espèces insulaires sont en moyenne de plus petite taille que les

---

1. R. Barbault, *Écologie des peuplements. Structure, dynamique et évolution*, Masson, Paris, 1992.

espèces continentales. Enfin, cette compensation par la densité de l'appauvrissement spécifique s'accompagne d'un élargissement de la niche spatiale moyenne des espèces dont l'amplitude double entre la Provence et la Corse [1].

On remarquera que la *fonction* de la diversité, sous-produit de la dynamique compétitive, est d'aboutir à des systèmes qui exploitent mieux la totalité des ressources disponibles : personne n'est également efficace dans tous les domaines ; il en est de même des espèces et des génotypes au sein des espèces. Par suite des contraintes interspécifiques, mais aussi des effets de la densité et des limites propres aux compétences des espèces et des génotypes, le *fonctionnement* des systèmes écologiques est ainsi *source* de diversification.

On notera également, dans le cas de l'espèce humaine, que sa remarquable colonisation de tous les milieux terrestres s'est accompagnée d'une différenciation infraspécifique évidente (pigmentations et statures, en relation avec les contraintes climatiques) et que son organisation sociale sans précédent (famille, tribu puis nations) s'est traduite par une diversification des *fonctions sociales*, des professions, qui jouent le même rôle que la pluralité des espèces dans les règnes infrahumains.

Les stratégies antiprédateurs

La pression sélective exercée par les prédateurs de tous poils a été une force majeure dans le façonnement des traits biologiques des espèces, qu'il s'agisse des herbivores pour les plantes, des carnivores pour leurs proies animales – mais aussi des parasites, virus et autres agents pathogènes pour tout le monde. Une pression sélective suivie d'extinctions, mais aussi de novations, de créations – de biodiversité pour tout dire.

Faut-il parler de la diversité des stratégies que tout cela a engendrée ? De l'adaptation à la course des uns ? Du mimétisme des autres ? Des épines et piquants des ronces,

---

1. J. Blondel, *Biogéographie évolutive*, Masson, Paris, 1986.

cactus et autres hérissons ? Des bénéfices apportés par l'adoption de mœurs grégaires ou sociales en réponse aux menaces de prédation chez de nombreuses espèces (fig. 25) ? On pourrait écrire tout un livre sur ce sujet !

Je voudrais mettre ici l'accent sur des aspects moins connus de la question, en relation étroite avec l'exploration que nous poursuivons relativement à la biodiversité, sa raison d'être, ses origines.

Sur le plan évolutif, nous l'avons vu, la sexualité est beaucoup moins efficace que la reproduction asexuée : pourquoi donc la pression de sélection n'a-t-elle pas éliminé la sexualité ?

William Hamilton [1], de l'université d'Oxford, pense que la sexualité subsiste en raison des avantages décisifs qu'elle confère aux animaux parasités : le brassage des informations génétiques lors de la reproduction sexuée diversifie davantage et plus rapidement le patrimoine génétique des descendants que ne font de simples mutations. Des individus issus de la reproduction sexuée deviendraient alors résistants aux parasites qui infestaient leurs parents, tandis que les descendants issus de la reproduction asexuée, génétiquement identiques à leurs parents, resteraient sensibles à ces parasites.

W. Hamilton considère même que, en alimentant la diversité génétique des organismes hôtes, la sexualité permet de conserver des capacités de résistance éventuellement devenues inefficaces provisoirement, mais qui peuvent servir ultérieurement.

Il existe des espèces qui présentent à la fois des populations sexuées et des populations dépourvues de mâles, à reproduction parthénogénétique. L'occasion était belle d'éprouver l'hypothèse d'Hamilton – et c'est ce qu'ont fait différents chercheurs [2].

Robert Vrijenhock et Clark Craddock, de l'université Rutgers, ont démontré expérimentalement la validité de

---

1. W. D. Hamilton, « Sex versus Non-Sex versus Parasite », *Oikos*, 35 : 282-290, 1980.

2. Voir J. Rennie, « Parasites et évolution », *Pour la science*, 174 : 68-77, 1992.

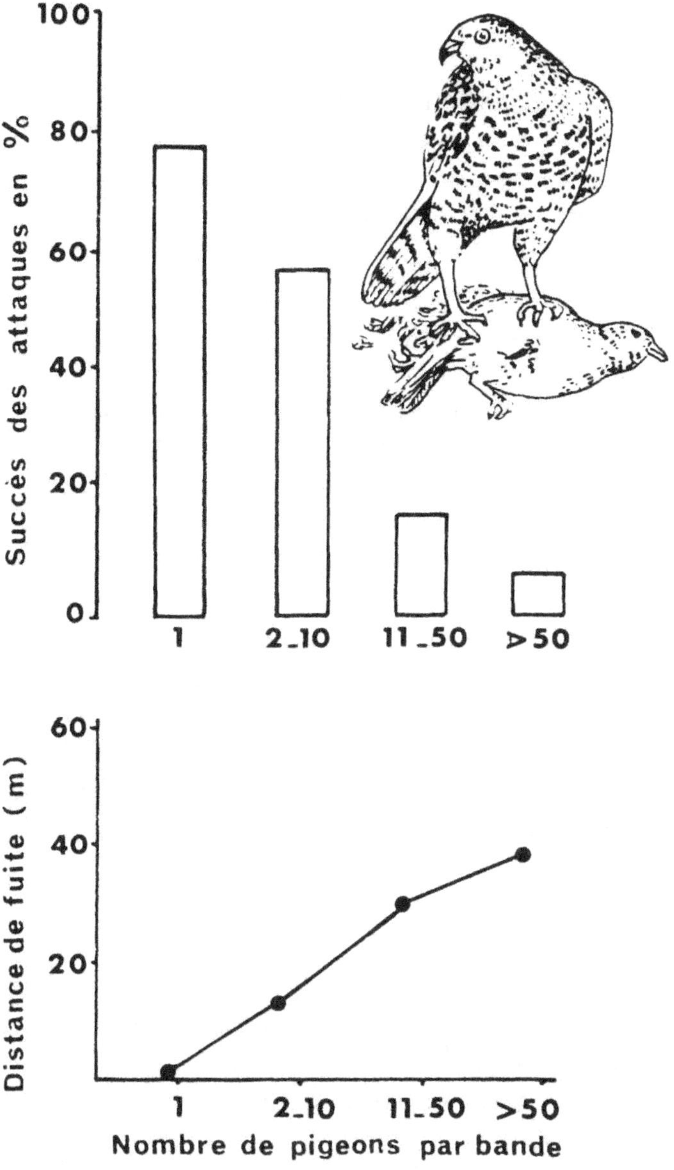

Figure 25 : L'autour des palombes est moins efficace dans ses attaques lorsque les pigeons sont en bandes nombreuses (en haut). Cela s'explique en grande partie par le fait que l'autour est détecté de beaucoup plus loin dans ce cas, d'où un envol plus précoce (en bas). (D'après R. E. Kenward, 1978 *in* J. R. Krebs et N. B. Davies, *An Introduction to Behavioural Ecology.* © Blackwell Scientific Publications, Oxford, 1986.)

l'hypothèse de William Hamilton à propos de vairons du Mexique : les groupes de poissons asexués étaient plus souvent parasités par des vers trématodes que les groupes de poissons sexués, sauf lorsque ceux-ci avaient une diversité génétique fortement réduite par consanguinité. En d'autres termes, l'avantage antiparasitaire observé chez les vairons sexués disparaît lorsque ceux-ci deviennent génétiquement trop semblables et le parasitisme est d'autant plus faible que la population est génétiquement variée.

Curtis Lively, de l'université d'Indiana, observe une relation semblable entre sexualité et parasitisme chez des escargots de Nouvelle-Zélande : les populations d'escargots exclusivement femelles ne vivent que dans les zones peu infestées, tandis que là où les parasites abondent, on rencontre des populations bisexuées.

Dans le complexe *Heteronotia binoei*, un gecko australien, coexistent plusieurs races chromosomiques sexuées, justement considérées comme des espèces distinctes, et de nombreuses lignées parthénogénétiques triploïdes [1]. La comparaison des chromosomes et des protéines indique que les souches parthénogénétiques résultent d'épisodes répétés d'hybridation entre deux races sexuées. L'analyse de l'ADN des mitochondries suggère qu'elles sont apparues récemment dans une ou deux petites zones de l'Australie occidentale, avant de s'étendre tout le long de la côte ouest jusqu'à l'Australie centrale. Dans les régions où les deux types de geckos se rencontrent, les recherches pour évaluer leurs vulnérabilités respectives aux acariens hématophages ont confirmé l'hypothèse d'Hamilton : les individus sexués présentaient très rarement des tiques tandis que les individus parthénogénétiques en étaient généralement affligés. Après une analyse rigoureuse des explications possibles, compte tenu des informations disponibles sur la structure génétique de ces populations, Craig Moritz et ses collaborateurs consi-

---

1. Se dit d'un organisme ou d'une cellule qui possède trois jeux complets de chromosomes (3 N). C. Moritz, H. McCallum, S. Donnellan et J. D. Roberts, « Parasite Loads in Parthenogenetic and Sexual Lizards (*Heteronotia binoei*) : Support for the Red Queen Hypothesis », *Proc. R. Soc. London B.*, 244 : 145-149, 1991.

dèrent que l'interprétation la plus plausible est la suivante :
les geckos parthénogénétiques sont plus vulnérables à l'infection par les acariens du fait de leur mode clonal de reproduction. Il en résulte une accumulation dans la population de génotypes identiques, génotypes auxquels les parasites sont adaptés. En outre, l'absence de recombinaisons pourrait se traduire aussi par une perte irréversible de diversité aux gènes de résistance.

Naturellement, les choses sont plus compliquées que ne le laisse penser l'hypothèse d'Hamilton, biodiversité oblige. Elles demandent des recherches détaillées sur l'organisation même du génome des populations d'hôtes, parthénogénétiques ou non, ainsi que sur la coévolution qui se développe entre celui-ci et le génome des populations de parasites. Ainsi, la plus grande vulnérabilité aux parasites de certaines espèces parthénogénétiques [1] pourrait résulter du fait qu'elles proviennent de l'hybridation entre espèces différentes – et non de leur statut reproductif particulier. Chez les souris, par exemple, on sait qu'en zone d'hybridation entre *Mus musculus domesticus* et *Mus musculus musculus*, ce sont les hybrides, c'est-à-dire les individus qui possèdent des génotypes recombinés, qui présentent les plus fortes charges parasitaires en nématodes. Ces surinfestations ne peuvent s'expliquer par des facteurs écologiques puisque les nématodes en cause ont un cycle direct et sont spécifiques de la souris : ils ne dépendent donc que d'elle. De plus, des infestations contrôlées en laboratoire effectuées par les équipes CNRS de François Bonhomme et François Renaud à Montpellier [2] sur des souris prélevées en zone d'hybridation, confirment l'hypothèse d'un déterminisme génétique en montrant que certains génotypes sont plus vulnérables que d'autres et que les génotypes parentaux étaient les plus résistants. Il semble donc que les souris hybrides, à génotypes

---

1. Plusieurs espèces parthénogénétiques de lézards et de poissons, par exemple, sont connues pour être le fruit de la reproduction entre mâles et femelles d'espèces différentes (la définition classique de la notion d'espèce connaît donc des exceptions !).

2. C. Moulia, J. P. Aussel, F. Bonhomme, P. Boursot, J. T. Nielsen et F. Renaud, « Wormy Mice in a Hybrid Zone ; a Genetic Control of Susceptibility to Parasite Infection », *J. Evol. Biol.*, 4 : 679-687, 1991.

recombinés, ne présentent plus la cohésion génomique qui leur permet de freiner la multiplication des nématodes : les systèmes géniques coadaptés qui contrôleraient leurs défenses immunitaires seraient désorganisés.

Un dernier exemple montrera l'ampleur du problème que représente le parasitisme pour les hôtes... et la diversité de ses manifestations et des stratégies résultantes : je veux parler de la théorie selon laquelle les individus-plantes auraient évolué comme des « mosaïques spatio-temporelles de résistance » sous la pression d'espèces fléaux à évolution rapide : insectes, acariens, champignons, etc.

Le problème est le suivant. Imaginez un chêne. Il peut vivre des centaines d'années. Il ne se reproduit pas avant des dizaines d'années. Il ne se déplace pas. Quelle proie rêvée pour des ravageurs à capacité d'évolution rapide ! Des pucerons, par exemple, qui ont plusieurs générations par an, des taux de multiplication fabuleux et donc l'avantage de jouer sur les grands nombres, pourront améliorer leurs moyens d'attaque de l'arbre beaucoup plus rapidement que celui-ci ne peut espérer voir évoluer ses systèmes de défense. Pensez donc : quand il produira son premier gland, il aura déjà nourri des milliards et des milliards de pucerons représentant des centaines de générations successives. Comment diable ces dinosaures végétaux ont-ils fait pour s'en sortir ? C'est ce que tente d'expliquer la théorie évoquée ci-dessus [1].

La variation dans un individu-plante pourrait être un trait adaptatif qui annule les avantages évolutifs des ravageurs à temps de génération plus courts et à potentiels de recombinaison plus élevés que leurs hôtes. Cette variation, qui consiste en différences qualitatives et quantitatives de défenses, composition nutritive ou tout autre facteur affectant la valeur sélective du parasite, fait de la plante un caméléon de résistances aux attaques des insectes ou cham-

---

1. T. G. Whitham, A. G. Williams et A. M. Robinson, « The Variation Principle : Individual Plants as Temporal and Spatial Mosaics of Resistance to Rapidly Evolving Pests », 15-51, 1984, *in* P. W. Price, C. N. Slobodchikoff et W. S. Gaud (éd.), *A New Ecology. Novel Approaches to Interactive Systems*, John Wiley and Sons, New York.

pignons. Les atouts de la biodiversité invoqués pour les *populations* jouent ici à l'échelle des *individus*.

L'analogie entre l'individu-plante et une population est appropriée pour plusieurs raisons. Par suite de sa construction modulaire, la plante peut être assimilée à un assemblage d'individus génétiquement identiques [1]. Elle peut même constituer une vraie population présentant de la variation génétique due aux mutations somatiques qui s'y accumulent. En outre, de même que des populations largement répandues risquent davantage que des populations sporadiques d'être attaquées par des ravageurs à évolution rapide, des plantes longévives (individus ou ensembles de modules individuels agglomérés) sont plus exposées à ce risque que des individus à vie brève. On a vu que les agrosystèmes sont hautement exposés à des pestes à évolution rapide parce qu'ils forment *dans l'espace* des monocultures génétiquement uniformes. En comparaison, les plantes (individus) ou clones peuvent être exposés aux mêmes pressions parce qu'ils forment également des monocultures *dans le temps*. Les herbes et ligneux pérennes peuvent être longévifs et former des clones importants. Des clones individuels de trembles peuvent couvrir une centaine d'hectares, être composés de plusieurs dizaines de milliers d'arbres et remonter au Pléistocène. Des clones de solidages peuvent être âgés de mille ans et renfermer jusqu'à dix mille tiges. Quand l'élodée, cette plante aquatique à sexes séparés bien connue des aquariophiles, fut introduite du Canada en Europe vers 1840, aucun pied mâle n'est arrivé. Elle s'est néanmoins répandue par clonage et a envahi toute l'Europe. Ainsi, bien que le clone soit relativement jeune, il approche la taille d'une monoculture traditionnelle.

Par suite de cette longue exposition des individus ou clones, l'importance de la variation qui a été démontrée au niveau de la population peut très bien s'étendre à l'individu-hôte.

---

1. De fait, un arbre peut mourir à moitié, aux trois quarts ; tandis que des branches et des racines meurent, d'autres naissent : l'individu-plante fonctionne bien comme une population d'individus.

Ainsi que le soulignent Whitham et ses collaborateurs, l'existence de variations génétiques au sein des individus-plantes n'a généralement pas été reconnue ou considérée par les écologistes, tandis que les cytologistes, botanistes et horticulteurs en étaient avertis depuis longtemps. Toute variation génétique qui apparaît (mutations ponctuelles, délétions [1], duplications, inversions, polyploïdie et mécanismes extrachromosomiques d'hérédité) est héritable et peut se perpétuer. Si une mutation somatique se produit dans une cellule méristématique du bourgeon, les cellules dérivées porteront aussi cette mutation qui pourra s'étendre avec la croissance annuelle de la plante. La mutation peut être exprimée dans les gamètes et/ou se développer en une plante indépendante à travers divers modes naturels de reproduction asexuée (tubercules, bulbes, stolons, rhizomes).

Une longue durée de vie, une grande taille de clone et la régénération complète des tissus méristématiques (bourgeons) chaque année rendent hautement probable l'apparition de variations dans l'individu ou le clone. Puisque des mutations héritables peuvent se produire dans tout bourgeon, la population reproductrice est de loin plus grande que le nombre de plantes dans la population et est directement proportionnelle au nombre de bourgeons ou modules répétitifs. Un peuplier de vingt mètres a approximativement 30 000 bourgeons. Sachant que les bourgeons sont ajoutés à un taux géométrique depuis le stade plantule et sont produits à raison de 30 000 par an de l'âge de 16 ans jusqu'à une centaine d'années quand l'arbre meurt, la population aérienne de bourgeons à l'échelle de la vie de l'arbre est de l'ordre de 2 600 000. Considérant que le peuplier se reproduit aussi végétativement et qu'un clone individuel peut être composé de 60 arbres, sur la durée de vie de ces arbres la population de bourgeons devrait être de 156 millions. Si les clones remontent au Pléistocène comme pour le tremble, la popu-

---

1. On appelle *délétions* des remaniements chromosomiques caractérisés par la perte d'un fragment de chromosome.

lation de bourgeons végétativement dérivée d'une seule plantule atteindrait 18 milliards [1] !

L'attaque de ravageurs ou de pathogènes peut elle-même induire chez l'hôte, localement et épisodiquement, la production de défenses qui affectent le succès des pathogènes. Les défenses induites actives d'une plante peuvent créer une variation dans le temps si la réaction est systémique et se répand dans toute la plante, ou une variation à la fois dans le temps et l'espace si la réponse de l'hôte est localisée. Le pathogène envahissant est alors forcé soit de s'adapter à la qualité de l'hôte changeant rapidement, soit de migrer vers des tissus-hôtes non affectés, ou encore de migrer vers un hôte non touché. Puisque le patron en mosaïque de la qualité de l'hôte est une réponse induite à l'attaque du parasite, le succès d'attaques ultérieures est affecté par l'aptitude du parasite à discriminer entre les éléments de la mosaïque qui sont devenus imprévisibles dans le temps et dans l'espace. Les pathogènes incapables de cela devraient subir une réduction de survie, de croissance et de reproduction.

Les parasites et pathogènes seraient donc une source de biodiversité en transformant leurs hôtes puis en répondant à ces transformations. C'est la dynamique coévolutive parasite-hôte ou pathogène-hôte qui est productrice de biodiversité au niveau des uns et des autres.

---

1. T. G. Whitham, A. G. Williams, A. N. Robinson, *op. cit.*

Chapitre 7

Vivre aux dépens des autres

> *Dhritarâshtra dit :*
> *–À Kurukshétra, sur le champ de l'accomplisse-*
> *ment du Dharma, qu'ont-ils fait, ô Sanjaya, réunis,*
> *désireux de livrer bataille, mon peuple et les Pân-*
> *davas ?*
>
> *La Baghavad Gîtâ.*

Pour beaucoup d'êtres vivants, vivre c'est tuer ou nuire à d'autres espèces – ou dépendre de leur mort pour avoir accès à la matière organique qu'ils représentent. La vie suppose la mort. Seules les plantes pourraient avoir la conscience tranquille, si elles en avaient une, puisque, hormis quelques cas très particuliers, elles sont d'un pacifisme parfaitement bouddhiste au moins tant qu'on ne cherche pas à les manger. Il reste que les plus grandes font de l'ombre aux plus jeunes, qu'elles leur pompent éventuellement l'eau et les éléments minéraux indispensables à leur croissance et, là encore, la mort des uns est nécessaire à la survie des autres. Et, comble du comble, la mort peut même être une condition à sa propre multiplication : les bambous ou les agaves, par exemple, meurent après s'être reproduits une seule fois !

Les carnivores, les herbivores, les parasites vivent aux dépens d'autres espèces. Mais les conséquences pour les victimes sont tout de même bien différentes puisque dans les deux derniers cas leur mort n'est pas une condition nécessaire à la survie du consommateur. On insistera particulièrement ici sur le cas des parasites, qui constituent une catégorie particulièrement intéressante d'êtres vivants et dont les écologistes ont trop longtemps négligé l'étude.

Pour Price, l'une des caractéristiques essentielles de la condition de parasite est qu'un même individu obtient généralement la totalité de sa nourriture d'un seul [1] être vivant, bien que ceux d'espèces à cycle complexe puissent dépendre successivement, et dans un ordre obligatoire, de deux ou trois hôtes d'espèces différentes. Quantité d'organismes appartiennent à cette catégorie écologique : les nombreux insectes qui s'alimentent dans ou sur un même individu plante (punaises, chenilles...), beaucoup d'acariens, tous les vers parasites, de nombreux protozoaires et bactéries et beaucoup de champignons ainsi que tous les virus. Un tel ensemble, très hétérogène à bien des égards mais qui regroupe des organismes de petite taille et à mœurs spécialisées, s'oppose assez nettement, d'une part aux grands herbivores et aux prédateurs qui se nourrissent aux dépens de beaucoup d'individus différents et sont moins ou pas spécialisés, et d'autre part aux décomposeurs qui vivent de matière organique morte.

Ainsi, selon Price [2], plus de la moitié des espèces animales sont des parasites. Quant à l'autre moitié, ce sont leurs hôtes ! Voilà une dimension et même une source de la diversité biologique que l'on ne saurait occulter : on s'intéressera donc ici au parasitisme en tant que stratégie d'existence. Avis aux amateurs.

Comment peut-on réussir sur cette terre en menant des vies si compliquées ? Que l'on songe à ce minuscule ver parasite qui, pour satisfaire sa soif de reproduction sexuée, doit absolument accéder au tube digestif d'un oiseau. Après une vie larvaire passée à l'état libre dans l'eau, puis dans les tissus d'une espèce particulière de mollusque aquatique, le voilà immobilisé dans les tissus d'un petit crustacé du genre gammare.

---

1. Cette définition exclut donc les animaux hématophages, tels que les puces, poux et moustiques, qui exploitent au cours de leur vie plusieurs individus différents. Toutes les classifications ont leurs limites, particulièrement lorsque l'on veut cerner la diversité !

2. P. W. Price, *Evolutionary Biology of Parasites*, Princeton Univ. Press, New Jersey, 1980.

Quelle chance a-t-il de satisfaire son rêve, ou son désir sexuel – comme on voudra ? Il peut arriver que des oiseaux aquatiques, mouettes ou canards, se posent sur l'étendue d'eau où il se trouve caché. Il arrive que ceux-ci consomment des gammares, mais il y en a tellement : la plupart finiront dans le tube digestif d'un poisson, ce qui est l'enfer pour les malheureux parasites qui attendaient ce que l'on sait ! On verra comment la sélection naturelle a favorisé chez des parasites aux cycles biologiques si compliqués, le développement de stratégies qui accroissent la probabilité d'être capturé par les oiseaux. Être mangé pour mieux se reproduire ! La stratégie inverse nous est plus familière.

Manger et éviter de l'être

Vivre aux dépens des autres, telle est la loi sur Terre, pour toutes les espèces – hormis les plantes vertes et les organismes décomposeurs [1].

Parce que manger et se garder d'être mangé sont, dans la nature, deux exigences fondamentales, on y trouve la source de pressions sélectives particulièrement contraignantes. Qu'elles aient dans une large mesure modelé les organismes, à la fois dans leur morphologie et leur physiologie, mais aussi dans leurs traits biodémographiques, est donc évident. En outre, parce que la nécessité de se nourrir pour les animaux, comme celle d'éviter d'être mangé pour tous les organismes, implique nécessairement des relations et effets interspécifiques, ces fonctions affectent fortement la dynamique et la structure des peuplements – donc la biodiversité, dans sa triple dimension : génétique, spécifique et écologique [2].

Depuis plusieurs dizaines d'années déjà on sait que l'in-

---

1. Les premières, en effet, sont capables de synthétiser leurs propres tissus, c'est-à-dire la matière organique qui leur permet de croître et de se multiplier à partir d'éléments minéraux. Quant aux seconds, micro-organismes, champignons et animaux divers, ils recyclent la matière organique de tissus végétaux et animaux morts.
2. R. Barbault, *op. cit.*, 1992.

troduction d'un prédateur ou d'un parasite dans un système expérimental d'espèces en compétition favorise leur coexistence – donc que les prédateurs et les parasites peuvent jouer un rôle dans l'organisation des peuplements.

Parmi les théories développées pour expliquer les variations de richesse spécifique entre communautés, l'hypothèse de la *prédation* suggère que les prédateurs, en limitant l'abondance de leurs proies, préviennent l'exclusion compétitive et permettent de ce fait la coexistence d'un plus grand nombre d'espèces. On conçoit évidemment que si les prédateurs *limitent* l'abondance de certaines proies, éloignant d'autant celles-ci de leur densité de saturation, ils puissent contribuer à réduire les risques de concurrence intra- et interspécifique. D'autre part, augmentant ainsi la diversité des proies, les prédateurs accroissent aussi l'efficacité de l'exploitation des ressources. En bref, « *la diversité spécifique locale est directement liée à l'efficience avec laquelle les prédateurs préviennent la monopolisation des ressources principales de l'environnement par une seule espèce* [1] ».

La communauté aquatique de Mukkaw Bay, sur la côte Pacifique des États-Unis, étudiée par Robert Paine, comprenait quinze espèces coiffées par un superprédateur (prédateur de sommet dans la représentation du réseau trophique considéré), une étoile de mer. La suppression de celle-ci a entraîné la simplification du système, par suite notamment de l'expansion de la moule de Californie sur tout le banc rocheux : le nombre d'espèces composant le peuplement est tombé de quinze à huit.

Ainsi, les prédateurs contribuent, au moins dans certaines conditions, à entretenir la biodiversité des communautés auxquelles ils appartiennent.

Avec les herbivores les résultats sont contradictoires : on relève tantôt un accroissement tantôt une diminution de diversité du peuplement végétal avec l'augmentation de la pression de broutage. Dans le cas du système « ongulés/

---

1. R. T. Paine, « Food Web Complexity and Species Diversity », *Am. Nat.*, 100 : 65-75, 1966.

végétation » des savanes de l'Est africain, McNaughton [1] a montré expérimentalement que les herbivores n'affectaient pas sensiblement la richesse spécifique du tapis herbeux mais seulement l'abondance relative des espèces. Dans des enclos protégés du broutage depuis quinze ans, quelques espèces végétales tendent à dominer et devenir nettement plus fréquentes – mais ce ne sont pas toujours celles qui dominent en dehors des enclos. De plus, lorsqu'on compare des échantillons de la même espèce, dans et hors enclos, on relève des différences importantes, dans le sens d'une nanisation associée au broutage, hors enclos. Ces différences sont le fait de génotypes différents : en conditions contrôlées identiques, après huit mois, les graminées issues de parents en enclos présentent des longueurs de feuilles et des longueurs d'entrenœuds significativement supérieures à celles issues de parents poussant dans la savane non protégée des herbivores. *Le nanisme est une stratégie sélectionnée par l'action du broutage.*

Pour expliquer la grande dispersion spatiale des arbres de même espèce et la richesse spécifique élevée des forêts tropicales – on peut dénombrer jusqu'à 300 espèces différentes d'arbres sur un seul hectare –, Janzen fait intervenir la prédation qui s'exerce sur les graines et les plantules. Le raisonnement est simple et s'appuie sur la double hypothèse que la densité des graines tend à décroître à mesure que l'on s'éloigne du pied « mère » et que les granivores et phytophages spécialisés concentrent leurs efforts de prospection alimentaire là où les ressources sont les plus abondantes, donc à proximité des troncs de l'espèce végétale qu'ils recherchent. La probabilité d'échapper à leur attaque y est beaucoup plus faible que là où les graines sont très dispersées et rares et il en résulte que le recrutement effectif, c'est-à-dire l'accès au stade arbuste puis arbre, s'effectue à une certaine distance des pieds mères – d'où la dispersion observée des pieds de même espèce en forêt tropicale.

L'hypothèse de Janzen a été très discutée. Mais elle a

---

1. S. J. McNaughton, « Grazing as an Optimization Process : Grass-ungulate Relationships in the Serengeti », *Am. Nat.*, 113 : 691-703, 1979.

surtout suscité de nombreuses recherches, dont certaines ont
confirmé la validité du raisonnement qui l'étaye. Par exemple,
au Panama, Howe a étudié le devenir des graines d'une
liane arborescente dispersées notamment par les toucans
(fig. 26). Plus de la moitié des graines produites sont ainsi
réparties un peu partout en forêt, tandis que 46 % tombent
sous la couronne des arbres producteurs où leur disparition
rapide est presque certaine : 99,96 % y sont victimes de
granivores ! Seules les graines régurgitées par les oiseaux
loin des arbres-parents ont quelques chances de survivre

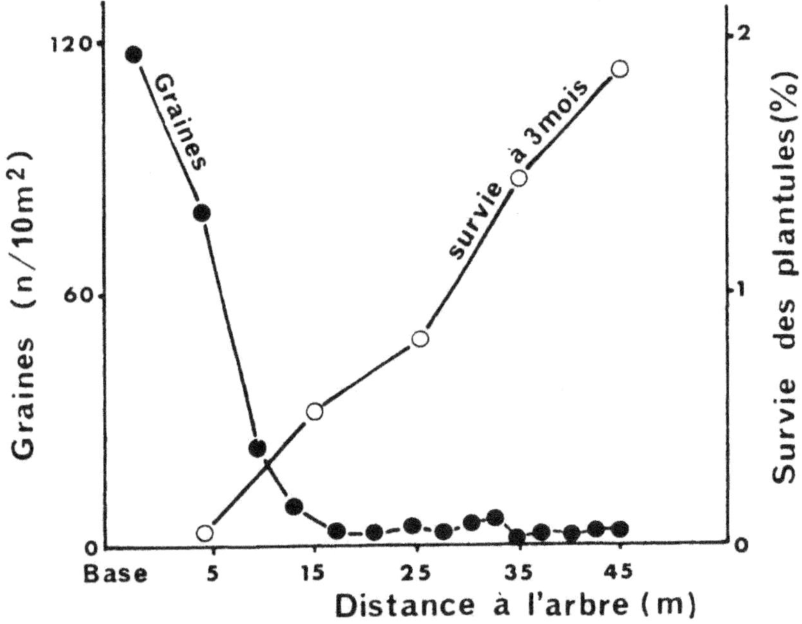

Figure 26 : Distribution des graines de la liane *Virola surinamensis*
et probabilité de survie après trois mois en fonction de la distance
à l'arbre.
Les prédateurs consomment 99,96 % des graines qui tombent sous
l'arbre et 98,3 % à 45 m de celui-ci. Les graines dispersées au loin
par les toucans ont donc 40 fois plus de chances de survivre que
celles tombées sous l'arbre (d'après Howe, 1990 [1]).

---

1. H. F. Howe, « Seed Dispersal by Birds and Mammals : Implications
for Seedling Demography », 191-218, *in* K. S. Bawa et M. Hadley (éd.),
Reproductive Ecology of Tropical Forest Plants, reproduit avec l'autorisa-
tion de l'UNESCO, © UNESCO, 1990.

plus de 15 mois (de 0,3 à 0,5 %). Ces résultats illustrent bien le modèle de Janzen, même s'ils ne sont pas nécessairement généralisables.

La vie de parasite

Les parasites sont des composantes ubiquistes, quoique habituellement invisibles, des communautés naturelles. L'écologiste ne l'a que trop ignoré. Je ne puis mieux faire que rapporter la boutade de Claude Combes, de l'université de Perpignan, me montrant du doigt un oiseau dans le ciel d'Amsterdam : « Pour toi, c'est un pigeon ; pour moi, c'est d'abord une communauté de parasites ! »

Veut-on des faits, des chiffres ? Chez dix-huit espèces d'oiseaux d'eau, grèbes, canards et petits échassiers, Stock et Holmes [1] ont dénombré de cinquante et un à plus de cinquante-huit mille vers parasites par individu-hôte, qui représentent de trois à dix-neuf espèces parasites par hôte en moyenne. La grande majorité des populations hébergent, par individu-hôte, plusieurs centaines et souvent plusieurs milliers de vers !

Une prospection plus large effectuée en Amérique du Nord sur soixante-seize populations naturelles de mammifères a montré [2] :

1. que la charge parasitaire moyenne avoisine les quatre cents vers par individu répartis en trois espèces différentes en moyenne ;

2. que, d'une part, les carnivores ont en général une plus grande diversité de parasites que les herbivores et que, d'autre part, les espèces grégaires tendent à avoir une charge parasitaire significativement plus élevée que les espèces à mœurs solitaires.

Ainsi, il est probable que n'importe quel oiseau ou mam-

---

1. T. M. Stock et J. C. Holmes, « Host Specificity and Exchange of Intestinal Helminths among Four Species of Grebes (*Podicipedidae*) », *Can. J. Zoo.*, 65 : 669-675, 1987.
2. A. P. Dobson *et al.*, *In* M. J. Crawley, *Natural Enemies*, Blackwell Scientific Publications, Oxford, 1992.

mifère normal héberge une communauté multispécifique de plusieurs centaines de vers parasites.

Cette omniprésence du parasitisme rend donc son étude absolument nécessaire, que l'on s'intéresse à la pathologie des organismes, à leurs comportements, à la dynamique des populations ou à la biodiversité. C'est là un vaste sujet et je m'en tiendrai à quelques observations générales avant de conclure sur des exemples.

Si les parasites influent sur la structure des communautés, c'est d'abord parce qu'ils affectent les performances des individus-hôtes qui les hébergent et donc la dynamique de leurs populations. Ils affectent les performances de leurs hôtes en puisant sur les ressources de ces derniers et en altérant leur physiologie et/ou leurs comportements (choix des partenaires, mobilité). Cela se traduit par un ralentissement de croissance, une vulnérabilité accrue aux prédateurs, une réduction de la fécondité ou de l'aptitude compétitive – donc une diminution de la survie et, plus largement, de la valeur sélective. Ces modifications subies à l'échelle des individus se répercutent évidemment à celle des populations et des peuplements, par le jeu des changements d'abondance, des aires de répartition, des équilibres entre espèces.

Je n'énumérerai pas ici les nombreux exemples illustrant les effets des parasites sur les performances des organismes hôtes [1] pour privilégier la perspective de la *biodiversité*, même si l'on ne sait encore que peu de choses dans ce domaine. Les exemples les plus instructifs sont évidemment ceux qui, résultant de l'introduction ou de l'élimination d'un parasite, revêtent une dimension de type expérimental tout en se déroulant dans la nature.

Une grande partie des espèces d'oiseaux endémiques des îles Hawaï se sont éteintes depuis la découverte de ces dernières par le Capitaine Cook en 1778. Les premières extinctions résultèrent probablement du développement des

---

1. Que l'on songe seulement à l'impact des microparasites (peste, grippe espagnole, variole, choléra, paludisme, sida...) et des macroparasites (bilharziose) sur les populations humaines au cours de l'histoire de notre espèce !

pratiques agricoles sur les îles, puis de l'introduction de rats et de mangoustes, qui s'attaquèrent aux nids à terre. La structure actuelle des peuplements d'oiseaux des îles Hawaï s'expliquerait aussi par les réintroductions d'oiseaux exotiques effectuées entre 1900 et 1930 et l'impact du paludisme aviaire qui y aurait été ainsi introduit. Ce paludisme est dû à un protozoaire du genre *Plasmodium* transmis par un moustique vecteur. Le moustique ne dépasse pas l'altitude de 600 m, zone au-delà de laquelle sont précisément confinées aujourd'hui les espèces endémiques, vulnérables au paludisme. Déjà avancée par Warner en 1968, cette hypothèse du rôle barrière du paludisme aviaire pour la dispersion des oiseaux endémiques des îles Hawaï a été confirmée par Van Riper *et al.* [1]. Confrontées à la malaria, ces espèces ont une résistance à l'agent pathogène directement proportionnelle à leur abondance actuelle. Ainsi, le pinson de Laysan, qui vit sur une île dépourvue de moustiques et n'a donc jamais été exposé au paludisme, est démuni de toute résistance : il meurt en une dizaine de jours après une infection aiguë. Les espèces introduites, en revanche, sont très résistantes et ne développent que des infections bénignes lorsqu'elles sont confrontées à l'agent du paludisme.

L'abondance et la distribution des espèces d'oiseaux des îles Hawaï s'expliquent donc aujourd'hui par leurs vulnérabilités différentes à ce microparasite et par l'écologie du moustique vecteur. Les espèces d'oiseaux endémiques qui ont survécu aux divers facteurs d'extinction (agriculture, déprédation par les rats et mangoustes, paludisme aviaire, compétition avec les oiseaux introduits) sont aujourd'hui confinées aux sommets montagneux où le vecteur est rare ou absent tandis que les quelques espèces introduites présentes fonctionnent comme réservoirs de pathogènes (fig. 27).

On verra, dans le chapitre suivant, avec l'histoire de la peste bovine au Serengeti, en Afrique de l'Est, un autre

---

1. C. van Riper III, S. G. van Riper, M. L. Groff et T. M. Laird, « The Epizootiology and the Ecological Significance of Malaria in Hawaïan Land Birds », *Ecol. Monogr.*, 56 : 327-344, 1986.

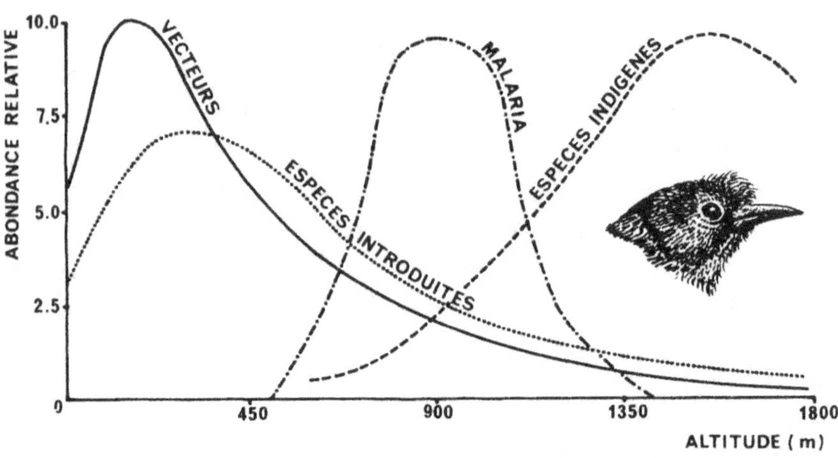

Figure 27 : Représentation schématique de l'abondance relative des espèces d'oiseaux indigènes et introduites en fonction de l'altitude à Mauna Loa (îles Hawaï). Figurent également les densités relatives du moustique vecteur de la malaria aviaire et les taux d'infection par le *Plasmodium* des espèces d'oiseaux hôtes (modifié d'après Dobson et Hudson, *TREE*, Elsevier Science Publishers, 1986 [1]).

exemple remarquable des effets d'un microparasite sur l'organisation d'une communauté complexe.

La course aux armements

Si l'on admet que l'évolution est à l'œuvre au sein des peuplements – et comment ne pas l'admettre ? – il paraît judicieux de développer une approche évolutionniste de la dynamique des relations interspécifiques pour mieux en approfondir l'analyse.

L'étude de l'organisation des peuplements a mis en relief le rôle des interactions biotiques : compétition interspécifique, prédation ou coopération. Celles-ci peuvent évidemment être la source de changements évolutifs. Il convient de souligner que, parmi les pressions sélectives qui peuvent modifier la structure génétique des populations et orienter leur évolution, il y a lieu de distinguer celles qui procèdent

---

1. A. P. Dobson et P. J. Hudson, « Parasites, Disease and the Structure of Ecological Communities », © *TREE*, 1 : 11-14, 1986.

des facteurs physiques du milieu et celles qui résultent de l'action des facteurs *biotiques* (c'est-à-dire impliquant des êtres vivants, par rapport aux facteurs *abiotiques* : physiques, chimiques, géologiques, climatiques) : les premières agissent comme variables *indépendantes* tandis que les secondes agissent comme variables *dépendantes*.

Dans le cas des interactions biotiques, en effet, la population *A*, source d'une pression sélective qui affecte la population *B*, est elle-même l'objet d'une pression sélective en retour exercée par la population *B*. Dans un tel cas il y a possibilité de *coévolution*.

La coévolution est la variation évolutive de deux ou plusieurs espèces en interaction. Le principe peut être résumé comme suit :

— la population *A* exerce une pression plus forte sur certains phénotypes particuliers de la population *B* — par exemple les prédateurs *A* capturent plus facilement les proies *B* de petite taille ;

— la valeur sélective des divers phénotypes de *B* est ainsi affectée par l'impact de la population *A* — le spectre de tailles de *B* est déplacé vers les grandes tailles ;

— la fréquence des divers génotypes puis phénotypes (tailles) dans la population *B* est donc modifiée ;

— l'influence exercée par la population *B* sur la population *A* se modifie à son tour, parce que la détectabilité des proies a changé, par exemple ;

— la valeur sélective des différents phénotypes de *A* s'en trouve affectée ;

— leur fréquence dans la population *A* varie en conséquence, etc.

Si le terme de coévolution fut proposé pour la première fois en 1964 par Ehrlich et Raven [1] dans leur étude sur les relations entre les plantes et les insectes qui leur sont associés, tout biologiste depuis Darwin admet implicitement qu'il se crée, entre les espèces vivant dans la même aire géographique, un tissu d'interactions variées qui peuvent,

---

1. P. R. Ehrlich et P. H. Raven, « Butterflies and Plants : a Study in Coevolution », *Evolution*, 18 : 586-608, 1964.

en particulier par le jeu de la sélection, conduire à des modifications de leur structure génétique. Ces phénomènes ont parfois été pris comme des exemples de coévolution : on s'extasie alors sur les ajustements de forme (trompe de l'insecte pollinisateur, corolle de la fleur) ou de comportement sans avoir pour autant démontré la réalité historique et génétique du processus [1].

Dans ce cas, c'est une définition très large, pour ne pas dire ambiguë, de la coévolution qui est retenue. Pour le paléontologue Van Valen de l'université de Chicago, la composante la plus importante de la niche écologique d'une espèce est constituée par les autres espèces de l'écosystème. Le progrès adaptatif acquis par une espèce constituerait pour les autres une dégradation de leur environnement. Celles-ci se trouvent donc soumises à une sélection plus sévère à laquelle elles répondent pour rétablir leur valeur adaptative, comblant ainsi leur retard par rapport à l'autre espèce. La coévolution serait une course sur place que l'auteur a nommée « modèle de la Reine rouge » par allusion au personnage du roman de Lewis Caroll : *De l'autre côté du miroir*. Alice, qui est en fait un pion blanc sur un échiquier, est entraînée par la reine adverse (rouge dans les anciens jeux) et doit courir très vite pour rester sur place (fig. 28). Van Valen reconnaît qu'avec une définition aussi large, la plupart des processus évolutifs relèveraient de la coévolution. Toutes les espèces d'une communauté seraient ainsi entraînées dans une course incessante à l'adaptation.

Le système n'apparaît stable que parce que toutes les espèces évoluent aussi vite que possible pour conserver leurs niches écologiques respectives – celles qui décrochent s'éteignent. Il est préférable d'admettre plus simplement que maints cas spectaculaires d'adaptation (par exemple les coadaptations rencontrées entre une fleur et son insecte pollinisateur) ne sont pas forcément le résultat d'un processus coévolutif : il faut que l'histoire évolutive de l'un ne puisse se concevoir qu'à travers

---

1. Y. Carton, « La Coévolution », *La Recherche*, 19 : 1022-1031, 1988.

Figure 28 : Le modèle de la Reine rouge de Van Valen.
« – Voyez-vous, dans *notre* pays, dit Alice hors d'haleine, nous serions ailleurs... après avoir couru si vite, pendant si longtemps, comme nous venons de le faire.
– C'est un pays bien retardé ! Ici voyez-vous, il faut courir de toutes ses forces pour rester à la même place. Si vous voulez arriver autre part, vous devez courir au moins deux fois plus vite que ça ! » (Lewis Caroll, *De l'autre côté du miroir.*)

celle de l'autre pour que l'on puisse parler de coévolution [1].

Quoi qu'il en soit, la dynamique des peuplements fait naître des pressions sélectives et donc des processus évolutifs.

Parasites et stratèges

Dans un article de synthèse récent sur l'écologie évolutive des parasites, John Rennie [2] commençait par une réflexion inspirée par le drame schématisé dans la figure 29. Pour l'oiseau, observe-t-il, l'escargot *b* dessiné ci-dessous crie : « À table ! » De fait, ses yeux pédonculés et gonflés ressemblent à deux chenilles appétissantes et ne peuvent échapper à l'attention du prédateur, fût-il des plus distraits. Un suicide programmé en quelque sorte, mais par qui ? Pour-

1. D. H. Janzen, « When is it Coevolution ? », *Evolution*, 30 : 611-612, 1980.
2. J. Rennie, « Parasites et évolution », *Pour la science*, 174 : 68-77, 1992.

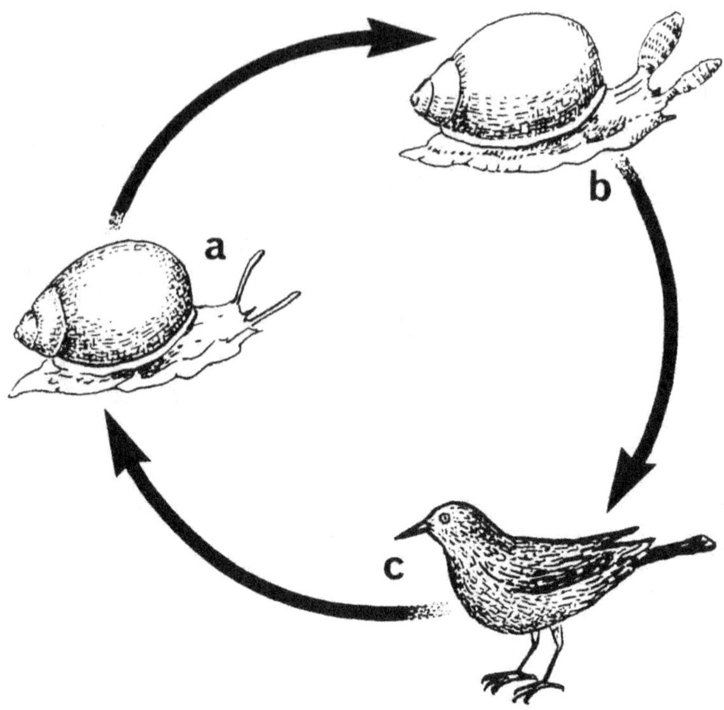

Figure 29 : Parasités, les escargots du genre *Succinea* sont des proies attirantes pour les oiseaux. Les vers parasites qui s'y développent (a) envahissent leurs yeux pédonculés et les font ressembler à des chenilles appétissantes (b). Cela favorise leur capture par des oiseaux, dans les voies urinaires desquels les parasites pourront pondre leurs œufs et boucler leur cycle (c). (D'après Rennie *in* J. Rennie, « Parasites et évolution », © *Pour la science,* n° 174, 1992.

quoi ? Ce malheureux escargot n'est pas une erreur de l'évolution : il est simplement parasité par un ver qui se préoccupe, lui, de son propre avenir.

Cette espèce se développe à l'état larvaire dans le corps d'escargots puis doit accéder, pour achever son cycle, à un appareil digestif d'oiseau. Encore faut-il que l'un de ceux-ci veuille bien manger l'escargot où la larve se trouve emprisonnée : c'est elle qui gonfle les yeux du mollusque, pour appeler l'attention d'un oiseau !

Il existe de nombreux exemples de parasites qui affectent à l'état larvaire le comportement, la morphologie ou la pigmentation de leurs hôtes, accroissant ainsi la probabilité de leur capture par un hôte définitif où ils pourront se livrer en toute impunité aux plaisirs de la reproduction sexuée. C'est ce que Claude Combes, de l'université de Perpignan, a appelé des processus de *favorisation*.

Pour expliquer tout cela revenons au cas du parasite de gammare évoqué dans l'introduction de ce chapitre. Simone Helluy, alors dans le groupe de Louis Euzet à l'université de Montpellier, a étudié les mécanismes, les effets et la signification adaptative de ce type de phénomène chez le crustacé amphipode *Gammarus insensibilis* parasité par les larves d'un ver plat *Microphallus papillorobustus*. Le cycle de ce parasite s'effectue à travers deux hôtes intermédiaires successifs, un mollusque aquatique puis le gammare avant de se boucler au stade adulte dans l'hôte définitif, un oiseau d'eau consommateur de gammares (fig. 30).

Les gammares observés dans la nature et au laboratoire présentent, lorsque la surface de l'eau est agitée, deux types de comportements bien tranchés. Les uns, qui se cantonnent au fond de l'eau, ont un comportement normal, cessant tout mouvement ou gagnant l'abri le plus proche. D'autres, qui se tiennent généralement en surface et près des berges, réagissent au contraire par un comportement fou : des mouvements désordonnés qui les rendent repérables.

Il s'avère que tous les individus « fous », et seulement eux, hébergent à l'état enkysté dans leurs ganglions cérébroïdes des *Microphallus papillorobustus*.

Il était logique de supposer que la visibilité accrue des gammares infestés en mouvement, leur regroupement en surface, ainsi que l'altération de leur comportement de fuite, devaient favoriser leur prédation par les canards, goélands et autres oiseaux aquatiques et donc le passage du parasite chez l'hôte définitif. Simone Helluy a pu démontrer expérimentalement que tel était bien le cas : des goélands captifs se nourrissant dans un bassin renfermant autant de gammares parasités que de gammares sains capturent près de trois fois plus souvent les premiers que les seconds. Il est probable que dans les conditions naturelles, où les gammares indemnes de parasites se tiennent fréquemment à plus d'un mètre de profondeur (la profondeur du bassin expérimental n'était que de 20 cm), cette prédation sélective est consi-

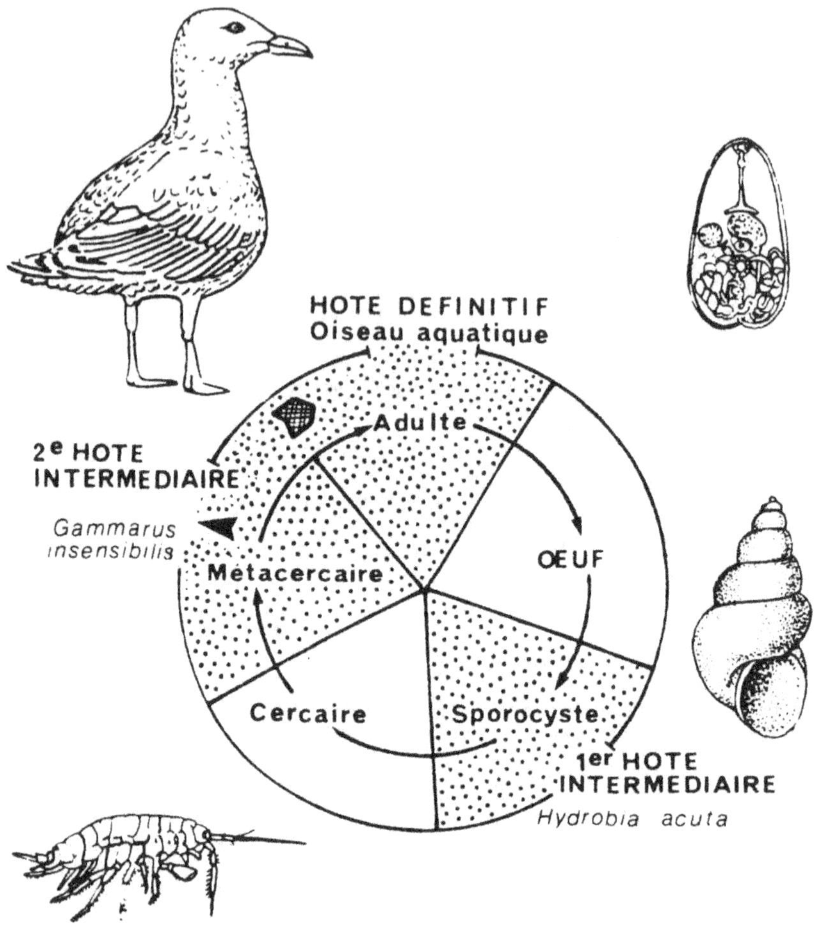

Figure 30 : Cycle biologique du ver parasite *Microphallus papillorobustus* (en haut à droite) :
– secteurs pointillés = stade parasite ; secteurs en blanc = stade libre ;
– flèche noire = modification du comportement ;
– flèche hachurée = recrutement actif par prédation.

dérablement plus marquée encore. Ainsi il apparaît que les altérations du comportement de l'hôte intermédiaire induites par le parasite ont pour effet d'accroître pour lui la probabilité de rencontrer l'hôte définitif : c'est un mécanisme de *favorisation*. Il faut souligner que dans tous les cas connus de perturbations induites des comportements ou de la pigmentation, celles-ci se produisaient toujours chez des hôtes intermédiaires de stades parasites préadultes ; dans tous les cas l'hôte suivant est l'hôte définitif et la transmission est *directe*, par prédation de l'hôte intermédiaire lui-même. La valeur adaptative de ces mécanismes de favorisation est évidente.

Dans la course aux armements que représente la coévolution des hôtes et des parasites, ces derniers semblent être avantagés par rapport à leurs hôtes, car ils se reproduisent généralement plus vite qu'eux ; la sélection naturelle devrait donc favoriser l'apparition plus rapide d'adaptations bénéfiques chez les parasites que de défenses chez les hôtes. Cependant ceux-ci vivent plus longtemps que les parasites et ils possèdent des défenses immunitaires : par exemple les lymphocytes et autres cellules du système immunitaire des mammifères deviennent rapidement capables de reconnaître et d'attaquer les nouveaux parasites, car le système immunitaire modifie constamment les cellules et les molécules auxquelles les parasites doivent faire face. C'est une expression non négligeable de la biodiversité.

Inversement, les parasites peuvent contre-attaquer, ainsi que le souligne John Rennie. Une de leurs ruses a été découverte dans les années soixante-dix par plusieurs équipes qui étudiaient les trypanosomes, protozoaires responsables de la maladie du sommeil : les antigènes des trypanosomes changent à chaque génération [1], de sorte que les personnes infestées ne peuvent se débarrasser de leurs parasites. On sait aujourd'hui que les trypanosomes possèdent environ mille gènes codant des antigènes de surface différents, mais un seul de ces gènes est exprimé, au hasard (encore un aspect de la biodiversité individuelle et de sa signification). En outre, les antigènes de surface se détachent des trypanosomes qui sont endommagés, ce qui complique beaucoup la détection du parasite par le système immunitaire de l'hôte.

Certains parasites exploitent leurs hôtes sans les rendre

---

1. Les antigènes sont les molécules que le système immunitaire détecte chez les agents pathogènes et qui provoquent les réponses immunitaires contre ces agents.

malades. Ainsi le champignon parasite *Ustilago violacea* modifie à son profit le mode de reproduction d'une plante carnivore, le silène : soit il stérilise les plantes mâles, soit il force les plantes femelles à produire des fleurs mâles stériles mais dans les deux cas il transforme les étamines en organes de dissémination de ses propres spores. Les insectes attirés par les fleurs se chargent de ces spores et les propagent vers d'autres silènes.

Entraînés dans la course aux armements, les hôtes ont paré les ruses diaboliques des parasites à l'aide de leurs propres armes secrètes. Certains évolutionnistes pensent que l'une de ces armes pourrait être un phénomène qui les déconcerte depuis longtemps et que nous avons évoqué au chapitre 6 : la reproduction sexuée. Par le brassage génétique qu'elle permet et la biodiversité qu'elle crée ainsi, elle contribuerait à désarmer le parasite.

Insectes phytophages et plantes-hôtes

Ehrlich et Raven ont proposé en 1964, puis réajusté, un modèle résumé dans le tableau IV qui explique les mécanismes de la course évolutive des insectes phytophages et des plantes qui cherchent à s'en protéger. Parce que ce modèle est plausible il a été largement accepté et appliqué parfois de façon non critique. Ainsi d'étroites associations entre des groupes particuliers de plantes et certains insectes, *liés* par la chimie de la plante, sont trop vite considérées comme des preuves de coévolution.

Un exemple. Les glucosinolates des crucifères (boutons d'or, choux...) jouent un rôle majeur dans les interactions entre les insectes et ce groupe de plantes. Toxiques pour beaucoup d'herbivores, ces molécules fournissent des stimulants alimentaires pour d'autres et sont utilisées pour localiser la plante-hôte par nombre d'espèces adaptées aux crucifères, telles que les papillons et pucerons du chou. Ces résultats s'accordent avec le schéma de Ehrlich et Raven (étape 6 du tableau IV) mais peuvent être interprétés plus simplement à partir d'arguments évolutifs classiques, comme

Tableau IV

Modèle de coévolution plante-phytophage
(Ehrlich et Raven, 1964 ; Berenbaum, 1983 [1])

1. – Différents taxons végétaux élaborent un prototype phytochimique faiblement toxique pour des phytophages et qui possède une fonction écologique ou physiologique chez la plante.

2. – Certains insectes peuvent se nourrir sur de telles plantes et réduire ainsi la valeur sélective du végétal.

3. – Des mutations et recombinaisons chez la plante entraînent l'apparition de composés phytochimiques plus nocifs.

4. – L'attaque des insectes est réduite du fait des propriétés toxiques ou repoussantes du nouveau « phytochimique. » De ce fait, les plantes pourvues de telles substances se trouvent favorablement sélectionnées.

5. – La plante, ainsi protégée, « entre » dans une nouvelle zone adaptative. Une radiation évolutive peut en résulter.

6. – Des insectes peuvent développer une tolérance ou, même, une attraction vis-à-vis du nouveau composé et de la plante qui le produit. Il en résultera une spécialisation trophique de l'insecte, lequel aura toute liberté pour se diversifier largement en l'absence de compétition (c'est-à-dire d'autres phytophages).

7. – Le cycle peut se répéter, accentuant la production de substances phytochimiques, puis la spécialisation des insectes.

dans l'évolution de la résistance à un insecticide et l'acquisition de nouveaux herbivores à la suite de l'introduction d'une plante. Comme on l'a souligné, le terme de coévolution devrait être limité à des situations où il est montré qu'il y a évolution *réciproque*.

Deux exemples permettent cependant de saisir la portée de l'hypothèse de Ehrlich et Raven : le cas des plantes à coumarine avec les insectes associés, et celui des papillons *Heliconius* et de leurs lianes.

Les coumarines sont des molécules très répandues dans le monde végétal : la forme la plus simple, qui se trouve dans environ trente familles de plantes, est l'hydroxycou-

---

1. P. R. Ehrlich et P. H. Raven, « Butterflies and Plants : a Study in Coevolution », *Evolution*, 18 : 586-608, 1964. M. R. Berenbaum, « Coumarins and Caterpillars : a Case for Coevolution », *Évolution*, 37 : 163-179, 1983.

marine. Les furanocoumarines linéaires, de structure déjà plus complexe, n'existent que dans huit familles de plantes, et dans la majeure partie des genres et espèces d'ombellifères et de rutacées. Enfin, plus complexes encore, les furanocoumarines angulaires sont connues seulement chez deux genres de légumineuses et onze genres d'ombellifères. En accord avec l'étape 5 du tableau IV, la diversité des ombellifères est corrélée avec les stades de cette séquence de complexification chimique : les genres d'ombellifères à furanocoumarine angulaire sont beaucoup plus riches en espèces que les genres à furanocoumarine linéaire et plus encore que ceux sans furanocoumarine.

Considérons maintenant la réponse (étape 6 du scénario de Ehrlich et Raven) de deux groupes d'insectes liés aux ombellifères, les papillons du genre *Papilio* et ceux de la sous-famille des Depressarinés : il y a beaucoup plus d'espèces de papillons capables de se nourrir sur des hôtes à furano-angulaire que sur des hôtes à furano-linéaire, à hydroxycoumarine ou sans coumarine. Le succès évolutif, en termes de richesse spécifique, est corrélé avec la présence des dérivés chimiques de complexité supérieure. Les insectes des plantes à coumarine ont certainement présenté une radiation adaptative en corrélation avec l'élaboration de nouveaux composés : avec la diversification des niches chimiques !

Les rôles joués par les insectes et prédits par les étapes 2, 4 et 6 du scénario théorique de Ehrlich et Raven sont liés à certains aspects de l'histoire des coumarines. Les composés simples ne sont apparemment pas particulièrement toxiques aux insectes ; à tout le moins, beaucoup de groupes d'insectes ont des espèces résistantes ou tolérantes vis-à-vis de ces composés : les plantes à hydroxycoumarine sont attaquées par une large gamme d'insectes polyphages. En revanche, les ombellifères à furanocoumarines linéaire et angulaire ont des faunes plus spécialisées [1].

Ces insectes spécialisés présentent des adaptations remar-

---

1. M. R. Berenbaum et P. Feeny, « Toxicity of Angular Furanocoumarins to Swallowtail Butterflies : Escalation in a Coevolutionary Arms Race », *Science*, 212 : 927-9293, 1981.

quables aux composés chimiques de leur hôte. Par exemple, certaines chenilles se protègent des propriétés phototoxiques des furanocoumarines linéaires en se mettant elles-mêmes à l'ombre dans un enroulement de feuilles, pour y manger en paix. En plein soleil les furanocoumarines linéaires inactivent l'ADN, or la plupart des plantes présentant ces composés poussent en pleine lumière plutôt qu'à l'ombre.

En bref, tout ce que nous savons des systèmes plantes à coumarine/insectes s'accorde avec le modèle de Ehrlich et Raven et est difficile à expliquer sans invoquer la coévolution.

Dans les forêts tropicales d'Amérique, les chenilles d'*Heliconius* ont une passion pour les fleurs de la passion. Dispersées à travers la forêt, les diverses lianes du genre *Passiflora* produisent de nouvelles pousses de façon très irrégulière, imprévisible. Or les chenilles de la plupart des espèces ne peuvent se nourrir que de ce jeune feuillage. Pour pondre la totalité de son stock d'œufs la femelle papillon doit vivre longtemps (plusieurs mois) et explorer de vastes espaces de forêt. La sélection pour ce style de vie a produit des papillons à grands yeux et à vol énergétiquement efficient (vol plané, glissé), permettant de faire du sur-place devant les plantes pour mieux les « inspecter » et de naviguer avec aisance dans le sous-bois des forêts. Pour survivre les papillons doivent éviter leurs ennemis naturels ; ils sont plutôt désagréables au goût, avec des colorations d'avertissement qui dissuadent les prédateurs éventuels. Si un papillon dépose un œuf sur la jeune pousse de liane et que la chenille résultante atteigne la maturité, la pousse sera détruite. La production dispersée et irrégulière de pousses chez les lianes de la passion pourrait constituer une réponse évolutive à cette herbivorie. Il y a des organes extrafloraux particuliers sur les rameaux, qui attirent par leur nectar les fourmis et les ichneumons parasites d'œufs, réduisant ainsi les chances pour l'œuf de donner une larve « mûre »[1]. En outre, les mâles comme les femelles de ces

---

1. D. R. Strong, J. H. Lawton et R. Southwood, *Insects on Plants. Community Patterns and Mechanisms*, Blackwell Scientific Publications, Oxford, 1984.

papillons à longue durée de vie ont besoin d'une nourriture azotée à l'état adulte qu'ils obtiennent de lianes cucurbitacées, appartenant principalement au genre *Anguria*. Certaines espèces de ces lianes dépendent des papillons pour leur pollinisation. On admet que la production régulière et surabondante de fleurs mâles, comparativement au petit nombre de fleurs femelles, est une réponse évolutive au besoin de s'assurer des visites régulières d'*Heliconius* : les fleurs occasionnelles ici ou là pourraient n'être jamais découvertes. Une inflorescence mâle de ces lianes peut produire en succession environ une centaine de fleurs mâles ; puisque chaque fleur dure un à deux jours, une même inflorescence peut ainsi rester attractive durant plusieurs mois et les papillons la visiteront régulièrement.

En conclusion, l'analyse des systèmes insectes/plantes montre que les escalades successives dans la défense des plantes ont été suivies par les contre-adaptations des insectes et cette coévolution explique la diversification réciproque des insectes et des plantes conformément à l'hypothèse de Ehrlich et Raven. Ce dernier exemple montre aussi la complexité des interactions qui, en milieu tropical, relient étroitement entre elles nombre d'espèces – d'où la fragilité de ces systèmes.

Avantages de la coopération

La vie est dure et il arrive qu'elle le soit moins à deux ou à plusieurs, ou même qu'elle ne soit possible que dans ce cas.

Le gène est égoïste, certes, comme l'a si bien raconté Richard Dawkins [1], mais il n'empêche que l'évolution et la

---

1. R. Dawkins, *Le Gène égoïste*, Armand Colin, Paris, 1990. Pour Richard Dawkins les êtres vivants ne sont rien d'autre que des « machines à survie » conçues par l'évolution pour mieux se multiplier : « Les gènes sont en vous et moi. Ils nous ont créé corps et âme, et leur préservation est l'ultime raison de notre existence. » On imagine les polémiques que cet ouvrage brillant et plein d'humour a suscitées. Pourtant, il est tenu à juste titre pour l'un des plus importants écrits sur la théorie de l'évolution depuis Darwin. Pour être autre chose qu'une simple « machine à survie », il faut absolument l'avoir lu !

sélection naturelle ont, dans certaines conditions, favorisé l'émergence de relations de coopération, d'association entre individus de même espèce – familles puis sociétés [1] – et même d'association entre espèces différentes.

Du couple parental à la vie sociale, il y avait du chemin... Cela nous a menés loin, nous autres êtres humains et voilà que cela concerne la vie tout entière, toute la biosphère. De fait, compétition interspécifique et prédation ne sont pas les seules interactions biotiques à considérer lorsque l'on se penche sur la dynamique et l'organisation de la biodiversité : interviennent aussi des interactions positives, directes ou indirectes, que l'on pourra regrouper en première approximation sous le terme général de mutualisme ou de relations de coopération. On évoquera ensuite le cas particulier de la symbiose, dans laquelle l'interdépendance entre les deux espèces associées devient obligatoire.

Les relations de coopération ont été très négligées dans la littérature écologique générale, c'est-à-dire dans les manuels destinés à l'enseignement et à la recherche. Pourtant, mutualisme et symbiose sont des phénomènes très répandus dans la nature. Y aurait-il autant de fleurs si colorées, riches en nectar, sans les insectes ou les colibris qu'il leur faut attirer pour être fécondées ? La pollinisation par les insectes, ou les animaux en général, est un moyen efficace pour des plantes immobiles de même espèce de mêler leurs gènes sans le gaspillage inévitable que coûte la pollinisation par le vent : l'insecte ou l'oiseau peuvent discriminer les espèces de fleurs et orienter la distribution de pollen avec une plus grande efficacité. Quant au pollinisateur, il y trouve une source de nourriture facile à repérer. C'est ce que l'on appelle un mutualisme.

Que seraient les ruminants sans leur microflore asso-

---

1. Pour une analyse évolutionniste éclairée des systèmes sociaux, on se reportera à l'excellent essai de Pierre Jaisson, *La Fourmi et le Sociobiologiste*, Odile Jacob, Paris, 1993. Il souligne très justement que le succès évolutif des espèces sociales, notamment celui, exemplaire, des fourmis et des termites – sans parler de l'espèce humaine – atteste la grande valeur adaptative des systèmes sociaux.

ciée ? Mutualisme ! Comment les termites pourraient-ils tirer parti des molécules de cellulose et de lignine qu'ils ingèrent, sans les protozoaires, équipés des enzymes digestives adéquates, qui peuplent leur tube digestif ? Mutualisme encore ! Sait-on que 80 % des plantes de la forêt tropicale humide de Guyane dépendent des vertébrés frugivores, singes, chauves-souris, rongeurs, oiseaux, pour la dissémination de leurs graines ? Mutualisme toujours !

À titre d'exemple, considérons le cas des petits singes des forêts africaines étudiés par Annie et Jean-Pierre Gautier, du CNRS : l'analyse descend jusqu'aux comportements des individus et prend en compte non seulement les relations aux ressources trophiques mais aussi celles qui impliquent les prédateurs de ces petits singes [1].

Tout part de l'observation que certaines espèces de cercopithèques se rencontraient essentiellement en troupes polyspécifiques. De fait, cela soulevait des questions fondamentales à une période où prévalait, dans le cadre de la théorie de la niche revue par Hutchinson et MacArthur, l'idée que les peuplements étaient structurés par la compétition interspécifique : quels étaient les mécanismes de coexistence et de structuration de ces peuplements de primates ? Quelle était l'importance réelle de la compétition ? Si les troupes se révélaient stables, quels en étaient les coûts et bénéfices pour les individus de chaque espèce ? Comment l'éventuelle coopération entre individus d'espèces différentes et les probables conflits d'intérêts inhérents à un tel mode de vie avaient-ils pu influencer la nature des sociétés et les systèmes de communication ? Les bénéfices étaient-ils suffisants pour sélectionner des comportements d'attractivité interspécifique ? Devait-on considérer la vie en association polyspécifique comme un phénomène récent ou comme un processus pouvant avoir joué un rôle dans l'évolution des espèces ?

On mesure l'intérêt de cet exemple par la portée géné-

---

1. A. Gautier-Hion, R. Quris et J. P. Gautier, « Monospecific vs Polyspecific Life : a Comparative Study of Foraging and Antipredatory Tactics in a Community of *Cercopithecus monkeys* », *Behav. Ecol. Sociobiol*, 12 : 325-335, 1983.

rale des questions qu'il a permis de poser, puis de résoudre dans une large mesure. Je ne relèverai ici que quelques points clés, d'une part sur les mécanismes de coexistence, d'autre part en ce qui concerne les aspects écologiques, comportementaux et évolutifs liés à ces associations.

Trois paramètres de la niche ont été étudiés : les modes d'utilisation de l'habitat, les modalités de partage des ressources alimentaires et les comportements antiprédateurs. Les points suivants apparaissent :

1. les différences interspécifiques globales des régimes alimentaires (à dominance de fruits) sont faibles et rendent la compétition *a priori* potentiellement grande ;

2. les ressources alimentaires sont plus rares et moins diversifiées en saison sèche et le recouvrement des régimes diminue au cours de cette période ;

3. les différences intersexuelles sont supérieures aux différences interspécifiques, suggérant que la compétition au sein d'une même espèce joue un rôle plus important que la compétition entre espèces ;

4. la stratégie antiprédatrice des espèces solitaires est l'immobilisation silencieuse tandis que celle des espèces arboricoles de troupes polyspécifiques consiste à détecter l'approche des prédateurs et prévenir les autres membres du groupe par des cris d'alarme *non spécifiques*.

L'association se réalise entre espèces apparentées morphologiquement, écologiquement et éthologiquement : la convergence de caractères est plus évidente que le *déplacement de caractères* [1] cher à l'orthodoxie de la théorie de la compétition. Ainsi, la comparaison des systèmes à une, deux ou trois espèces de cercopithèques montre que, contrairement à l'hypothèse compétitive classique, l'association polyspécifique réduit les différences interspécifiques des modes d'utilisation de l'habitat et des ressources, notamment

---

1. Le déplacement de caractère est le processus par lequel l'état d'un caractère morphologique change, chez une espèce, par suite de la sélection naturelle qui résulte de la présence d'une ou plusieurs autres espèces écologiquement similaires.

en diminuant l'ampleur des strates occupées et en augmentant le chevauchement des régimes.

Par une analyse critique des faits obtenus, et notamment des coûts et bénéfices de l'association, Annie et Jean-Pierre Gautier retiennent l'hypothèse que la prédation serait la cause première du regroupement des espèces : la vie en association réduit la pression de prédation en assurant une détection plus précoce des prédateurs – aigle des singes et panthères [1] – et en augmentant l'effet de dissuasion. Quant à l'accroissement de l'efficacité alimentaire, ce n'en serait qu'un effet secondaire qui favoriserait la permanence de ces associations.

La mise en évidence d'une véritable attraction interspécifique laisse penser que la sélection a contribué à développer ce genre de vie. En outre, le suivi de l'organisation sociale des troupes polyspécifiques a montré que cette attraction interspécifique conduisait à une véritable *organisation sociale supraspécifique*.

Ainsi, on voit à la fois sur cet exemple : comment interagissent les phénomènes de prédation, de compétition et de coopération ; combien les comportements individuels puis sociaux sont une clé pour la compréhension de l'organisation et de l'évolution de ces systèmes polyspécifiques ; et la nature complexe des liens entre biodiversité, relations interspécifiques et relations interindividuelles.

La symbiose est un type particulier d'association mutualiste dans laquelle les deux partenaires, d'espèces différentes, deviennent si étroitement liés qu'ils ne peuvent plus vivre séparément. En fait, on peut considérer la symbiose comme un mécanisme de création d'entités nouvelles, une source de biodiversité : les lichens, par exemple, sont des organismes complexes qui associent un champignon et une algue.

On aurait tort de voir dans la symbiose une bizarrerie de la vie : les spécialistes de l'évolution s'accordent aujour-

---

1. L'organisation entre les diverses strates de végétation des troupes polyspécifiques facilite la détection des prédateurs venant d'en haut par l'espèce qui fréquente plutôt les strates élevées et celle des ennemis venant du sol par l'espèce qui se cantonne dans les étages inférieurs des arbres.

d'hui pour voir l'origine des premières cellules eucaryotes dans un processus symbiotique. Cette idée a été défendue et étayée dans les années soixante par Lynn Margulis, de l'université du Massachusetts : les cellules eucaryotes, qui possèdent un noyau et des organites, seraient issues par symbiose d'ancêtres procaryotes – cellules simples dépourvues de noyau, comme le sont encore les bactéries actuelles. Les mitochondries, organites qui assurent la respiration cellulaire, et les chloroplastes, qui permettent la photosynthèse, contiennent des gènes distincts de ceux du noyau des cellules eucaryotes, mais similaires à ceux de certaines bactéries. Cela signifierait que les cellules eucaryotes n'ont pas réinventé la respiration ni la photosynthèse par des tâtonnements génétiques propres : leurs ancêtres auraient simplement acquis les compétences de bactéries par endosymbiose. On est donc loin d'un phénomène anecdotique, puisque c'est à partir de ce type d'associations premières entre organismes cellulaires différents qu'ont pu avoir lieu ensuite, après beaucoup de temps et progressivement, l'apparition puis la prodigieuse diversification des organismes pluricellulaires, plantes et animaux.

Beaucoup de complexes mutualistes, voire de systèmes hôtes-parasites, pourraient évoluer vers des systèmes symbiotiques. Ainsi, Peter Price, de l'université d'Arizona, suggère que les herbivores seraient issus de la symbiose entre des animaux et des parasites microscopiques de plantes, qui auraient préalablement élaboré les enzymes qui digèrent les tissus végétaux. Quoi qu'il en soit de la généralité de ce type de processus, la symbiose apparaît comme une organisation par laquelle des organismes, au départ séparés, partagent leurs potentialités génétiques et deviennent ainsi plus efficaces, plus compétitifs qu'à l'état isolé.

Il reste que la symbiose existe, à un degré ou à un autre, chez la plupart des organismes vivants : beaucoup de plantes terrestres portent des mycorhizes, c'est-à-dire des champignons qui s'associent à leurs racines et augmentent ainsi leurs capacités d'absorption des nutriments du sol ; la plupart des vertébrés et insectes herbivores vivent grâce aux micro-organismes de leur tube digestif, qui digèrent la cellulose qu'ils ingèrent.

Oui, souvent coopérer vaut mieux [1].

---

1. Je recommande ici la lecture du classique de Robert Axelrod, paru en français sous le titre explicite de *Donnant donnant. Théorie du comportement coopératif*, Éditions Odile Jacob, Paris, 1992. Fondant son analyse sur la théorie des jeux et s'appuyant à la fois sur les résultats de nombreux essais expérimentaux (tournois simulés sur ordinateurs) et sur des exemples concrets tels que la guerre des tranchées en 1914-1918 ou les négociations internationales, Axelrod explore les conditions qui permettent à la stratégie de coopération de s'installer avec succès. Il démontre ainsi que la stratégie du « donnant donnant » s'impose dans de nombreuses situations, même *apparemment* défavorables de prime abord. On peut donc l'assimiler – tant que prévalent ces conditions – à une ESS, stratégie évolutivement stable (voir *in* chapitre 4, « Compter avec les autres », p. 91).

Chapitre 8

Chaos ou systèmes organisés ?

L'équilibre de la nature n'existe pas, et n'a probablement jamais existé. Les effectifs des animaux sauvages varient constamment, à un degré ou à un autre, et ces variations sont habituellement irrégulières dans leur périodicité, toujours dans leur amplitude. Chaque variation dans les effectifs d'une espèce a des répercussions directes et indirectes sur les effectifs des autres, et parce que beaucoup de ces dernières fluctuent elles-mêmes de manière indépendante, il en résulte un désordre remarquable.

Charles Elton, 1930.

Les populations animales doivent présenter un état d'équilibre, on ne saurait les expliquer autrement.

A. J. Nicholson, 1933.

Lutte pour la vie, règle du chacun pour soi — même si cela passe parfois par des ententes nécessaires et profitables —, on a l'impression d'une jungle redoutable et complexe. Pourtant, le biologiste, fort de sa vision évolutionniste, y voit tout de même une logique profonde, qui le conduit à insister sur le concept de population comme entité biologique fondamentale — après celle qu'incarne le gène. Au-delà de la diversité des styles de vie, des profils biodémographiques, il sait se repérer, quelles questions poser pour comprendre : bref, il sait déceler un ordre — pour *lui*. De son côté, l'écologiste reconnaît des corrélations entre patrons de distribution et contexte écologique, entre ensembles d'espèces et environnement. Enfin, le systématicien, comme le biogéographe ou le paléontologue, peut identifier des règles d'ordonnancement phylogénétique et de mise en place historique et géographique.

Les populations, les peuplements sont-ils des entités à l'équilibre ? Sont-ils réellement des systèmes organisés ? Dans quelle mesure, dans quelles conditions, par rapport à quoi ? La biodiversité obéirait-elle à un ordre supraspécifique ? Remplirait-elle des fonctions au-delà de ses unités constitutives, génotypes et espèces ?

Il importe en effet, après une approche analytique des composantes de la biodiversité et de quelques aspects de sa dynamique, de revenir aux systèmes que nous avons définis au début – ces systèmes populations-environnement qui nous permettent d'élargir progressivement notre champ de perception, de la population au réseau trophique.

Un équilibre apparent

Les systèmes écologiques sont-ils bien à l'état d'équilibre ? De quel équilibre s'agit-il, à quelle échelle d'espace et de temps ?

On est ici au cœur d'une discipline scientifique bien identifiée, quoique mal connue hors des milieux spécialisés : l'écologie. Et l'on touche là à un débat fondamental où règne la plus grande confusion. De fait, au-delà de questions purement scientifiques, qui peuvent être formulées objectivement, percent des préoccupations d'ordre affectif, social, politique ou philosophique. Et cela n'a pas épargné les premiers écologistes : la science est un produit social ; les motivations qui poussent un homme ou une femme à s'orienter vers la recherche, vers tel ou tel type d'investigation, ne sont pas toutes objectives. Il faut plutôt s'en réjouir – mais il faut le savoir : ça aide à voir clair.

À la fin du siècle dernier et au début du XXᵉ siècle, tandis que la révolution industrielle se répand en Europe et aux États-Unis, point chez certains esprits la préoccupation d'un déséquilibre entre la croissance des populations humaines et celle de leurs ressources. Dans son *Essai sur le principe de population* publié en 1798, Thomas R. Malthus écrit :

« La race humaine croîtra selon la progression 1, 2, 4, 8, 16, 32... tandis que les moyens de subsistance croîtront suivant la progression 1, 2, 3, 4, 5, 6. Au bout de deux siècles, population et moyens de subsistance seront dans le rapport de 256 à 9 ; après deux mille ans, la différence sera immense et incalculable. On peut conclure que l'obstacle primordial à l'augmentation de la population est le manque de nourriture, qui provient lui-même de la différence entre les rythmes d'accroissement respectifs de la population et de la production. »

La citation prise en exergue pour cette troisième partie montre l'importance que Darwin, lecteur de Malthus, accordait à ce problème, en l'étendant aux populations animales et végétales.

Ainsi, comme le souligne Jean-Paul Deléage [1] dans sa remarquable histoire de l'écologie, le paradigme malthusien restera pendant plus d'un siècle le modèle de référence pour toutes les études de démographie animale. Si la première expression mathématique de ce modèle, due au statisticien belge Pierre-François Verhulst, a été publiée en 1838, elle fut ignorée des contemporains jusqu'à sa redécouverte par le démographe américain Raymond Pearl vers 1920. Il l'impose alors comme loi de croissance des populations animales, en inondant la littérature scientifique de l'époque d'une douzaine d'articles disséminés dans des périodiques variés pour donner à sa découverte la plus large audience. Il avait compris que les idées nouvelles gagnent de la force à être répétées !

Le modèle de Verhulst admet :

— que la capacité de croissance d'une espèce ou d'un génotype donné se traduit par une constante, le taux intrinsèque d'accroissement maximum ;

— que la quantité des ressources disponibles (espace et/ou nourriture) est limitée et constante dans un milieu donné pour une espèce déterminée ;

— que la population peut être caractérisée par une seule variable, le nombre d'individus qu'elle comporte.

---

1. J.-P. Deléage, *Histoire de l'écologie*, La Découverte, Paris, 1991.

Dans ces conditions, après la phase de colonisation du milieu, la croissance des populations est freinée par la compétition pour les ressources alimentaires : on dit que les effectifs des populations naturelles sont régulés par leur propre densité et maintenus de ce fait en équilibre avec leurs ressources. Ainsi, à partir de la préoccupation sur le déséquilibre entre la croissance géométrique des populations humaines et la croissance arithmétique de la production des ressources, on aboutit à une loi de croissance des populations animales qui impose dans ce domaine l'idée d'équilibre de la nature.

Ce modèle mathématique, outil simplifié pour prédire la dynamique des populations animales ou végétales, est naturellement discutable. Il a les limites que lui confèrent les hypothèses de départ. Disons tout de même que dès les années trente il était à la fois partiellement validé en conditions expérimentales pour des organismes simples (bactéries, protozoaires, drosophiles) et discuté pour une application plus générale.

Retenons ici qu'il a eu pour effet d'imposer l'idée d'équilibre. En fait, il serait plus juste de dire que sa formalisation et son succès durable, en dépit de ses évidentes limites biologiques et écologiques, furent l'expression de la prédominance, dans les esprits de l'époque, de l'idée (ou du désir ?) d'un *équilibre de la nature*. La nature serait un monde d'harmonie, ou du moins soumis à des régulations.

Par contraste, l'homme apparaît comme *le* perturbateur des équilibres : il provoque la disparition d'espèces, la pullulation de ravageurs. Cette représentation manichéenne du système homme-nature, probablement propre à une vision occidentale du monde, a beaucoup nui aux progrès d'une écologie plus diversifiée, mieux à même de rendre compte des structures et de la dynamique des systèmes écologiques.

Théorie de la régulation

En fait, si les partisans de l'ordre, de l'équilibre, ont tenu le haut du pavé entre les années vingt et les années soixante, une opposition a sévi entre, d'une part, des théoriciens expérimentateurs partisans de la régulation des populations et, d'autre part, des praticiens ou naturalistes, qui observent et rapportent des désordres dans la nature. Pour les premiers, les effectifs des populations naturelles tendent à être régulés par le jeu de processus dont l'intensité dépend de la densité (et il s'agit donc de facteurs biotiques : compétition, parasitisme, prédation, maladies [1]) tandis que pour les seconds – entomologistes appliqués pour la plupart, confrontés à des problèmes de pullulation de ravageurs – les populations naturelles fluctuent au gré des aléas climatiques.

Certains esprits conciliateurs soulignaient qu'il pourrait y avoir deux types de populations, les unes soumises à une régulation dépendante de la densité – et ce serait notamment le cas des vertébrés – les autres très exposées aux aléas climatiques – et ce serait le cas des insectes. Ainsi, tout le monde aurait raison. D'autres auteurs, dans la mouvance évolutionniste, attachés à l'idée de régulation, insistaient sur le fait que les exemples de populations chaotiques provenaient généralement de systèmes perturbés par l'homme : espèces introduites dans un environnement nouveau pour elles, où manquaient les prédateurs, parasites ou pathogènes capables de les contrôler ; espèces pullulant localement par suite d'une surabondance artificielle de ressources, comme dans le cas des monocultures. Bref, dans les écosystèmes établis de longue date et non perturbés, une lente coévolution des espèces aurait conduit à des situations d'équilibre – que l'homme ou d'autres accidents auraient perturbées ailleurs.

Mais enfin, que sait-on réellement de la fluctuabilité des effectifs des populations naturelles ? Les vertébrés sont-ils effectivement représentés par des populations plus stables que les invertébrés ? Ou, d'une manière plus générale, les espèces pérennes (organismes capables de vivre plusieurs

---

1. Pour régler la température d'un réfrigérateur, il faut un régulateur sensible aux variations... de température, le thermostat. De la même façon, pour qu'il y ait régulation des effectifs des populations naturelles, il faut des mécanismes capables de répondre aux variations de ceux-ci : seuls des êtres vivants (à commencer par les individus de la population considérée) peuvent avoir cette capacité.

années : arbres, beaucoup de mammifères et d'oiseaux) constituent-elles des populations moins fluctuantes que les espèces annuelles (certaines plantes herbacées, la plupart des insectes), comme on a tendance à l'imaginer ?

Il est étonnant de constater que les premières tentatives de synthèse pour répondre à ces questions, les premiers bilans bibliographiques pour faire l'état des connaissances datent... de 1983 et 1984 [1] ! En fait les données sont dramatiquement peu nombreuses. Et l'on comprendra aisément pourquoi. Afin de permettre des comparaisons valides sur l'ensemble du monde vivant, par exemple entre insectes et vertébrés, entre plantes annuelles et arbres millénaires, il ne suffit pas de dénombrer chaque année les effectifs des populations étudiées : d'une année à l'autre on aura, à peu de chose près, les mêmes individus dans une population d'éléphants ou de séquoias tandis qu'il y aura eu un renouvellement complet des individus dans des populations de pucerons ou de pâturins annuels. Pour apprécier et comparer la variabilité des effectifs dans les populations naturelles, on comprend donc qu'il est nécessaire de se référer à une échelle de temps *biologiquement* commune, la durée de génération. On imagine qu'il sera difficile de trouver des informations sur des populations animales ou végétales dont les intervalles de générations se comptent en dizaines d'années : on aura deux ou trois recensements indépendants [2] mais guère plus et dans très peu de cas. De plus, Connell et Sousa ont été contraints de limiter leur prospection de la littérature aux grands périodiques écologiques publiés en anglais, ignorant ainsi quantité de données empiriques (pas toujours fiables, il est vrai) disponibles par ailleurs.

On ne sera guère étonné d'apprendre, dans ces conditions, qu'ils n'aient pu trouver que 138 populations bien identifiées permettant de mesurer la variabilité sur plusieurs intervalles

---

1. J. H. Connell et W. P. Sousa, « On the Evidence Needed to Judge Ecological Stability or Persistence », *Am. Nat.*, 121 : 789-824, 1983 ; voir aussi D. R. Strong, J. H. Lawton et R. Southwood, *op. cit.*, 1984

2. Les recensements annuels successifs étant statistiquement *dépendants* dans le cas de populations constituées d'individus à longue durée de vie, puisque ce sont essentiellement les mêmes individus que l'on dénombre d'une année sur l'autre.

de générations successifs. Leurs conclusions, dégagées sur la base d'un échantillon aussi réduit et nécessairement biaisé par rapport à la diversité des types d'êtres vivants, ne sont guère utilisables – si ce n'est les deux principales, à savoir qu'en moyenne les populations d'espèces annuelles ne sont pas plus variables que les espèces pérennes, et qu'il n'y a pas de différence significative dans l'amplitude de la variabilité, ni entre les vertébrés et les invertébrés, ni entre animaux d'une part et plantes d'autre part.

Dans le même ordre d'idées, à propos des seuls insectes phytophages [1] pour lesquels une trentaine de populations ont été étudiées pendant plusieurs dizaines de générations consécutives, la gamme des niveaux de variabilité observés est extrême : si plus de la moitié des populations fluctuent moins que de un à cent (entre l'effectif minimum et l'effectif maximum), certaines ont des amplitudes de variations mille fois supérieures à cela !

Enfin, même si l'on connaît assez bien, pour quelques populations, les mécanismes de régulation, il reste beaucoup à faire dans ce domaine. Mais cette prise de conscience trop tardive en écologie de l'importance des échelles de temps est aussi un rappel à l'ordre quant à la prise en compte d'une autre dimension du problème : à savoir que les systèmes écologiques, comme les espèces, ont une histoire. La théorie mathématique des systèmes écologiques a fait oublier le savoir des naturalistes et l'expérience des paléontologues.

La mémoire de la diversité

Le tableau actuel de la biodiversité, particulièrement dans les pays tempérés, est dans une large mesure le reflet des profondes modifications induites d'une part par le cycle glaciaire quaternaire, et d'autre part par le développement des populations humaines et de leurs activités : la mise en place de la plupart des écosystèmes continentaux actuels se

---

1. D. R. Strong et al., *op. cit.*, 1984.

serait effectuée au cours des derniers 10 000 ans [1]. Cette dimension *historique* de la structuration de la biodiversité a été relativement négligée par les théoriciens modernes de l'écologie des peuplements.

Aussi me paraît-il essentiel d'évoquer ici ce que l'on peut appeler la *mise en place* de la biodiversité. Si l'on admet que, localement, sa composition et sa structure, à un moment donné, ne sont qu'un instantané arbitrairement isolé d'une dynamique continue, d'un flux d'individus et d'espèces, alors l'étude de la mise en place et des mécanismes d'assemblage des peuplements rejoint évidemment l'analyse de l'organisation actuelle de la biodiversité : les processus sont les mêmes, seule la perspective est différente.

Si l'on veut dégager, dans cet esprit, un schéma d'ensemble des facteurs qui président à la mise en place et à l'organisation des peuplements, il est commode de distinguer quatre niveaux d'analyse (fig. 31).

Le premier est celui de l'ensemble des espèces *susceptibles de coloniser* l'aire considérée, une île par exemple. La composition de cet ensemble « source » est affectée par quatre facteurs : les apports par extension d'aire biogéographique et par spéciation d'une part, les pertes par déplacement d'aire biogéographique et par extinction d'autre part. Les variations d'aire biogéographique peuvent résulter de changements climatiques (glaciations, réchauffements), mais aussi de modifications géographiques ou géophysiques entraînées par la dérive des continents. Les phénomènes de spéciation ou d'extinction dépendront aussi de ces transformations profondes, directement ou indirectement (par le jeu des interactions biotiques).

Le second niveau correspond à la *colonisation effective* de la localité en question. Elle dépend de caractéristiques propres aux espèces – aptitudes à la dispersion, effectifs des populations dans la zone source – et à ladite localité : surface, éloignement par rapport à la source, hasards divers (sens du vent, d'un courant marin ; tornade, etc.).

---

1. D. Jablowski, « Extinctions : a Paleontological Perspective », *Science*, 253 : 754-757, 1991.

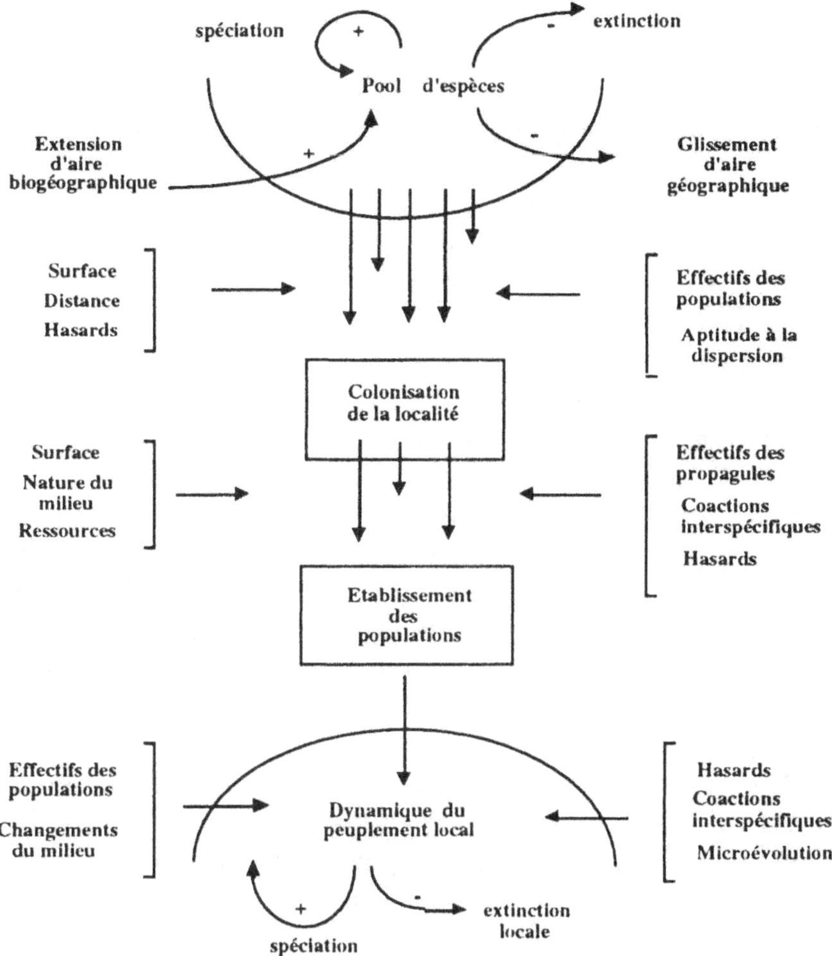

Figure 31 : Facteurs contribuant à la mise en place des peuplements et qui déterminent leur biodiversité (d'après Wiens, 1989 [1], modifié).

Le troisième niveau est celui de l'*établissement réalisé* des propagules colonisatrices : de véritables populations se constituent. Les processus qui affectent cette étape résultent autant de traits particuliers aux propagules colonisatrices qu'aux interactions entre celles-ci et les caractéristiques du site et du peuplement déjà en place : effectif colonisateur, adéquation de l'habitat, disponibilité en ressources alimentaires, coactions interspécifiques, hasards.

---

1. J. Wiens, *The Ecology of Bird Communities*, Cambridge University Press, Cambridge, 1989.

Le quatrième niveau correspond à la *dynamique du peuplement installé*, résultante permanente des processus d'établissement des populations. On y retrouve les mêmes facteurs : coactions interspécifiques, hasards, effectifs des populations, changements de milieu, extinction locale, phénomènes d'ajustements microévolutifs, spéciation.

Ce découpage est évidemment assez artificiel. Il a pour mérite de mettre en relief le caractère dynamique et mouvant des peuplements et de dégager les principaux types de facteurs qui doivent être pris en considération, sans sélection *a priori*, comme cela a été trop souvent le cas dans les études classiques de peuplements.

Quand on s'interroge sur la mise en place des peuplements, on en vient très logiquement à considérer le cas typique des milieux insulaires. On conviendra ici d'appeler île tout espace écologique isolé de territoires similaires par un environnement inhabitable pour les espèces considérées. N'oublions jamais que la référence de l'écologiste doit être celle des organismes qu'il étudie : elle est toujours relative, comme les échelles d'espace et de temps.

Des forêts ou des prairies de sommets de montagnes sont des îles pour la plupart des espèces qui y vivent. Les boqueteaux forestiers laissés par l'extension des espaces cultivés, les parcs en milieu urbain, les clairières ou chablis au sein des massifs forestiers sont des îles, au même titre que lacs ou mares ou, bien sûr, que les îles océaniques.

Mais on peut aller plus loin encore si l'on applique la règle précédente, en se plaçant du point de vue des organismes considérés : en pleine forêt tropicale, un arbre d'une espèce donnée peut être une île dans un océan d'essences inhospitalières pour tel ou tel insecte strictement spécialisé ; pour un parasite, dont la survie et la reproduction peuvent dépendre d'une espèce-hôte particulière, chaque individu de l'espèce en question devient une île qu'il lui faudra localiser et coloniser.

Évidemment, ces divers types de systèmes insulaires présentent des spécificités qui les singularisent, de sorte qu'il faudra être prudent avant de transposer à l'un ou l'autre des règles ou hypothèses établies dans un contexte particulier. Ainsi, si l'individu-hôte est bien une île pour le parasite qui y pénétrera, on ne comprendra pas grand-chose aux relations hôtes-parasites si on les réduit à la seule problématique de la biogéographie insulaire. En revanche, il n'est pas douteux que la biogéographie insulaire elle-même puisse gagner beaucoup à une étude approfondie des *phénomènes de capture* de parasites par les individus-hôtes et les populations des hôtes. L'écologiste doit savoir tirer parti de la diversité des situations naturelles pour enrichir les théories générales qu'il a pour mission d'élaborer.

On voit bien que la problématique de la biogéographie ou de l'écologie insulaires est loin d'être une spécialité exotique. D'ailleurs, depuis Darwin, on sait bien ce que la biologie et l'écologie doivent aux systèmes insulaires.

De la théorie de l'équilibre dynamique...

Proposée par Preston mais développée par MacArthur et Wilson [1], cette théorie centrée sur la richesse spécifique des peuplements insulaires fut à l'origine d'un renouveau de la biogéographie et de l'écologie des peuplements.

L'hypothèse de base est que la richesse spécifique des peuplements insulaires dépend de l'équilibre entre le taux d'immigration et le taux d'extinction – taux mesurés en nombre d'espèces par unité de temps. Le taux d'immigration de nouvelles espèces décroît à mesure qu'augmente le nombre d'espèces déjà présentes et que l'on se rapproche du maximum théorique possible constitué par la richesse spécifique observée sur le continent-source (P, *pool* des espèces potentiellement colonisatrices). Le taux d'extinction croît avec le nombre d'espèces déjà présentes. Le point d'intersection entre les deux courbes qui décrivent ces fonctions donne la richesse spécifique d'équilibre, S (fig. 32). On parle d'équilibre *dynamique* car si S est bien une constante, les espèces elles-mêmes sont l'objet d'un renouvellement incessant lié à

---

1. R. M. MacArthur et E. O. Wilson, *The Theory of Island Biogeography*, Princeton Univ. Press, New Jersey, 1967.

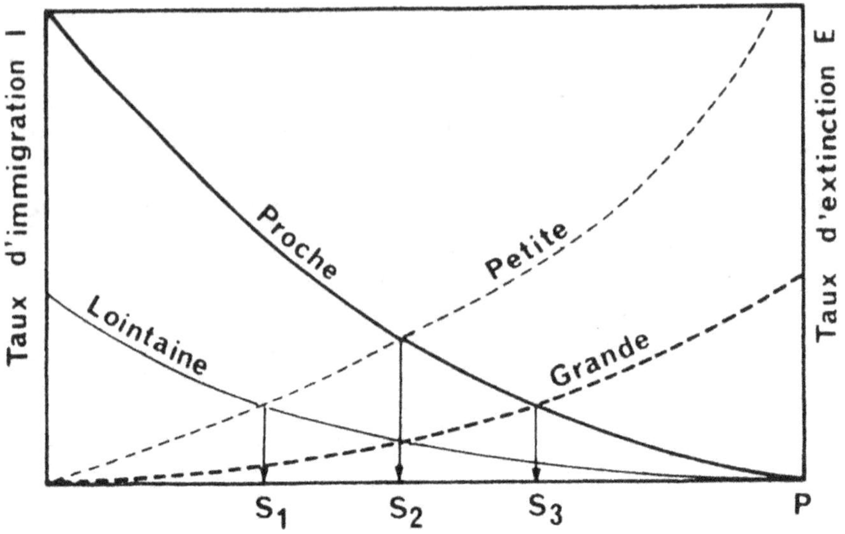

Figure 32 : Modèle de l'équilibre spécifique sur les îles.
P représente le pool de colonisateurs potentiels – nombre d'espèces présentes sur le continent. Parce que les taux d'immigration et les taux d'extinction dépendent respectivement de la distance au continent et de la superficie de l'île, on a représenté les fonctions *I* et *E* pour le cas d'îles petite ou grande, proche ou lointaine. La richesse spécifique d'équilibre *S* est donnée par l'intersection des courbes *I* et *E* (d'après MacArthur et Wilson, 1967).

la dynamique compensatoire des extinctions et des immigrations.

Parce que certaines espèces sont meilleures colonisatrices et ont donc une probabilité de colonisation plus élevée que d'autres, le taux d'immigration décroît plus vite que si toutes les espèces avaient la même aptitude colonisatrice : la fonction *I* (taux d'immigration) se traduit graphiquement par une courbe de pente décroissante. Parce que les interactions compétitives et la prédation sur l'île augmenteraient avec la richesse spécifique réalisée, accélérant ainsi les processus d'extinction, la fonction *E* (taux d'extinction) serait, elle aussi, de forme curvilinéaire mais de pente croissante. Ces fonctions *I* et *E* varient, respectivement, avec la distance au continent-source et avec la surface de l'île, de sorte que la richesse spécifique à l'équilibre est d'autant plus élevée et voisine de la valeur limite P que l'île est plus grande et proche du continent.

La théorie de MacArthur et Wilson a suscité dès le début des controverses en même temps qu'une floraison de travaux passionnants sur la richesse spécifique des faunes et des flores, puis sur l'organisation et la dynamique des peuplements [1].

Le principe même de l'équilibre spécifique n'est guère discutable : c'est une nécessité logique. Cependant, le nombre d'espèces présentes sur une île dépend aussi d'un *troisième* processus non inclus dans le modèle, le processus de spéciation. On sait, par exemple, que la prodigieuse diversité des drosophiles observée dans les îles Hawaï est, dans une large mesure, le résultat d'événements évolutifs récents survenus sur place.

D'une manière plus générale, la principale critique opposée à la théorie de l'équilibre spécifique dynamique est qu'elle ignore superbement la biologie propre des espèces, les relations entre celles-ci et les caractéristiques de l'environnement insulaire autres que sa surface et sa distance au continent.

Enfin, il faut souligner que le modèle de MacArthur et Wilson ne prend pas en compte l'effectif des populations en présence, ce qui rend impossible toute interprétation écologique directe des processus considérés : succès de la colonisation, extinctions.

Tout cela ne retire rien au fait que la théorie de MacArthur et Wilson, nécessairement simplificatrice, a eu un impact considérable sur les recherches en matière de peuplements. Par ailleurs trois types de travaux l'ont corroborée *partiellement* : l'exploration des relations entre la richesse spécifique des peuplements et la surface des îles, l'analyse des renouvellements d'espèces en milieu insulaire et l'étude expérimentale de la reconstitution de peuplements après leur éradication.

---

1. R. M. MacArthur, *Geographical Ecology : Patterns in the Distribution of Species*, Harper and Row, New York, 1972.

De nombreux travaux confirment que la richesse spécifique des peuplements insulaires croît avec la superficie des îles. Cependant ce type de relation est un phénomène plus général, qui ne suffit donc pas à valider la théorie de l'équilibre dynamique. Ainsi, Jacques Blondel a dégagé une relation de même type à propos des faunes aviennes à l'échelle de l'aire méditerranéenne, îles et territoires continentaux compris (voir fig. 5, chapitre 2).

Parce que le renouvellement d'espèces à richesse constante est la clé de voûte de la théorie de l'équilibre spécifique *dynamique*, sa démonstration est d'une grande importance pour la validation de cette dernière. Divers exemples, concernant des peuplements d'oiseaux, ont été utilisés à cet effet et MacArthur les reprend à juste titre dans son ouvrage-testament. Je ne citerai ici que le cas des avifaunes des îles Channel (Californie) rapporté par l'un de ses élèves, Jared Diamond [1].

Un inventaire exhaustif de l'avifaune des îles Channel ayant été effectué en 1917, Diamond n'eut qu'à refaire cet inventaire en 1968 pour analyser ensuite les changements survenus dans l'intervalle et calculer les taux de renouvellement (tableau V). On remarque la grande stabilité de la richesse spécifique sur la plupart des îles et l'importance des extinctions observées, que compense l'immigration de nouvelles espèces. Diamond souligne que les renouvellements observés sont plus élevés sur les petites îles que sur les grandes. D'abord porté à l'appui du modèle de MacArthur et Wilson, cet exemple a été très discuté, notamment parce que les changements faunistiques enregistrés ne traduiraient pas un processus naturel mais résulteraient des transformations de biotopes opérées par l'homme.

Divers résultats expérimentaux ont été portés au crédit de la théorie de MacArthur et Wilson. L'exemple à juste titre le plus fameux est celui des expériences d'éradication par fumigation au méthylbromide des communautés d'ar-

---

1. J. Diamond, « Avifaunal Equilibria and Species Turnover Rates on the Channel Islands of California », *PNAS USA*, 64 : 57-63, 1969.

Tableau V
*Renouvellement des avifaunes nicheuses
des îles Channel (Californie)
entre 1917 et 1968 (d'après Diamond, 1969)*

Île	Superficie km²	Distance km	Richesse 1917	Richesse 1968	Extinctions	Immigrations *	Renouvellement (en %)
Los Coronados	2,6	15	11	11	4	4	36
San Nicholas	57	113	11	11	6	4 (+2)	50
San Clemente	145	91	28	24	9	9 (+1)	25
Santa Catalina	194	37	30	34	6	9 (+1)	24
Santa Barbara	2,6	70	10	6	7	3	62
San Miguel	36	48	11	15	4	8	46
Santa Rosa	218	50	14	25	1	11 (+1)	32
Santa Cruz	249	35	36	37	6	6 (+1)	17
Anacapa	2,9	24	15	14	5	4	31

* Entre parenthèses figure le nombre d'espèces introduites par l'homme.

thropodes de quatre îlots de mangrove à palétuviers situés à des distances variables de la côte de Floride.

Naturellement, les peuplements d'invertébrés terrestres avaient été recensés préalablement et la dynamique de la recolonisation a pu être suivie régulièrement.

Simberloff et Wilson [1] observent que :

1. la recolonisation est rapide, puisque tous les îlots, sauf les plus éloignés, avaient recouvré leur richesse d'origine en arthropodes terrestres moins d'un an après l'éradication ;

2. sous l'effet des flux d'immigrants, on enregistre rapidement des dépassements de la richesse spécifique, qui se stabilise ensuite progressivement ; cela traduirait l'existence d'une première étape où prédominent les processus non interactifs, avant que n'opèrent, dans une seconde phase, les phénomènes de compétition et de prédation ;

3. les espèces qui recolonisent ne sont pas toujours les mêmes que celles des peuplements d'origine.

Cet exemple a été considéré comme le meilleur cas de validation du modèle de MacArthur et Wilson, dans la mesure où les faunes d'invertébrés analysées réalisent un

---

1. D. S. Simberloff et E. O. Wilson, « Experimental Zoogeography of Islands. A Two Year Record of Colonization », *Ecology*, 51 : 934-937, 1970.

équilibre dynamique entre immigrations récurrentes et extinctions locales. Cependant, l'étude de la colonisation de plantes introduites par des insectes phytophages tempère l'enthousiasme et révèle la complexité des phénomènes à prendre en compte.

Les plantes peuvent constituer en effet, pour les insectes phytophages qui en dépendent, des îles largement dispersées au sein d'un océan de végétation inhospitalière. Dans cette perspective de nombreux travaux ont analysé les relations entre la richesse spécifique des peuplements entomologiques associés à une essence ou une famille végétale particulière et l'aire couverte par ce type de plante dans la région considérée. Plus intéressant pour nous ici est le cas des plantes introduites – particulièrement celui des plantes cultivées dont l'introduction a été répétée maintes fois en différentes régions du monde et à des dates généralement connues. En d'autres termes on se trouve là dans des conditions d'expérimentation naturelle particulièrement favorables pour analyser la *mise en place* des peuplements qui s'y trouvent associés.

Donald Strong et ses collègues [1] ont rassemblé et analysé les principaux travaux consacrés aux peuplements entomologiques de cultures cosmopolites comme le soja, la vigne ou le maïs. Si certaines des espèces qui exploitent ces cultures sont cosmopolites et paraissent avoir suivi la plante, parce qu'introduites avec elle, la grande majorité d'entre elles cependant, soit près de 90 %, apparaissent confinées à un seul continent. Ainsi, les plantes introduites recrutent l'essentiel de leurs peuplements d'insectes phytophages à partir des entomofaunes locales. L'un des plus beaux exemples concerne la canne à sucre. Des 1 645 ravageurs de la canne à sucre identifiés sur l'ensemble des régions (îles, archipels ou pays) où elle est cultivée, 959 ne furent observés que dans l'une de celles-ci.

Des résultats similaires ont été observés pour des plantes ornementales : l'essentiel du recrutement provient du pool des espèces locales. Comme on pouvait le prévoir, la majorité

---

1. D. R. Strong, J. M. Lawton et R. Southwood, *op. cit.*, 1984.

des espèces d'insectes qui colonisent les plantes nouvellement introduites sont phytophages. En outre prédominent les insectes qui attaquent les plantes de l'extérieur tandis que les espèces endophages – formatrices de galles ou mineuses des feuilles et des tiges – y sont beaucoup plus rares. Ainsi, la plupart des espèces qui colonisent des espèces de chardons introduites d'Europe en Californie, sont des polyphages externes ; les espèces endophages, mineuses de feuilles ou de tiges ou productrices de galles, constituent une proportion plus élevée des peuplements en Europe d'où les plantes sont natives. Tout cela signifie que le recrutement d'espèces endophages, généralement plus spécialisées, demande davantage de temps que la « capture » d'espèces généralistes.

Enfin, il faut souligner que certaines espèces introduites échappent à toute colonisation, en dépit d'une exposition de vaste étendue et de longue durée. C'est le cas de cactacées introduites d'Amérique du Sud, où cette famille de plantes a évolué, dans l'Ancien Monde où elle était totalement inconnue. Ainsi, *Opuntia ficus-indica* et *Opuntia autantiaca* n'ont recruté aucun insecte africain depuis leur introduction, il y a respectivement 250 et 150 ans. Ce genre héberge pourtant des peuplements d'insectes phytophages riches et diversifiés dans les régions du Nouveau Monde d'où il est originaire.

Au total, il est clair qu'une théorie exhaustive de la colonisation des plantes-hôtes doit rendre compte aussi bien de l'utilisation rapide de certaines espèces ou parties de plantes par les insectes phytophages que de l'immunité marquée de quelques autres. On voit bien que la théorie de MacArthur et Wilson ne saurait répondre à ces exigences légitimes.

La plupart des données disponibles, notamment pour les plantes introduites dont on connaît l'origine et l'histoire, font apparaître une stabilisation des courbes d'enrichissement spécifique S en fonction du temps. Revenons à l'exemple de la canne à sucre, probablement originaire de Nouvelle-Guinée. Elle a largement été introduite dans de nombreuses régions tropicales, il y a 3 000 ans sur le subcontinent indien, il y a 500 ans dans la péninsule indochinoise et en Égypte, mais « seulement » en 1640 après J.-C. dans l'île de Grenade et en 1840 au Honduras britannique[1]. Le recrutement d'insectes à partir des entomofaunes locales est survenu dès le développement des plantations et y obéit à la relation classique entre la richesse spécifique S et la surface A : $\log S = 0{,}45 \log A$. Point à souligner à superficie cultivée égale, les différentes régions du monde où la canne à sucre a été introduite il y a plus de 2 000 ans n'ont pas une entomofaune associée à cette plante plus riche que les régions plantées depuis seulement 150 ans.

Si le même phénomène est signalé pour le cacao, dans d'autres cas, tout aussi instructifs, c'est l'absence totale de recrutement local qui frappe : on a déjà cité l'exemple des cactus du genre *Opuntia*. Signalons aussi celui des eucalyptus, très peu attaqués en Californie où ils sont pourtant largement répandus depuis plus de cent ans. De même la richesse spécifique des insectes phytophages de divers arbres exotiques introduits en Grande-Bretagne et en Afrique du Sud depuis plusieurs centaines d'années est étonnamment basse[2].

L'ensemble des observations disponibles permet de proposer une théorie générale pour expliquer les taux de recrutement de phytophages par de nouvelles plantes hôtes. Ces taux sont essentiellement affectés par deux facteurs :

1. la surface d'exposition, qu'il s'agisse de la superficie plantée ou de l'aire géographique couverte par expansion naturelle ;

2. le degré d'éloignement taxonomique, biochimique et morphologique de la plante introduite par rapport à la flore autochtone.

De fait, plus une plante est localement inhabituelle, plus faible sera la « propension » des insectes de la faune autochtone à la coloniser. Les plantes appartenant à des familles étrangères à la flore locale, avec des types de croissance et des composés biochimiques nouveaux pour la région, telles que les cactacées, d'origine américaine, dans l'Ancien Monde

---

1. D. R. Strong, J. M. Lawton et R. Southwood, *op. cit.*, 1984.
2. *Ibidem.*

ou les eucalyptus propres à l'Australie et introduites en Europe ou en Amérique, peuvent ainsi résister aux attaques des ravageurs autochtones pendant des centaines d'années. À l'opposé, lorsque les espèces introduites sont, par leur écologie et leur taxonomie, proches des flores locales, riches en colonisateurs potentiels, elles recrutent rapidement une proportion élevée de ces ravageurs phytophages autochtones. Cette théorie a été abondamment étayée par de nombreux travaux sur les peuplements entomologiques des arbres de Grande-Bretagne.

...à la dynamique de la biodiversité

L'ouvrage de MacArthur et Wilson a eu sans aucun doute un effet positif considérable en stimulant cette floraison de travaux dont nous avons vu quelques exemples. Cependant, le modèle dit de l'équilibre dynamique est resté bien loin derrière.

De fait, qu'il s'agisse des insectes phytophages ou des parasites, il est clair qu'on ne saurait faire abstraction ni de la biologie propre des espèces considérées ni des caractéristiques des îles soumises à colonisation. La nature biochimique des îles végétales, ou l'appartenance taxonomique des hôtes potentiels dans le cas des parasites, entre autres, importent autant pour la dynamique de la colonisation et l'établissement du peuplement que la surface de l'île et la distance au continent.

Enfin, et ça n'est pas le moindre des paradoxes, la carence majeure de la théorie de l'équilibre dynamique est bien de ne pas prendre en compte la *dynamique* des populations en cause. Que peut-on comprendre, dans ces conditions, à la mise en place et à l'organisation de la biodiversité locale ?

Quelques histoires d'invasion et de régression le montreront mieux qu'un long discours.

Introduit en Australie en 1839, en guise de fil de fer barbelé biologique, le cactus *Opuntia stricta* couvrait, en 1920, 24 millions d'hectares. En 1925 le taux de colonisation était de 400 000 hectares par an ! Quel succès ! Mais quel

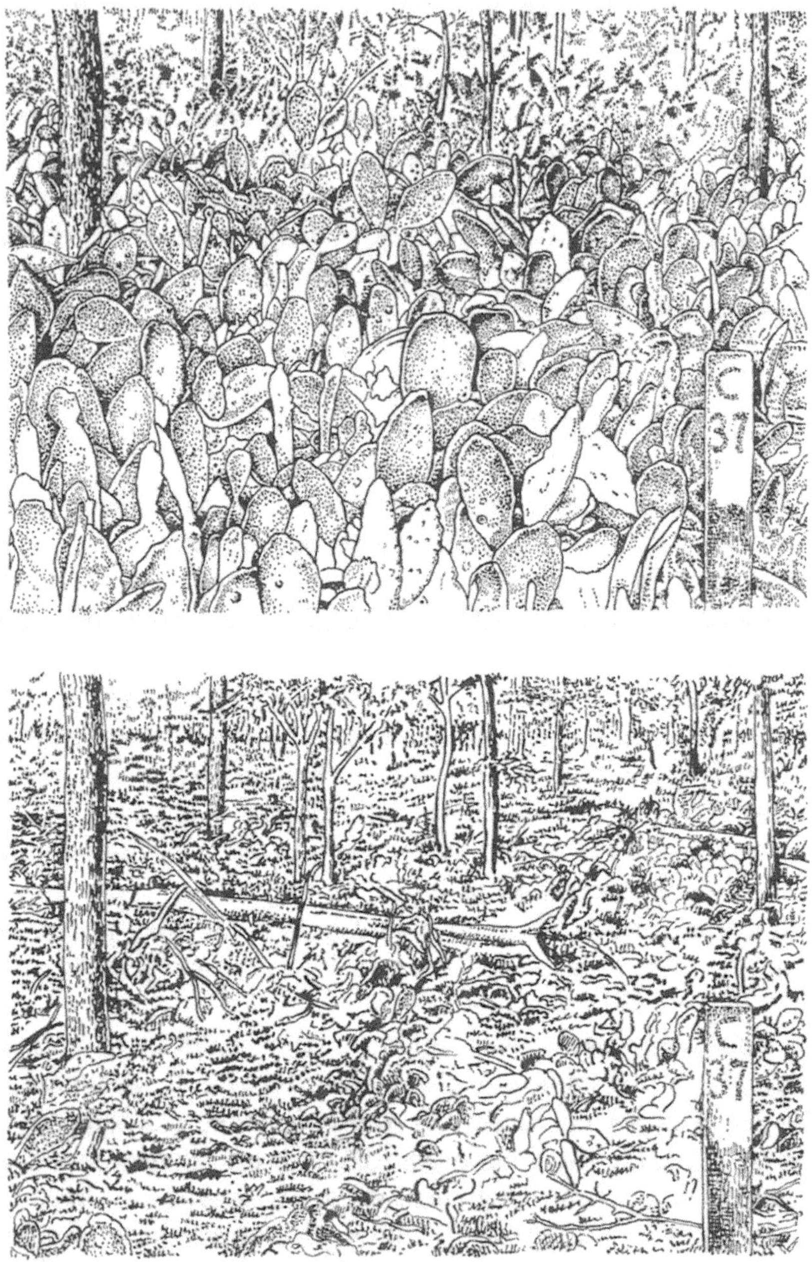

Figure 33 : Parcelle boisée au Queensland, en Australie, envahie par le cactus *Opuntia stricta* avant (en haut) et après (en bas) l'introduction du papillon *Cactoblastis cactorum* (d'après photos).

désastre pour les agriculteurs rejetés ainsi de vastes territoires rendus impénétrables par un enchevêtrement de cactus peu accueillants (fig. 33) !

En 1925, après quelques essais en conditions contrôlées, furent importés d'Argentine 2 750 œufs d'un papillon qui, à l'état de chenille, est si friand de cactus qu'il s'est vu doté d'un nom et d'un prénom qui en affichent l'obsession : *Cactoblastis cactorum*. Et chenilles et papillons proliférèrent si bien dans ces immensités cactusiennes privées de leurs parasites ou ennemis habituels que la population de cactus retourna à un niveau plus discret : les espaces préalablement recouverts d'impénétrables champs épineux retournèrent à l'agriculture. Aujourd'hui, cactus et papillons coexistent à des niveaux de densités où ils passent inaperçus : un équilibre s'est créé.

La littérature spécialisée sur les problèmes de ravageurs et de lutte biologique est riche de nombreuses histoires de ce type : elles commencent avec des pullulations, consécutives à un déséquilibre provoqué par le développement de monocultures sur de vastes étendues et elles s'achèvent soit par des extinctions d'espèces sauvages, soit, après introduction d'agents biologiques, par une stabilisation du système constitué par le ravageur potentiel et l'auxiliaire biologique à un niveau économiquement tolérable.

En France, comme ailleurs, il existe un suivi de la distribution géographique des espèces animales et végétales [1]. Centralisée et traitée par le Secrétariat de la faune et de la flore du Muséum national d'histoire naturelle, avec l'appui du ministère de l'Environnement, cette information qui remonte à des décennies met en relief aussi bien des mouvements d'extension d'aire géographique (fig. 34) que des phénomènes de régression (fig. 35). Dans certains cas, la cause du changement est connue ou suspectée ; dans d'autres cas, non.

Au début du XXe siècle, le râle des genêts était très commun dans toute la France, à l'exception des départe-

---

1. *Les Comptes du patrimoine naturel*, INSEE-ministère de l'Environnement, 1986.

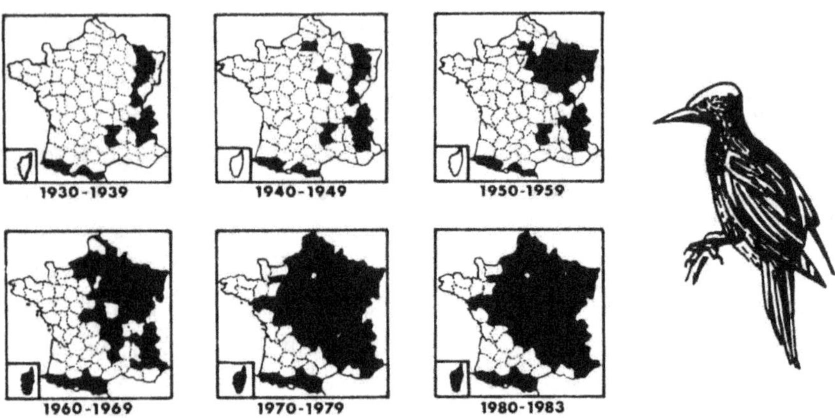

Figure 34 : Expansion du pic noir en France depuis 1930 [1].

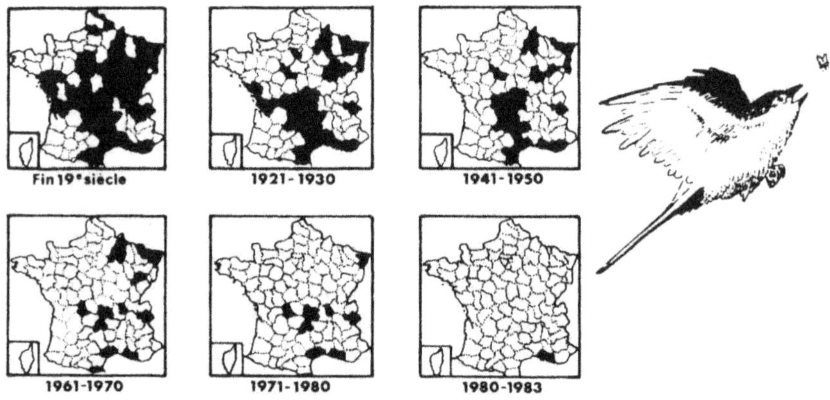

Figure 35 : Régression de l'aire géographique de la pie grièche à poitrine rose en France depuis la fin du XIXᵉ siècle [1].

ments du Midi. Peu à peu ses effectifs ont décru, de façon imperceptible au début, puis nettement ensuite. Il disparaît de régions entières, Bretagne, Lorraine, Champagne, Auvergne... seuls quatre noyaux de reproducteurs subsistaient en 1983 : Val de Saône, bords de la Charente, Val de Loire et Normandie. En fait, selon Hervé Maurin du Secrétariat Faune et Flore, les causes majeures de son déclin, observé dans tous les pays d'Europe, sont la disparition des prairies alluviales humides et la mécanisation de la fauche.

---

1. *Les comptes du patrimoine naturel, op. cit.,* 1986.
2. *Ibidem.*

En revanche, la régression surprenante de la pie grièche à poitrine rose à partir de 1910, et qui n'a cessé de s'accentuer jusqu'à nos jours, est mal comprise. On parle d'« atlantisation » du climat, qui affecterait cette espèce orientale adaptée aux étés chauds et secs ; on suppose que la régression des lignes d'arbres le long des routes, où l'espèce aimait nicher, n'est pas étrangère à cette disparition aujourd'hui quasi totale ; on ne peut exclure non plus le rôle qu'ont pu jouer les insecticides et les modifications des paysages, en affectant l'abondance des gros insectes que capturent habituellement ces oiseaux dans des milieux où coexistent arbres et strate herbacée.

Signalée pour la première fois en novembre 1950 dans les Vosges, la tourterelle turque a depuis colonisé toute la France, à partir des Balkans. Cette colonisation spectaculaire de l'Europe occidentale n'est pas véritablement expliquée. Quant à l'extension du pic noir représentée sur la figure 34, elle pourrait être liée à la politique forestière pratiquée dans notre pays depuis la dernière guerre.

On pourrait retirer de ces expériences et observations l'idée que l'équilibre est l'état naturel, le déséquilibre l'expression d'une perturbation, d'une pathologie. En fait, l'histoire de la nature, bien avant l'irruption de l'homme, a connu des phases de déséquilibre, des crises d'extinction. Les paléontologues ont beaucoup à nous apprendre ici : l'immense recul de temps qu'ils ont appris à maîtriser leur donne une vision détachée des flux d'espèces et de groupes au cours des temps géologiques.

Je retiendrai deux exemples – en renvoyant au chapitre 10 pour une analyse plus approfondie – exemples destinés à souligner qu'équilibre ou stabilité ne sont pas des propriétés absolues de la nature et que la richesse spécifique des groupes fluctue, la régression de certains favorisant la prolifération d'autres groupes.

Le groupe des plésiadapidiformes, sortes de primates primitifs à comportement et écologie de rongeurs, disparaît progressivement au cours de l'Éocène, il y a quarante à cinquante millions d'années. L'extinction de ce groupe, concomitant au développement de l'ordre des rongeurs, a été expliquée par le succès de ces derniers. Rares pendant le Paléocène, ceux-ci voient leur nombre augmenter au début de l'Éocène où ils font leur apparition en Europe. Il est possible que certaines des niches écologiques occupées de nos jours par les rongeurs l'étaient à l'époque par les plésiadapidiformes. L'histoire nous a montré le formidable pouvoir d'expansion des rongeurs. Naturellement, quoique vraisemblable, ce n'est là qu'une hypothèse : cause ou effet, on retiendra la coïncidence entre l'arrivée des rongeurs et le déclin des plésiadapidiformes.

Les brachiopodes et les lamellibranches sont des mollusques à coquilles (les premiers avec des valves dorsale et ventrale, les autres avec des valves droite et gauche) qui se rencontrent dans les mêmes milieux. Les uns et les autres se nourrissent de micro-organismes qu'ils récupèrent en filtrant l'eau. Ainsi que le rapporte Louis de Bonis, de l'université de Poitiers, les deux groupes cohabitent depuis longtemps et, jusqu'à la fin du Permien, il y a environ 250 millions d'années, les brachiopodes sont plus variés que les lamellibranches, bien que la richesse en genres de ces derniers progresse déjà pendant le Permien. « Mais c'est la crise permo-triasique qui va bouleverser les proportions relatives entre ces deux types d'organismes. L'un et l'autre sont fortement affectés et le nombre des genres et des espèces diminue fortement dans les deux cas. Cependant, dès le début du Trias, la variété des lamellibranches s'élève rapidement ; leurs espèces se multiplient et le rapport entre les deux s'inverse bientôt (fig. 36). Les brachiopodes ne retrouveront jamais leur prééminence des temps paléozoïques alors que les lamellibranches continueront leur expansion jusqu'à notre époque, envahissant même le domaine des eaux douces. On ne peut s'empêcher de penser que c'est la crise du Permo-Trias qui a permis ce développement spectaculaire ; jusque-là une bonne partie des niches écologiques réservées à ce type d'animal particulier étaient occupées, bloquées en quelque sorte, par les brachiopodes, freinant la diversification des mollusques bivalves. »

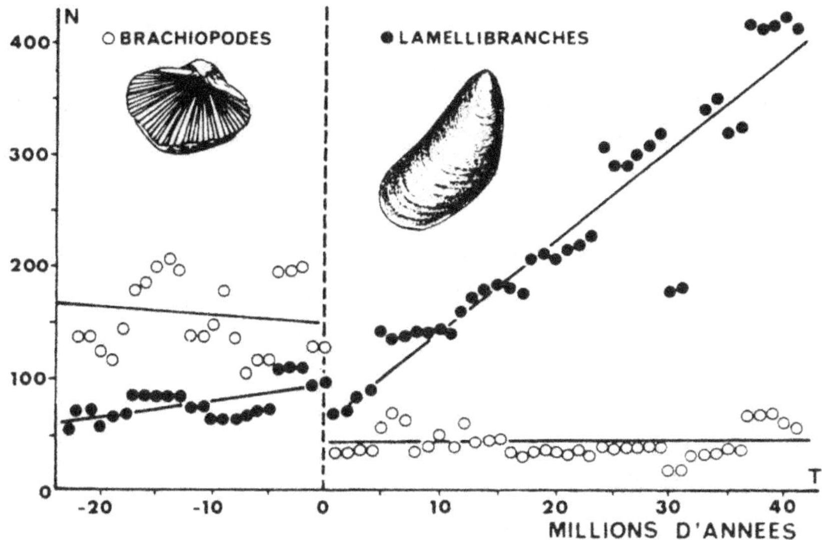

Figure 36 : Variations du nombre de genres de brachiopodes (ronds blancs) et de lamellibranches (ronds noirs) depuis le paléozoïque (d'après Gould et Calloway, *in* de Bonis, 1991, modifié [1]). — Le temps *T* indiqué en millions d'années est compté à partir de la limite permo-triasique (ligne en tiretés).

Bref, il n'y a pas d'équilibre éternel : c'est contraire à la vie. Il y a des processus qui tendent à tamponner les fluctuations... mais sur une large échelle de temps, ruptures, catastrophes, substitutions, remplacements sont inévitables. Nous sommes tous mortels : la régulation de nos équilibres physiologiques est, elle aussi, limitée dans le temps.

Tout cela s'inscrit contre le mythe de l'âge d'or : il n'y a pas d'état parfait, de passé idéal à retrouver ; dans la dynamique des écosystèmes naturels, il n'y a ni état passé merveilleux, ni avenir menaçant. Seul l'homme en juge ainsi, soit par rapport à des critères subjectifs qu'il se définit, soit par rapport à un rêve qu'il projette sur le monde. Cela ne veut cependant pas dire qu'il n'y ait pas d'éléments objectifs sur lesquels s'appuyer pour, d'une part, asseoir une *science* de la conservation, d'autre part étayer une *politique* de gestion de la nature. Simplement l'objectif n'est jamais de

---

1. L. de Bonis, *Évolution et extinction dans le règne animal,* © Masson, Paris, 1991.

restaurer une configuration passée, réelle ou imaginaire ; il est de conserver le maximum de potentialités, de garder l'avenir aussi largement ouvert que possible. Garder la possibilité de choix le plus longtemps possible... C'est la leçon que nous donnent l'écologie et la paléontologie, éclairées par la théorie de l'évolution.

C'est le parti de l'évolution, mais c'est aussi celui de la sagesse et de la responsabilité par rapport à des choix de société qui restent à poser – et qui pourront changer car ils sont nécessairement l'objet de débats.

Stabilité des écosystèmes naturels

Le parc national du Serengeti est l'exemple type, le paradigme de la nature sauvage – au même titre que les forêts dites vierges. Et pourtant, l'homme serait né non loin de là : depuis toujours, il y a mis les pieds. Que recouvre l'apparente permanence de cet immense écosystème, vaste pénéplaine entre le lac Victoria à l'ouest et le cratère Highlands à l'est, à cheval sur la Tanzanie et le Kenya [1] ?

Dès que l'on songe à l'Afrique de l'Est, au Serengeti, s'impose le cliché des hordes de gnous, l'image des troupeaux d'antilopes et de girafes côtoyant des troupes de lions sur une immensité de savanes parsemées d'arbres, entrecoupée de forêts. De fait, la diversité et l'abondance des grands mammifères sont un des traits dominants de cet écosystème. Les premières recherches écologiques y ont souligné les liens entre l'équilibre herbes/arbres qui caractérise les savanes, et les grands mammifères. Fortement interactifs, ces écosystèmes ne peuvent être compris et gérés sans la prise en compte approfondie du rôle des grands mammifères, de même que la diversité et la dynamique de leurs communautés ne peuvent se comprendre en dehors du contexte écosystémique d'ensemble. Quoi de plus stable, n'est-ce pas,

---

1. Opérationnellement on peut le délimiter par les vastes déplacements saisonniers des troupeaux de gnous, ce qui représente quelque 25 à 35 000 km². Voir A. R. E. Sinclair et M. Norton-Griffiths (éd.), *Serengeti : Dynamics of an Ecosystem*, Chicago Univ. Press, Chicago, 1979.

que ces immenses territoires sauvages, préservés des atteintes de l'homme ? Et pourtant... Considérons simplement le système suivant :

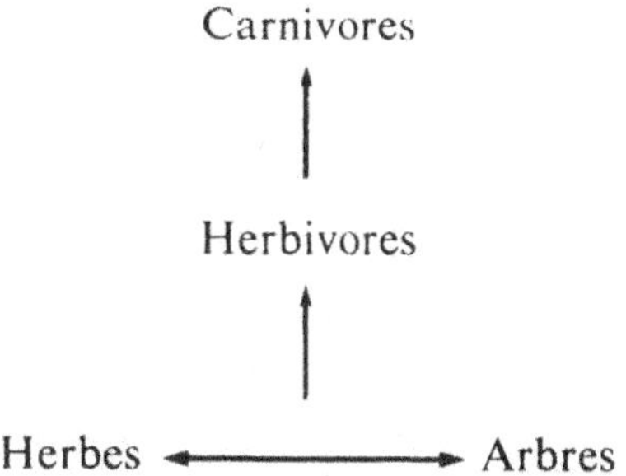

Quelles sont la nature et l'intensité des interactions qui président à son équilibre – si équilibre il y a – et à sa dynamique ? Deux « accidents » majeurs en ont permis une analyse quasi expérimentale : l'irruption d'une épidémie, la peste bovine ; puis la succession de plusieurs saisons sèches inhabituellement arrosées.

Introduite à la faveur de l'invasion italienne de l'Éthiopie, la peste bovine fut signalée en Afrique de l'Est dès 1890. Outre les ravages qu'elle provoqua dans le bétail, hôte naturel du virus, et, par contrecoup, ses effets sur les populations de pasteurs, elle entraîna un effondrement des populations de buffles et de gnous (95 % périrent en deux ans), mais aussi de girafes. S'ensuivit la disparition immédiate des mouches tsé-tsé, l'apparition de lions mangeurs d'hommes et le dépeuplement humain s'accéléra encore. Avec l'effondrement des grands herbivores et le départ des hommes, le paysage végétal se transforma en une savane boisée très dense. Puis une immunité se développa dans les populations d'ongulés et le virus disparut en 1962 chez le gnou et en 1963 chez le buffle. Le résultat fut rapide : grâce à un doublement de la survie des individus nés dans l'année, qui passe de 25 à 50 %, la population de gnous, qui comptait 250 000 têtes en 1961, atteint 500 000 têtes en 1967. La population de buffles a doublé au début de cette période avant de redevenir stationnaire. En 1981 le nombre de gnous est estimé à 1 400 000.

Considérant maintenant la disparition de la peste bovine

comme une manipulation quasi expérimentale du système on va, à travers ses effets, dégager les principales relations qui en constituent la trame. Les effets de l'accroissement de la population de gnous sur la végétation dépassent les seules ressources alimentaires de cette espèce. En effet, par suite d'une modification de l'équilibre compétitif entre les espèces végétales, les dicotylédones [1] herbacées et les arbres sont indirectement affectés. Les changements du tapis végétal qui en résultent affectent à leur tour les autres herbivores. Ainsi le buffle subit les effets d'une compétition caractérisée de la part du gnou : celui-ci consomme en effet une partie des ressources alimentaires de saison sèche du buffle et en piétine plus encore ; de ce fait, après une phase d'accroissement consécutive à la disparition de la peste bovine, la population de buffles connut une phase stationnaire tandis que les gnous continuaient de croître en nombre. Par ailleurs, en transformant l'épais feutrage herbacé en pelouse, les gnous rendent accessibles aux gazelles les pousses de plantes dicotylédones à distribution dispersée dont elles se nourrissent. C'est un effet de *facilitation*. Quant aux principaux carnivores, lions et hyènes, on attendait leur multiplication après le triplement des effectifs de gnous qui survint dans les années soixante. Or ces populations sont restées stables dans cette période. La raison de ce manque de réponse numérique à l'accroissement des gnous s'expliquerait par le comportement migratoire de ces derniers : ils ne constitueraient qu'une nourriture d'appoint saisonnière pour des hyènes et des lions inféodés à des territoires et limités par l'abondance d'autres types de proies, phacochères, antilopes.

En résumé, l'accroissement de la population de gnous a fait apparaître : des interactions de compétition entre herbivores écologiquement similaires ; des phénomènes de faci-

---

1. On distingue parmi les plantes à fleurs les monocotylédones, représentées notamment par les graminées, et les dicotylédones qui regroupent la plupart des autres familles de phanérogames. Les premières se caractérisent par la possibilité d'une régénération basale, qui leur permet une reprise rapide après broutage, tandis que les secondes croissent à partir de bourgeons terminaux, vulnérables aux brouteurs. Les paléoécologistes admettent que la radiation adaptative des bovidés en Afrique est liée à celle qu'a connue la famille des graminées.

litation entre herbivores non concurrents, qui se succèdent dans l'utilisation du tapis végétal après sa transformation par les espèces dominantes ; la faiblesse des interactions entre le gnou et les prédateurs ; l'ampleur de l'impact des herbivores sur la dynamique du paysage végétal.

Une confirmation et un approfondissement de cette analyse ont été apportés par l'utilisation d'une autre perturbation naturelle, l'augmentation des pluies de saison sèche de 1971 à 1976. Le premier effet de l'augmentation des pluies de saison sèche a été de tripler la biomasse d'herbe fraîche disponible. Ce surcroît de production végétale à une saison critique pour les herbivores eut de multiples répercussions, directes et indirectes, sur le peuplement de mammifères du Serengeti : diminution de la mortalité par malnutrition de saison sèche chez le gnou et augmentation de ses effectifs ; relâchement de la compétition subie par le buffle dont la population s'accroît, après un délai de réaction de deux ans (lié à la lenteur des réponses démographiques caractéristiques des espèces de grande taille) ; réduction des risques d'incendie, d'où accroissement de la strate arbustive, d'où augmentation des mangeurs de feuilles comme les girafes ; augmentation des effectifs des herbivores de plaine tels que les antilopes topis, les bubales, les phacochères ; accroissement de leurs prédateurs, lions et hyènes (doublement des premiers entre 1969 et 1976 et accroissement de 50 % des seconds) ; régression des lycaons [1], par suite de la prédation accrue des hyènes sur leurs jeunes et de la compétition exercée par les lions et les hyènes qui les écartent des proies qu'ils viennent de tuer.

Ainsi, cette étude montre que les grands mammifères ont un rôle majeur dans la dynamique des formations végétales qui constituent les savanes du Serengeti et que, réciproquement, la diversité spatio-temporelle du paysage végétal a d'importants effets sur l'organisation des communautés de mammifères. Elle a également mis en relief les rôles respectifs des phénomènes de compétition, de prédation mais

---

1. Ou « loups peints », sortes de chiens sauvages à mœurs sociales particulièrement fascinantes.

aussi de facilitation. Ainsi, il ne saurait y avoir de discours sérieux sur la diversité biologique, sur son origine, sa fonction ou sa gestion, sans une approche *systémique* des problèmes, qui prenne en compte, à la fois, les interactions directes et indirectes entre espèces et les dimensions spatiales et temporelles qu'elles supposent.

En d'autres termes, cet exemple fait bien apparaître la complexité des interdépendances qui président à la dynamique des peuplements, avec des effets différés dont les impacts sont difficiles à prévoir sans une connaissance détaillée de la dynamique des populations en présence. Avec, aussi, de prodigieux effets liés à l'introduction puis à la disparition d'un virus affectant les espèces clés, et notamment le gnou. Parasites, bactéries et virus sont des agents majeurs de perturbations dans la vie des individus et le fonctionnement des populations et des systèmes écologiques. L'homme le sait bien, qui en souffre directement. Et pourtant, il l'oublie souvent quand il s'agit de la nature – peut-être parce qu'il la voudrait vierge, pure, idéale ?

L'histoire des mésaventures que connut le parc national du Tsavo, qui couvre plus de 13 000 km² au Kenya, nous donne une illustration exemplaire des méfaits qui, dans le domaine de la conservation, peuvent découler des meilleures intentions, quand prédomine une telle idée. Daniel Botkin (1990) en donne un excellent résumé dans son essai *Discordant Harmonies. A New Ecology for the Twenty-First Century*.

Mis en protection en 1948, cet immense espace était alors une vaste plaine sèche et parsemée d'arbres et de buissons. Le gros gibier y était rare, décimé qu'il fut par les colons européens au début du siècle et les derniers éléphants et rhinocéros étaient pourchassés par les braconniers. Des routes furent ouvertes et les braconniers harcelés à leur tour par tous les moyens de la lutte antiguérilla : land rovers, avions, fusils à répétition. La rivière Galena fut endiguée, des puits artésiens creusés. Il en résulta une croissance rapide de la population d'éléphants, lesquels prélevèrent leur tribut de végétation, abattant et détruisant arbres et arbustes.

La savane était sur la voie de la désertification : en 1959 c'est un paysage lunaire qui s'offrait aux visiteurs.

Comme dans la plupart des cas, il n'est pas possible de distinguer ce qui est imputable aux initiatives humaines et ce qui résulte des contraintes et aléas de l'environnement climatique, notamment des sécheresses répétées. En 1966, on s'accordait à penser que l'élimination de nombreux éléphants était inévitable pour sauver le parc. Mais avec le retour des pluies la reprise de la végétation herbacée redonna espoir. La population d'éléphants poursuivit sa croissance tandis que les controverses sur les mesures à prendre s'intensifiaient. Une étude écologique approfondie conduite par Richard Laws, un expert de la grande faune mammalienne et, particulièrement, des éléphants, aboutit à la conclusion qu'il fallait abattre près de trois mille éléphants pour sauvegarder l'espèce – condamnée autrement à disparaître par désertification de son propre milieu de vie. David Sheldrick, directeur du Parc depuis sa création, ne put se résoudre à pareille décision, incapable de se défaire de cette vieille idée selon laquelle la nature « sait » rétablir ses propres équilibres et que toute interférence humaine est *a priori* indésirable : la mortalité des éléphants consécutive à des périodes de sécheresse *devait* réguler naturellement la population et permettre la régénération de la végétation, autorisant ainsi un équilibre durable du système. Mais la sécheresse de 1969 et 1970 fut terrible et quelque six mille éléphants périrent de faim... après avoir littéralement détruit la végétation de la région : dix ans après, le désastre était encore visible, au point que la limite du parc était repérable sur image satellitaire.

Mais l'alternative « équilibre naturel / régulation par l'homme » est plus complexe qu'il n'y paraît en général. Aux deux points de vue qui se sont affrontés quant à la catastrophe du Tsavo, l'un prétendant que, non perturbée, la nature atteint toujours un état d'équilibre, une stabilité que l'homme met en péril en intervenant, l'autre insistant sur l'importance des fluctuations de la nature et préconisant l'intervention humaine comme nécessaire pour obtenir un équilibre, il faut ajouter une troisième possibilité, celle que

le Tsavo, aussi grand soit-il, est trop petit pour supporter
« naturellement » une population d'éléphants. Avant la colonisation européenne, les éléphants, affectés par des années
sèches répétées, pouvaient migrer vers d'autres régions
d'Afrique. Cela n'est plus possible aujourd'hui. Cette interprétation souligne l'importance du problème d'échelles en
écologie et particulièrement en biologie de la conservation :
il peut y avoir déséquilibre à une échelle locale et équilibre
à une échelle régionale ou continentale. Elle permet aussi
d'affirmer qu'à l'heure actuelle, il est vain d'imaginer qu'il
puisse y avoir conservation sans gestion, c'est-à-dire sans
intervention humaine : ce qui est reconnu pour les agrosystèmes l'est de plus en plus pour tout écosystème.

Il est clair que notre connaissance du fonctionnement des
écosystèmes et de la dynamique de la biodiversité gagnera
beaucoup avec le développement des recherches sur les
réseaux trophiques et l'utilisation accrue d'une nouvelle
génération de modèles capables de simuler des fonctionne-
ments ou des structures perçus à l'échelle écosystémique à
partir d'interactions et de processus analysés à l'échelle des
populations et des individus au sein des populations [1].

Enfin, d'une manière plus générale, ces exemples montrent
que l'étude de la signification fonctionnelle de la biodiversité
peut imposer la prise en compte de cadres géographiques
très larges. En bref, la toile de fond où s'inscrivent les
interactions biotiques est toujours un espace hétérogène et
changeant, espace qui atteint souvent les dimensions d'un
paysage complexe où l'homme et ses sociétés peuvent jouer
un rôle majeur. L'homme et la nature sont indissociablement
mêlés : leurs destinées aussi.

L'hypothèse Gaïa

Le vieux mythe de la Terre-Mère, ou Gaïa, a été repris,
il y a vingt ans, sous la forme d'une hypothèse scientifique

---

1. M. Huston, D. de Angelis et W. Post, « New Computer Models Unify
Ecological Theory », *BioScience*, 38 : 682-691, 1988.

qui fait de notre planète un être vivant. On parle de l'hypothèse Gaïa [1].

S'il est vrai que la vie s'est répandue sur Terre, y constituant la biosphère ; s'il est vrai que ce tissu vivant est à l'origine de la composition atmosphérique actuelle et que celle-ci est assez constante dans ses grandes lignes depuis des millions d'années ; s'il est vrai aussi que les êtres vivants jouent un rôle dans la régulation de cette composition des gaz atmosphériques et, indirectement, du climat, il est difficile néanmoins d'accepter l'idée que le système Terre soit un être vivant capable d'autorégulation.

On peut discuter la notion de biosphère comme entité : la biosphère est-elle autre chose que la somme des systèmes écologiques qui la composent ? En d'autres termes, gagnet-on de la pertinence scientifique en faisant de la Terre un *organisme* vivant ? Les entités biologiques clairement identifiées que sont les populations animales, végétales, microbiennes, ont-elles des relations assez étroites entre elles – comme les organes d'un organisme – pour qu'il soit opérationnel d'analyser la biosphère comme un être vivant ?

Cette réflexion doit d'abord être conduite à l'échelle locale, régionale : on identifie alors des écosystèmes – lacs, forêts, savanes, bassins versants. On voit bien qu'en élargissant le champ d'analyse, on globalise l'étude des mécanismes. Très rapidement, on rassemble en grands compartiments les espèces qui assument des fonctions biologiques identiques dans le système. Cela pourrait se faire aussi à l'échelle de la biosphère. Dans ce cas, qu'est-ce qui ferait l'« unité » de la biosphère ? Le flux des eaux et des gaz d'abord – les cycles biogéochimiques que l'on sait analyser à l'échelle de la planète. Mais aussi les flux de particules, de molécules, d'êtres vivants que cela entraîne. Enfin, l'homme, par son omniprésence, par la puissance de ses effets sur la planète (dispersion d'espèces, émission et propagation de polluants, gaz et produits divers), fait de la Terre une entité qui mérite d'être appréhendée en tant que telle. Ce n'est toutefois pas dire que le système Gaïa est un

---

1. J. Lovelock, *Les Âges de Gaïa*, Robert Laffont, Paris, 1990.

organisme qui s'autorégule : c'est tout simplement un ensemble qui dépend si étroitement de nous – notamment dans sa partie fragile, vivante – et auquel notre avenir est si fortement lié, qu'il nous incombe d'en gérer les équilibres.

QUATRIÈME PARTIE

Dernier défi pour l'espèce élue

> *En dernière analyse, même si nous apprenons à gérer les divers aspects de l'environnement planétaire, même si la population se stabilise, même si, un jour, les crises de l'environnement devaient devenir de l'histoire ancienne, même si la plupart des déchets devaient disparaître, même si les cycles globaux devaient recouvrer des régimes contrôlables, alors la meilleure évaluation de notre gestion de l'environnement sera donnée par la proportion de la diversité biologique qui aura survécu.*

Thomas Lovejoy, 1989.

Chapitre 9

Histoire d'une invasion
biologique majeure

> *Dieu bénit Noé et ses fils, et leur dit : fructifiez et multipliez-vous, et remplissez la terre. Vous serez un objet de crainte et d'effroi pour toutes les bêtes sauvages, pour tous les oiseaux du ciel, pour tout ce qui rampe sur le sol, et pour tous les poissons de la mer : entre vos mains, ils sont livrés. Tout ce qui se meut et qui vit vous servira de nourriture : de même que la verdure des plantes, je vous donne tout.*
>
> Genèse 9, 1-4.

Les premiers hommes seraient apparus il y a trois millions d'années aux confins de l'Éthiopie, de la Tanzanie et du Kenya. À cette époque, la nature était vierge. Nous aussi... enfin, je veux dire que nous en étions, de cette nature ; une composante négligeable et modeste, certes, mais *dedans*. Et cela est toujours vrai, sauf pour le négligeable et pour la modestie ! Qu'il en a fait du chemin, ce primate africain ! Qu'il lui en a fallu, de force, de courage, d'ingéniosité, d'intelligence, de chance – mais aussi de sens collectif – pour se faire une place au soleil dans une nature aussi belle qu'implacable ! Et le voilà aujourd'hui, avec ses cinq milliards de descendants, à peu près partout répandus à la surface de la Terre, parcourant les océans, explorant ses profondeurs et sondant les plus lointains mystères de l'univers, à la recherche de son origine, de sa raison d'être. Quelle diversité de cultures, de langues ; quel prodigieux succès ! Mais quels déchirements aussi : que de conflits stupides ; que de gâchis, passés, présents et à venir !

Ainsi peut-on presque dire que l'homme est né dans ce qui est aujourd'hui l'un des symboles de la nature sauvage, cet espace de forêts et de savanes qui constitue le parc du Serengeti, en Tanzanie. L'image « chromo » des hordes de gnous et de buffles, des troupeaux d'antilopes, de zèbres, d'éléphants, des lions tapis ou repus. Et pourtant l'homme y a depuis tout temps exercé ses effets. Quelle leçon ! L'homme est un produit de l'évolution, un être appartenant à ce que l'on appelle la nature, une espèce parmi plusieurs milliards d'autres [1]. Une espèce exceptionnelle tout de même par l'émergence culturelle et spirituelle qu'elle a surajoutée à la prodigieuse diversité du vivant. C'est une nouvelle composante de la diversité biologique que nous observons avec cette espèce et il appartient aux spécialistes des sciences humaines de nous en compter les facettes et les modalités.

Ici, il nous revient d'insister sur d'autres aspects : par ses nécessités écologiques et son expansion démographique d'abord, par ses succès scientifiques, économiques et techniques ensuite, notre espèce est devenue un des agents majeurs de la dynamique de la biosphère ; par son impact croissant sur les écosystèmes et les autres composants de la biosphère – air, eau, sol, plantes, animaux, climat –, l'homme est devenu pleinement responsable de son propre destin et de la planète tout entière.

L'homme envahisseur

L'évolution des hominidés dans sa phase initiale, la plus décisive pour l'élaboration de notre espèce, est une histoire africaine. Cela semble définitivement acquis. Beaucoup de caractéristiques des hominidés résultent de la dynamique écologique du milieu africain – des savanes. Cette phase de l'évolution des hommes, dans ce contexte écologique, a permis la colonisation par notre espèce de tous les milieux terrestres de la planète, de tous les continents.

Les modalités de cette colonisation planétaire sont encore discutées. Il n'y a aucune trace de créature humaine en

---

1. Compte tenu de toutes celles qui ont disparu avant lui et depuis son apparition.

dehors des régions orientales et méridionales de l'Afrique sud-saharienne avant 1,5 million d'années. C'est vers 1 million d'années que des êtres de l'espèce *Homo erectus* auraient commencé d'essaimer à partir de l'Afrique. La chronologie probable des étapes ultérieures de cette conquête du monde et les voies empruntées sont reproduites sur les cartes de la figure 37.

Mais, au-delà des imprécisions sur les dates, finalement secondaires, l'incertitude majeure qui divise les paléoanthropologues porte sur les relations de parenté exactes entre ces diverses populations de primates humains et l'*Homo sapiens* – vous et moi.

En d'autres termes, les descendants des envahisseurs africains – les néandertaliens en Europe, l'homme de Pékin en Chine, l'homme de Java en Indonésie – étaient-ils nos ancêtres ou de simples cousins représentant des branches aujourd'hui éteintes de notre arbre généalogique ?

L'analyse moléculaire de la biodiversité des populations humaines actuelles a conduit des auteurs comme Allan Wilson et Rebecca Cann ou Luigi Cavalli-Sforza [1] à défendre l'idée que les ancêtres des hommes actuels, de tous les hommes actuels, vivaient en Afrique il y a seulement 200 000 ans, et qu'ils ont supplanté les autres espèces d'hommes plus primitives partout ailleurs dans le monde.

Pour déterminer l'histoire des populations humaines à partir de leur arbre généalogique, on admet que la différence génétique entre deux populations est d'autant plus grande que leur divergence est ancienne (en supposant que toutes les autres forces évolutives sont égales par ailleurs).

L'arbre des apparentements entre les populations humaines est analogue à celui des relations entre les langues parlées dans le monde. Tous deux indiquent une série de migrations à partir d'un berceau qui, selon les analyses génétiques, était probablement africain : « Ainsi les gènes, les populations et les langues semblent avoir simultanément divergé

---

1. A. Wilson et R. Cann, « L'Afrique, berceau récent de l'homme moderne », *Pour la science*, 176 : 32-38, 1992. Cavalli-Sforza, « Des gènes, des peuples, des langues », *Pour la science*, 171 : 26-33, 1992.

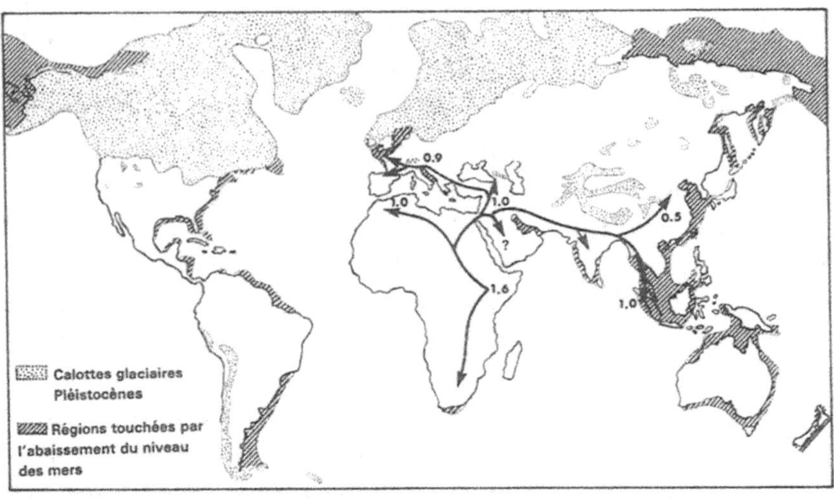

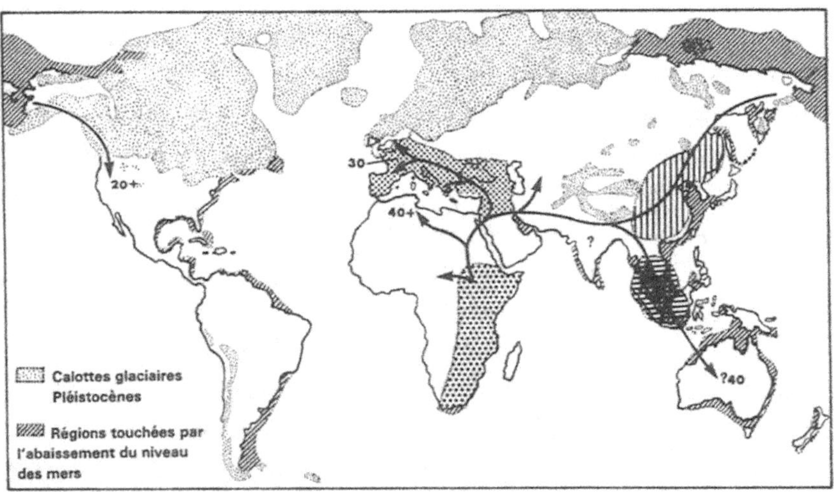

Figure 37 : Reconstitution de l'expansion :
(a) des premiers hominidés depuis l'Afrique, avec les routes vraisemblablement adoptées et la datation en millions d'années (en haut) ;
(b) des premiers hommes « modernes » à partir d'ancêtres africains (aire à gros points noirs) vers l'Europe et le Moyen-Orient (néandertaliens, en pointillé) et l'Extrême-Orient (hachuré), avec des dates en milliers d'années. (D'après R. Foley, *Another Unique Species,* © Longman Group, 1987.)

au cours de migrations qui, probablement à partir de l'Afrique, auraient gagné l'Asie, puis l'Europe, le Nouveau Monde et le Pacifique », écrit L. Cavalli-Sforza.

Le premier résultat de l'analyse génétique conduite par cet auteur et ses collègues confirme l'étude des fossiles et des vestiges culturels humains : l'Afrique fut le berceau de l'espèce humaine. En effet, les distances génétiques entre les Africains et les non-Africains sont les plus grandes de toutes, ce qui se comprend si la divergence africaine a été la première et la plus ancienne. La distance génétique entre les Africains et les non-Africains est environ le double de la distance entre les Australiens et les Asiatiques, qui est elle-même plus de deux fois supérieure à la distance entre les Européens et les Asiatiques. Les paléoanthropologues ont déterminé des dates de séparation de ces diverses populations qui sont proportionnelles aux distances génétiques : les Asiatiques se sont séparés des Africains il y a 100 000 ans, les Australiens des Asiatiques il y a 50 000 ans, et les Européens des Asiatiques il y a entre 35 000 et 40 000 ans.

Allan Wilson et ses collègues de l'université de Berkeley avaient étudié la même question à partir de l'ADN mitochondrial – gènes transmis exclusivement par la mère. L'arbre mitochondrial établi à Berkeley présente une plus grande différenciation en Afrique que partout ailleurs : par conséquent, ce serait en Afrique que l'ADN mitochondrial humain aurait évolué le plus longtemps (l'équipe de Allan Wilson suppose que les mutations des gènes mitochondriaux se produisent à des fréquences constantes au cours du temps). En comparant l'ADN mitochondrial humain à celui du chimpanzé, les généticiens ont daté la racine de cet arbre, puis estimé la date de divergence des divers embranchements ; en outre, ils ont estimé que l'ancêtre africain avait vécu il y a 150 000 à 200 000 ans, ce qui confirmerait les résultats de Cavalli-Sforza par une approche très différente.

Certaines de ces conclusions sont controversées. Si les paléoanthropologues s'accordent sur l'origine africaine du genre *Homo*, il y a 2,5 millions d'années, et si les fossiles découverts montrent que l'*Homo sapiens*, à l'anatomie semblable à la nôtre, est apparu en Afrique il y a 100 000 ans environ, tous les spécialistes ne sont pas d'accord sur la théorie d'un exode à partir de l'Afrique. Des anthropologues comme Alan Thorne et Milford Wolpoff [1] rétorquent que les hommes modernes ont évolué progressivement à partir d'ancêtres archaïques répartis dans tout l'Ancien Monde : c'est l'hypothèse d'une origine multirégionale de l'homme actuel.

Sans prendre parti dans cette polémique, il reste certain que les études de génétique des populations donnent de précieuses informations sur l'histoire des migrations successives et sur l'origine des populations actuelles, en complément des sources paléontologiques et paléoécologiques. Celles-ci permettent en outre de reconstituer les conditions écologiques et font apparaître que les migrations auraient résulté de changements de l'environnement, que ce soit dans le sens d'un accroissement des contraintes ou au contraire dans celui d'un relâchement de ces dernières.

Ainsi que nous l'explique Yves Coppens [2], les milieux qu'ont connus les hominidés successifs de l'est de l'Afrique étaient changeants, avec une tendance générale à évoluer de l'humide au moins humide entrecoupée de brusques dégradations : « La savane boisée du sud de l'Éthiopie, par exemple, s'éclaircit de manière sensible vers 3 millions d'années et de manière tout à fait impressionnante vers 2 200 000 ans, au point de ressembler alors à une véritable steppe. Dans cet exemple précis, documenté par l'étude de la faune, de la flore et du sédiment, on constate une évidente corrélation entre l'assèchement, l'apparition d'*Australopithecus boisei* et le développement d'*Homo habilis* : tout a l'air de se passer comme si le changement climatique entraînant un changement de paysage jouait un rôle, peut-être le rôle essentiel, dans la sélection de ces deux hominidés en un milieu découvert évidemment dangereux, où ils étaient très vulnérables, *Australopithecus boisei* protégé par sa taille, *Homo habilis* aidé par le développement de son

---

1. A. Thorne et M. Wolpoff, « L'Évolution multirégionale de l'Homme », *Pour la science*, 176 : 40-46, 1992.
2. Y. Coppens, *Le Singe, l'Afrique et l'Homme*, Fayard, Paris, 1986.

système nerveux central, *Australopithecus boisei* adapté à un régime alimentaire végétarien fibreux et coriace, *Homo habilis* à un régime omnivore opportuniste. » Puis, en étendant ce raisonnement dans le temps et dans l'espace, Yves Coppens se demande si de tels changements climatiques, couplés à l'effondrement de la Rift Valley, ne pourraient pas être à l'origine de la séparation entre nous et nos cousins, gorilles et chimpanzés, dès le Miocène supérieur : « La conjuration de la grande cassure et du changement climatique aurait peu à peu contraint les " orientaux " (ancêtres des australopithèques et des hommes) à s'adapter à un environnement de plus en plus sec et déboisé, tandis que gorilles et chimpanzés représenteraient les descendants de ceux de nos ancêtres demeurés en milieu forestier humide. » Si cela n'est qu'une hypothèse intéressante, ce qui ne fait pas de doute en revanche, selon Yves Coppens, c'est le rapport entre le développement d'*Homo* et l'aridification des années − 2 200 000.

Ainsi, au cours de son histoire, l'espèce humaine a connu les aléas de tout être biologique. Il lui a fallu s'adapter aux changements de climat et de paysage, se défendre, se nourrir, migrer et si cela a dû se faire aux dépens de quelques espèces, cela a pu profiter aussi à beaucoup d'autres − et c'est encore de pleine actualité.

Je ne puis que renvoyer le lecteur intéressé par les aventures écologiques et sociales de nos lointains ancêtres, pithécanthropes, *Homo faber* et autres, au délicieux essai paléoanthropologique de Roy Lewis, *Pourquoi j'ai mangé mon père*. Je ne résisterai pas, pour mettre l'eau à la bouche du lecteur, au plaisir de reprendre la première page de ce véritable roman policier préhistorique [1] :

« À présent nous étions sûrs de nous en tirer. Oui, même si elle descendait encore plus au sud, cette grande calotte de glace, serait-ce jusqu'en Afrique. Et quand la bourrasque soufflait du nord, nous empilions tout ce que nous avions de broussaille et de troncs brisés, et flambe le bûcher ! Il en ronflait et rugissait. La grande affaire, c'était de se

---

1. R. Lewis, 1960, *Pourquoi j'ai mangé mon père*, Actes Sud, Arles, 1990.

fournir en combustible. Une bonne arête de silex vous taillera en travers une branche de cèdre de quatre pouces en moins de six minutes, encore faut-il avoir la branche. Heureusement, les éléphants et les mammouths nous gardaient au chaud : c'était leur bienheureuse habitude d'éprouver la force de leurs trompes et de leurs défenses à déraciner les arbres. Plus encore le vieil *Elephas antiquus* que le modèle récent, parce qu'il trimait dur à évoluer, le pauvre, et rien ne soucie plus un animal en évolution que la façon dont ses dents progressent. Les mammouths, eux, en ces jours-là, se considéraient comme à peu près parfaits. S'ils arrachaient des arbres, c'était quand ils étaient furieux ou voulaient épater les femelles. À la saison des amours, il suffisait de suivre les troupeaux pour se fournir en bois de chauffage. Mais la saison passée, une pierre bien envoyée derrière le creux de l'oreille faisait souvent l'affaire, pour un mois... »

L'homme destructeur

Dans ses déplacements – migrations, invasions militaires ou voyages – l'homme a toujours répandu avec lui, accidentellement ou volontairement, d'autres espèces : plantes pour sa nourriture ; animaux de compagnie ; gibier pour les plaisirs de la chasse...

Ainsi, parce que les New-Yorkais du XIXe siècle désiraient avoir autour d'eux toutes les espèces d'oiseaux citées dans les œuvres de Shakespeare, on retrouve aujourd'hui outre-Atlantique, notamment, l'étourneau d'Europe et le moineau domestique – deux envahisseurs introduits ayant particulièrement réussi. Mais c'est à Hawaï que l'introduction de passereaux fut la plus massive – et la plus néfaste pour les espèces indigènes.

Mais ces hommes introduisirent aussi, sans le vouloir, nombre de parasites ou de maladies qui firent souvent beaucoup plus de ravages. Si les effets des pathogènes et des parasites – et d'autres espèces introduites – sur la biodiversité locale n'ont guère été étudiés, on les connaît au moins dans quelques cas – lorsqu'ils furent spectaculaires et touchèrent directement ou indirectement notre propre espèce.

Si l'on en juge par l'impact sur l'homme des maladies introduites, on peut imaginer qu'il en fut ainsi également pour d'autres animaux et probablement pour des plantes.

Dans leur ouvrage consacré aux épidémies dans l'histoire de l'homme, Jacques Ruffié et Jean-Charles Sournia ont raconté les ravages produits par les maladies importées en Amérique par les conquistadores :

« On ne manque pas de rappeler que la conquête des vastes empires aztèque et inca rigoureusement administrés fut rendue facile à quelques centaines de conquistadores parce qu'ils avaient des armes à feu, des chevaux ou de la poudre, autant d'éléments qui leur donnaient une supériorité tactique écrasante. *Mais ils portaient aussi en eux, sans le savoir, les germes de maladies qui firent de leur conquête, sans qu'ils l'aient voulu, le plus gigantesque génocide que l'humanité ait jamais connu* [1]. »

La variole, qui éclata à Hispaniola (Saint-Domingue) en 1518 et où les indigènes périrent en grand nombre, « débarqua » au Mexique deux ans plus tard, transportée par un esclave noir du capitaine Porfirio Narvaez en même temps que l'armée envoyée par Cortès en renfort. Les ravages qui en résultèrent, et l'effet psychologique produit par le fait que le fléau épargnait les envahisseurs, empêchèrent Montezuma et son armée, qui avaient pourtant réussi à débarrasser Mexico-Tenochtitlán de sa garnison espagnole, de poursuivre les conquérants et d'exploiter pleinement leur succès. Du Mexique la variole passa au Guatemala puis gagna l'empire inca vers 1525, préparant le terrain à Pizarre. L'hécatombe se renouvela, et, fait aggravant, les chefs n'étaient pas épargnés, puisque tombèrent successivement l'Inca Huayna Capac, puis le prince héritier Nina Cayuchic : Pizarre pouvait tirer les marrons du feu. Comme si cela ne suffisait pas, la rougeole fit son apparition entre

---

1. J. Ruffié et J.-C. Sournia, *Les Épidémies dans l'histoire de l'homme*, Flammarion, Paris, 1984.

1530 et 1531 au Pérou puis au Mexique et ses ravages ne furent pas moindres – sans parler du typhus et de la grippe qui éclatèrent, respectivement, en 1546 et 1558 :

« Les démographes et les historiens estiment aujourd'hui qu'en 1568 la population du Mexique n'avait plus que trois millions d'âmes, soit le dixième d'avant la conquête ; et elle allait encore tomber à un million six cent mille en 1620... Ce génocide amena la disparition complète de plusieurs civilisations, faute de personnes pour transmettre les traditions et faute de jeunes pour les recevoir, face à une autre culture particulièrement agressive », concluent Ruffié et Sournia. Et naturellement, cela n'exclut pas une autre analyse, qui est que ces civilisations portaient déjà en germe les causes de leur propre disparition.

Mais il n'y a pas que les maladies de l'homme. Sont introduits aussi accidentellement des virus et autres pathogènes qui peuvent provoquer des dégâts considérables dans la faune sauvage – rappelons le cas de la peste bovine en Afrique de l'Est – ou la flore. Le châtaignier américain, composante importante des forêts de la partie orientale de l'Amérique du Nord (il pouvait y représenter jusqu'à 40 % des arbres), fut pratiquement réduit à l'extinction au début de ce siècle par une maladie cryptogamique, la pourriture du châtaignier. D'abord enregistrée près de New York, suite à une introduction accidentelle en nursery, en provenance d'Asie où l'espèce est endémique, elle se répandit partout sur le continent américain.

L'extinction est seulement une des trois réactions qu'une population peut avoir quand change son environnement : elle peut aussi émigrer ou s'adapter [1] ; l'histoire de notre espèce en est un excellent exemple ! Comment les espèces répondent-elles aux changements et quelles caractéristiques influencent le sens de la réponse ? Ce sont des questions centrales en biologie évolutive.

La forme la plus étudiée de perturbation physique est la

---

1. Dans certains cas l'adaptation peut consister à transformer le milieu lui-même, comme savent le faire les castors ou les termites, par exemple, et comme y excelle notre propre espèce.

fragmentation d'un habitat autrefois continu en refuges insulaires. Quand, avec l'achèvement du canal de Panama en 1914, Barro Colorado devint une île sur le lac Gatun, une réduction progressive de la diversité des oiseaux commença, laquelle en 1981 correspondait à une extinction locale d'au moins 50 espèces forestières, soit 20 % des 237 présentes à l'origine.

Un autre exemple instructif d'extinction à grande échelle consécutive à une dégradation de l'environnement physique est la diminution des faunes ichtyologiques des rivières du centre et du sud-est des États-Unis. Sont ici en cause la déforestation, la pollution et l'édification des digues, autant de facteurs d'altération des habitats d'eau douce.

L'homme est assurément un grand façonneur de paysages, donc un destructeur de milieux naturels. Il est banal aujourd'hui d'insister, dans les cercles conservationnistes, sur la destruction des forêts tropicales et la dégradation des écosystèmes naturels dans les pays du tiers monde – oubliant un peu vite que les grands paysages européens sont dans une large mesure l'expression de l'homme. Cependant, il reste vrai que c'est surtout dans le tiers monde que l'on enregistre de nos jours les dégradations les plus préoccupantes des milieux naturels. Cette inquiétude culmine à propos des forêts tropicales, ce qui s'explique pour trois raisons :

1. Il s'agit des écosystèmes parmi les plus riches en diversité biologique de la planète.

2. La majorité des espèces animales et végétales de ces forêts y ont des densités très faibles et une distribution souvent très localisée ; nombre d'entre elles sont endémiques, c'est-à-dire spécifiques de la région considérée ; beaucoup dépendent pour leur survie de relations biologiques complexes – mutualisme, symbiose, spécialisations trophiques... Bref, il s'agit d'espèces particulièrement vulnérables à l'extinction par réduction de l'habitat.

3. On en maîtrise mal la régénération, d'une part parce que les graines de la plupart des essences tropicales se conservent mal, à la différence des graines des espèces tempérées, d'autre part par suite des relations complexes

évoquées au point 2 (germination, pollinisation ou dispersion des graines dépendant d'autres espèces parfois très spécialisées et souvent inconnues – qu'il s'agisse de champignons mycorhiziens, d'insectes ou de vertébrés).

En vue d'orienter les politiques de conservation de la biodiversité, Norman Myers[1] a cherché à distinguer des sites prioritaires. C'est ainsi qu'il a élu dans le monde entier, parmi l'ensemble des forêts tropicales primaires, dix « points chauds » ou hauts lieux de la biodiversité, qui représentent 3,5 % de leur surface actuelle mais renferment 27 % des espèces de plantes supérieures tropicales. C'est entre autres le cas de Madagascar, dont 80 % des 7 900 espèces recensées sont endémiques (sans parler de la faune !)[2] ; de la Nouvelle-Calédonie, avec 1 580 espèces de phanérogames et 89 % d'endémiques ; de la forêt atlantique du Brésil, avec, sur 10 000 espèces connues, la moitié d'endémiques, etc.

On sait les menaces qui pèsent sur les forêts tropicales : le taux moyen annuel de déforestation est estimé à 0,6 %, aussi bien en Afrique tropicale qu'en Amérique ou en Asie. Mais ces taux peuvent être nettement plus élevés dans certains pays : 6,5 % en Côte d'Ivoire, 5 % au Nigeria, 4,7 % au Paraguay, 4,3 % au Népal[3].

Mais si l'on fait référence à l'état « initial », avant les

---

1. N. Myers. « Threatened Biotas : " Hotspots " in Tropical Forest », *Environmentalist*, 8 : 1-20, 1988.

2. Madagascar est une grande île pour le géographe – 594 180 km² – mais un mini-continent, si l'on considère la diversité et l'originalité de sa faune et de sa flore. À 400 km du continent africain, elle en est isolée depuis 200 millions d'années. Véritable laboratoire de l'évolution, on y enregistre les taux d'endémisme les plus élevés au monde : – 28 des 30 primates malgaches sont limités à cette île (dont 4 familles sur 5 inconnues ailleurs) ; – 8 des 9 espèces de carnivores, 237 des 269 reptiles, 142 des 144 amphibiens, 128 des 133 palmiers sont propres à Madagascar. Même les oiseaux, qui présentent un endémisme plus modeste (106 des 250 espèces), incluent 3 familles endémiques. Les 7 900 plantes à fleurs de Madagascar constituent 20 % environ des plantes de la région africaine – dont l'île ne représente que 1,9 % de la surface, et, avec 5 familles endémiques, 80 % d'entre elles sont endémiques. Depuis l'arrivée de l'homme il y a 1 500 à 2 000 ans et par son fait, on déplore l'extinction de l'hippopotame pygmée, de deux tortues géantes, de l'oiseau-éléphant qui, avec un poids de 500 kilogrammes, est le plus grand oiseau connu, et d'au moins six genres de lémuriens, tous de grande taille.

3. McNeely *et al.*, *Conserving the World's Biological Diversity*, IUCN, Gland, Suisse, 1990.

effets de la colonisation, les écosystèmes tropicaux ont vu leur surface réduite à 35 % en Afrique et 33 % en Asie. Dans certains cas, particulièrement les points chauds évoqués ci-dessus, la destruction a été beaucoup plus sévère : Madagascar n'a plus que 17 % de ses forêts primitives, la Nouvelle-Calédonie 10 % et la forêt atlantique du Brésil est réduite à 2 % de sa surface originelle !

Bien que les activités humaines provoquent la fragmentation du milieu à une échelle sans précédent, les fluctuations de taille d'habitat ne sont pas nouvelles. Les changements du niveau des mers à l'avancée et au recul des glaciers provoquèrent au Pléistocène de grands changements dans la taille des îles et les distances entre elles. Les épisodes de coalescence ou de fragmentation des habitats accompagnaient les glissements climatiques. Le taux d'extinction des grands mammifères en Amérique du Nord a été élevé pendant le Pléistocène du fait de l'avancée périodique des glaciers qui réduisaient les aires habitables, phénomène particulièrement sensible pour des animaux à grand domaine vital – c'est-à-dire les grandes espèces.

Ces phénomènes n'épargnèrent pas les forêts tropicales dont on parle tant aujourd'hui : elles connurent, en Afrique comme en Amérique, des réductions drastiques (fig. 38), à l'origine sans doute de vagues d'extinction mais aussi de phénomènes de spéciation qui expliquent peut-être l'exceptionnelle diversité qu'elles connaissent aujourd'hui, avec un taux d'endémisme élevé.

Même en mer, où les extinctions d'origine humaine sont heureusement encore rares, le refroidissement du début du Pléistocène, il y a 1,1 à 1,8 million d'années, et les autres facteurs associés devaient entraîner 20 % de réduction dans les faunes-mollusques des côtes de Floride et jusqu'au nord du Maryland. À la même époque, 50 % de la faune de gastropodes du bassin de la Mer du Nord s'éteignaient.

L'acquisition d'armes par l'homme est un exemple d'amélioration du prédateur contre lequel la plupart des mammifères, déjà rares, étaient incapables de répondre évolutivement. Regardons ce qui est arrivé aux mammifères des Amériques après l'arrivée de l'homme, à la fin du Pléisto-

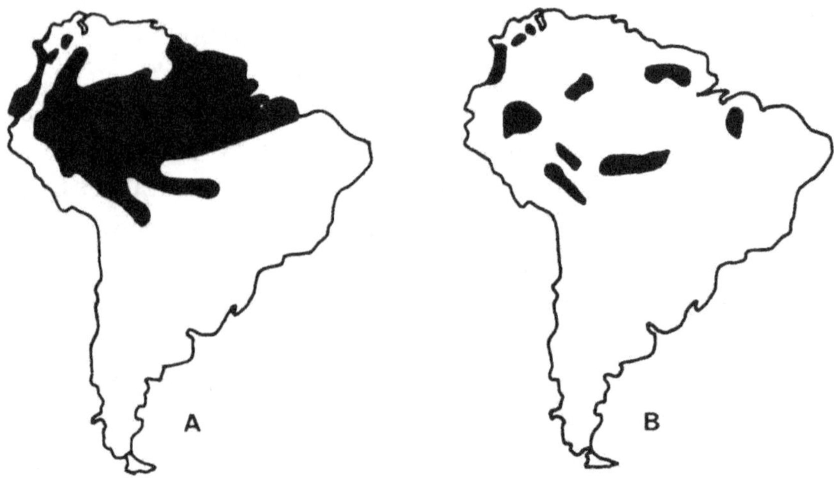

Figure 38 : Comparaison entre, à gauche, la distribution actuelle de la forêt amazonienne et, à droite, une reconstitution encore très spéculative de l'état morcelé qu'elle a dû connaître à diverses reprises il y a moins de 50 000 ans, au cours d'épisodes plus froids et plus secs du Pléistocène [1].

cène. Larry Marshall [2], du museum de Chicago, estime dans son analyse incisive de l'histoire des mammifères sud-américains, que 45 des 120 genres de mammifères terrestres sud-américains s'éteignirent il y a environ 15 000 ans, un certain temps après l'arrivée des hommes. En Amérique du Nord, à la même époque, c'est 32 des 114 genres qui s'éteignaient. La grande majorité de ces extinctions affectait les grandes formes.

De nombreuses autres extinctions sont imputables à l'homme-chasseur. Les six espèces d'oiseaux qui se sont éteintes en Amérique du Nord depuis 1600 ont toutes été décimées par la chasse.

Une deuxième et indirecte cause biologique d'extinction est l'invasion par une espèce étrangère. Dans les communautés terrestres, les envahisseurs les plus dévastateurs sont

---

1. D. Simberloff, « Are we on the Verge of a Mass Extinction in Tropical Rain Forests ? » : 165-180, *in* D. K. Elliott (éd.), *Dynamics of Extinction*, Wiley-Interscience, New York, 1986.
2. L. G. Marshall, « The Great American Interchange – an Invasion Induced Crisis for South American Mammals » : 133-229, *in* M. H. Nitecki (éd.), *Biotic Crises in Ecological and Evolutionary Time*, Academic Press, New York, 1981.

des espèces introduites par l'homme délibérément ou accidentellement. L'introduction de chèvres, rats, mangoustes et moustiques a été particulièrement destructrice dans les îles océaniques. Certains auteurs pensent que la presque totale destruction de l'avifaune hawaïenne – depuis 1850, 85 % des espèces endémiques se sont éteintes ou ont été dangereusement réduites – résulte de l'expansion de la variole et du paludisme aviaires transmis par un moustique introduit en 1826.

La disparition d'une espèce représente davantage que la simple perte d'une entité biologique ; elle marque aussi un changement dans l'environnement sélectif des espèces survivantes. Celui-ci peut affecter en cascade beaucoup d'espèces si la première éteinte interagissait avec beaucoup d'autres. Curieusement, ce point a reçu peu d'attention de la part des biologistes.

Un bon exemple des effets potentiellement profonds de la disparition d'une seule espèce est le cas de la loutre de mer. Ce mammifère était en effet au bord de l'extinction quand, au milieu des années soixante, des mesures de protection permirent aux populations de Californie et d'Alaska de commencer à « repartir ». Les zones où les loutres viennent s'alimenter sont dominées par de grands herbiers d'algues, avec de relativement basses densités d'oursins, d'ormeaux et autres brouteurs de fond. De plus, ces espèces sont confinées aux crevasses où les loutres, qui s'en nourrissent abondamment, ne peuvent les trouver. En l'absence de loutres, les brouteurs se multiplièrent et détruisirent une quantité d'algues.

Il est probable que les herbiers étaient plus localisés lorsque la loutre n'était pas exploitée par l'homme. La quasi-disparition de la loutre relâcha la pression qu'elle exerçait sur les invertébrés brouteurs et changea le caractère et l'intensité de la sélection pour une meilleure aptitude compétitive chez ces derniers et une chimie de résistance aux brouteurs chez les algues. La surpêche des homards et langoustes dans le nord-est de l'Atlantique au sud de la Californie eut des effets similaires sur la distribution d'autres invertébrés et algues ainsi que sur les conditions sélectives subies par ces espèces.

L'homme novateur

Si, dans sa prodigieuse conquête du monde, l'homme a beaucoup détruit, modifié, perturbé – comme tout type d'organisme qui s'impose – il a aussi joué un rôle créateur.

Cette action s'est faite de multiples façons : par la diffusion d'espèces végétales, animales et microbiennes, volontaire ou accidentelle ; par la transformation des paysages ; par sa nature d'hôte privilégié pour de nombreux parasites qui ont pu s'y diversifier ; par sa lutte contre certains ravageurs, qui a favorisé l'évolution de mécanismes de résistance ; par sa manipulation directe des espèces, enfin.

Tous ces points ont été au moins effleurés, ici ou là, dans les chapitres précédents. Peut-être convient-il d'insister ici de nouveau sur la sélection agronomique comme source de biodiversité et sur l'ingénierie génétique dans sa composante créatrice.

L'agriculture est apparue il y a 7 à 10 000 ans, en différents points du globe, quand des hommes ont commencé à semer des graines de plantes sauvages pour produire de quoi manger : graines de graminées à l'origine du blé et de l'orge au Proche-Orient, du riz en Extrême-Orient, du maïs au Mexique ; courges, piments et haricots dans ce même pays ; pommes de terre au Pérou. Avec la mise en culture d'espèces sauvages et le souci d'obtenir de nouvelles récoltes apparaît la sélection : le paysan *choisit* les semences qu'il va conserver pour assurer les futures récoltes, en fonction des caractères qu'il apprécie et qu'il repère sur la plante-mère. C'est ce processus de sélection artificielle, longtemps empirique, qui a permis au cours des siècles le développement des plantes cultivées actuelles. Elles procurent à des populations de plus en plus nombreuses un approvisionnement en nourriture plus important et plus prévisible. Ces plantes *domestiquées* ne constituent, certes, qu'une infime fraction des espèces exploitables, mais représentent une diversité prodigieuse de variétés que l'on appelle des *cultivars*.

Comme le souligne Pierre Guy[1], de l'INRA, « un bon cultivar est adapté à l'usage que l'homme veut en faire. Il est donc contingent à une certaine technologie, à une certaine économie. Il rassemble les meilleures combinaisons alléliques dans l'état le plus hétérozygote possible. Cela explique le succès de variétés hybrides. *La contrepartie de son légitime succès est l'élimination des autres formes, des variétés plus anciennes.* » Ainsi certaines variétés ont-elles pu devenir largement dominantes, telles que la pomme Cox's Orange Pippin en Grande-Bretagne ou la Golden Delicious et le colza Bienvenue en France – au point de représenter jusqu'à 95 % du marché. On a relevé par ailleurs les risques que cela pouvait entraîner, l'appauvrissement génétique favorisant la probabilité d'occurrence d'épidémies et leur ampleur : rouille du caféier ou du blé, helminthosporiose du maïs à cytoplasme Texas.

Cependant, il serait erroné de ne voir dans la sélection moderne qu'un processus réducteur de biodiversité. C'est d'ailleurs plutôt l'effet du marché qui entraîne un risque d'appauvrissement de la diversité variétale par exclusion compétitive – c'est-à-dire l'effet de la demande, spontanée ou suscitée. La vocation première de la sélection est bien de créer et d'entretenir une variabilité génétique différente : il suffit de contempler la diversité des races de chats ou de chiens et de certains arbres fruitiers, sans parler des nouvelles variétés de colza, du ray-grass hybride.

« De génération en génération, le sélectionneur trie, façonne, crée des types hautement improbables. Il rassemble des gènes de la domestication qui rendent les cultivars souvent mal adaptés à la vie spontanée, sauvage (indéhiscence, nanisme, gros grain...). *La sélection sans préservation de la variabilité génétique est un cul-de-sac évolutif*[2]. »

En fait, l'amélioration des plantes passe par l'exploita-

---

1. Pierre Guy, « De l'avenir de la diversité biologique chez les végétaux », *Courrier de la cellule Environnement* n° 12 : 15-24, INRA, 1990.
2. *Ibidem.*

tion de la diversité génétique et spécifique naturelle. Conserver cette diversité est donc un impératif pour poursuivre l'activité de sélection : parce que le vivant est soumis à évolution, il n'y a jamais d'acquis définitif ; s'arrêter c'est être dépassé, comme le soutient la théorie de la Reine rouge.

La qualité du café que vous buvez dépend de tout un travail préalable d'analyse de la diversité des variétés disponibles et de sélection. Jean Pernès [1], en s'appuyant notamment sur les travaux d'André Charrier, en fait un récit tout à fait passionnant que je résumerai ici.

Ce que les spécialistes appellent le « complexe des caféiers » regroupe plusieurs dizaines d'espèces de la famille des rubiacées, originaires de la région afro-malgache. La diffusion de la culture du caféier s'est faite, au cours du XVIIIe siècle, exclusivement à travers l'espèce *Coffea arabica*, originaire d'Éthiopie où elle était cultivée depuis longtemps, et cela à partir de quelques graines seulement, c'est-à-dire d'un matériel végétal à base génétique limitée. Ce n'est qu'à la fin du XIXe siècle et au début du XXe siècle que l'on a tenté de substituer à cette espèce, dans certains pays, d'autres variétés plus tolérantes aux maladies qui provoquaient parfois des dégâts considérables, telles que la rouille *Hemileia vastatrix*. Ces recherches ont permis d'apprécier les potentialités agronomiques des différentes espèces de caféiers qui se rencontraient sous forme spontanée, dans les forêts africaines. C'est finalement l'espèce *Coffea canephora* qui a été retenue, pour ses qualités de vigueur et de résistance aux maladies.

L'aire de répartition de cette espèce est très vaste en Afrique, de sorte que les plantations de nombreux pays ont été installées à partir du matériel végétal trouvé localement en forêt, dans des populations spontanées. L'essor des travaux de sélection, dans le cas des caféiers, date du début du siècle. Les efforts ont porté sur deux aspects : l'amélioration à l'intérieur de chaque espèce, mais égale-

---

1. J. Pernès, *Gestion des ressources génétiques des plantes*, Agence de coopération culturelle et technique, Lavoisier, 1984.

ment le tri des espèces les plus prometteuses pour la mise en culture. Les deux points retenus comme critères de sélection étaient la qualité du produit, avec *C. arabica*, et la capacité de production, avec *C. canephora*, espèce à croissance vigoureuse et peu attaquée par les différents parasites végétaux et animaux. Ce n'est que plus récemment que la teneur en caféine des grains de café est devenue un autre critère de sélection.

Derrière tout ce travail d'amélioration réside une intense activité de prospection, d'analyse génétique [1], d'étude de la résistance aux maladies. La leçon qui s'impose est que la biodiversité sauvage est le grand réservoir où puise le sélectionneur. Les développements récents du génie génétique, ses succès et ses promesses, ne changent rien à l'affaire : le stock de gènes où puiser est celui qui s'est constitué au cours de l'évolution et qu'entretient et renouvelle la dynamique des systèmes écologiques.

Enfin, ne sous-estimons pas la capacité de l'homme à concilier diversité biologique et culture, contraintes économiques et beauté, même et surtout dans une perspective d'*exploitation durable*. Je l'ai déjà évoqué à propos de la lutte biologique intégrée, de la création de paysages diversifiés. Mais l'agroforesterie tropicale en est certainement un des plus beaux exemples, et elle vaut d'être citée à l'heure où l'on parle beaucoup de la biodiversité fabuleuse des forêts tropicales, des menaces qui pèsent sur elles. « L'agroforêt doit être considérée comme la manifestation la plus achevée d'une tendance générale, typiquement tropicale, qui consiste à associer entre elles des plantes utiles de dimensions diverses, ainsi que des animaux utiles, sur une même parcelle de terre. Cette tendance donne naissance à une vaste gamme de systèmes agricoles, allant des plus complexes, probablement les grandes agroforêts de Sumatra, aux plus simples, qui ressemblent superficiellement à des monocultures, mais qui continuent à

---

1. On sait que le nombre de chromosomes de base est, chez les caféiers, N = 11. L'espèce *C. arabica* est tétraploïde (2N = 44) tandis que toutes les autres espèces sont diploïdes (2N = 22). L'hybridation entre ces diverses espèces est possible à des degrés divers.

associer de nombreuses espèces utiles de plantes et d'animaux [1]. » Et Francis Hallé poursuit, en un magnifique passage consacré à ce qu'il appelle l'admirable rizière indonésienne, et qui montre l'exploitation harmonieuse, savante, *cultivée* qui peut être faite de la nature : « Saviez-vous qu'une petite gymnastique oculaire autorise, à volonté, deux regards différents sur une rizière inondée ? Soit vous observez le riz et la surface de l'eau, soit votre attention se porte à plus grande distance, sur les reflets du ciel, des palmiers et des montagnes mauves ; alors la rizière tout entière se met à ressembler à un vitrail, dont les joints de plomb sont les diguettes. Plusieurs variétés de riz sont associées, autant pour pallier les aléas climatiques que pour satisfaire aux besoins culinaires, qui sont nombreux et raffinés : riz blanc, riz rouge, riz noir, riz gluant, etc. Des fougères aquatiques, les azolles, dont les paysans connaissent empiriquement l'action bénéfique, sont enfouies dans le sol afin de l'amender ; depuis quelques années, l'agronomie scientifique s'intéresse au rôle des azolles en tant qu'engrais azoté ; ces fougères vivent en symbiose avec des cyanobactéries capables de fixer l'azote atmosphérique et de le restituer au sol. Cela s'ajoute aux déjections des buffles qui assurent les labours et la rizière est hautement productive, capable d'assurer deux, trois ou même quatre récoltes dans l'année, avec des variétés modernes de riz. Lors de la mise en eau, les paysans introduisent dans chaque parcelle des alevins de différentes espèces de poissons (carpes, tilapias), qui, en grandissant, assurent un contrôle efficace des parasites et des prédateurs du jeune riz ; cette lutte biologique empirique se double d'une amélioration du sol de la rizière par les déjections des poissons et d'un apport protéique fort apprécié lors de la récolte : tout le monde aime le riz, mais le riz au poisson, c'est encore meilleur [2] ! »

---

1. F. Hallé, *Un monde sans hiver. Les tropiques, nature et société*, Le Seuil, Paris, 1993.
2. *Ibidem.*

Nord/Sud : les germes d'une incompréhension

La pression majeure qui s'exerce sur la biosphère est, directement ou indirectement, le fait de l'homme : transformation des paysages (déforestation, désertification, mise en culture) ; propagation et exploitation d'espèces ; émission de substances qui modifient les équilibres écologiques dans les eaux et dans les sols ; libération en concentration croissante, dans l'atmosphère, de gaz à longue durée de vie (gaz carbonique, méthane, dérivés nitrés, chlorofluorocarbures ou CFC) qui, par leur spectre d'absorption, agissent sur le bilan radiatif de la Terre et affectent à terme le climat de la planète, etc.

Il est donc clair que l'équilibre de la biosphère dépend d'abord de la croissance *et* de la population mondiale *et* du niveau de développement de ses divers ensembles – puisque ce sont là, actuellement et pour quelques décennies, les facteurs multiplicateurs majeurs de l'impact de l'homme sur la planète et ses ressources.

Dans les années soixante certains écologistes brandissaient le spectre de la « bombe P » pour attirer l'attention sur le caractère clé de l'explosion démographique et les menaces qu'elle représentait pour l'équilibre et le futur de la planète. Or, comme le note François Ramade [1], la bombe P n'a pas été désamorcée au cours de la dernière décennie : « Si l'on excepte les conséquences d'une guerre nucléaire, la croissance démographique constitue le problème d'environnement le plus grave auquel la civilisation humaine ait jamais été confrontée. Cependant, à la différence du danger nucléaire, il ne s'agit pas d'un risque potentiel, car nous sommes déjà en train de subir les conséquences catastrophiques de l'explosion démographique contemporaine. La majorité des problèmes d'environnement et presque chaque difficulté d'ordre social et pratique sont exacerbés, voire

---

1. F. Ramade, *Les Catastrophes écologiques*, McGraw-Hill, 1987.

même découlent de la croissance anarchique des populations humaines. »

S'il est vrai, fait encourageant, que l'on a relevé un ralentissement des taux de natalité, il reste que la *vitesse* d'accroissement des effectifs humains est actuellement à son maximum. Il a fallu plus de deux millions d'années pour que la population humaine atteigne un milliard d'individus, au début du XIXᵉ siècle. En 1930 était atteint le seuil de 2 milliards, soit un doublement en 130 années environ. C'est en 1975 qu'est franchi le seuil des 4 milliards, soit un doublement en 45 ans. Le prochain doublement, c'est-à-dire le franchissement du seuil de 8 milliards d'habitants, pourrait être effectif dans les années 2025, soit un doublement en 50 ans dans l'hypothèse moyenne des Nations Unies. Au-delà du nombre des individus il faut souligner que le facteur décisif est ici la *vitesse* de croissance de la population. Les délais et niveaux de stabilisation des effectifs mondiaux varient en effet selon que l'on adopte des hypothèses basse, moyenne ou haute quant à la croissance démographique dans les décennies qui viennent. Dans le cas le plus favorable, selon l'hypothèse basse des Nations Unies, la stabilisation des effectifs ne se produirait pas avant la moitié du XXIᵉ siècle, à un niveau de sept milliards et demi. On retient cependant habituellement l'hypothèse moyenne qui prévoit une stabilisation à 10 milliards vers l'année 2100 [1].

Mais au-delà de cette perspective globale il est essentiel d'être attentif aux disparités régionales qu'elle dissimule : il y a là aussi, sinon matière à inquiétude, du moins matière à réflexion. De fait, les effectifs, les taux d'accroissement annuel et la surface cultivée par habitant sont très différents selon les régions considérées (tableau VI).

Au-delà du contraste général entre pays développés et pays en voie de développement, où les taux d'accroissement annuel sont actuellement de 0,5 et 2,1 %, respectivement, on relève d'importantes différences entre régions. Le taux de croissance moyen de l'humanité, soit 1,8 % en 1990, recouvre des écarts considérables − comme entre la valeur

---

1. Z. Massoud, *Terre vivante*, Éditions Odile Jacob, Paris, 1992.

négative relevée dans ce qui était la République fédérale d'Allemagne et les valeurs maximales de 3,1 % ou de 3,8 % relevées, respectivement, en Algérie et au Kenya (qui correspondent à des temps de doublement des effectifs de 22 et 18 ans). La surface cultivée par habitant est minimale – 0,10 à 0,12 hectare par habitant – dans des pays aussi divers écologiquement et économiquement que le Kenya, l'Indonésie, la Chine ou la RFA (tableau VI).

On remarque toutefois que dans la quasi-totalité des pays développés la population est stationnaire ou en passe de l'être tandis qu'à l'opposé la plupart des pays en voie de développement restent exposés à une croissance démogra-

Tableau VI

Principaux paramètres caractérisant la situation démographique
actuelle de quelques pays pris à titre de référence
pour illustrer l'hétérogénéité des situations régionales
dans le monde

Pays	Effectif atteint en 1990 (en millions)	Taux de croissance démographique annuel (en %)	Temps de doublement des effectifs (en années)	Surface * cultivée par habitant (en ha)
Kenya	24,6	3,8	18	0,11
Algérie	25,6	3,1	22	0,32
Nigeria	118,8	2,9	24	0,33
Bangladesh	114,8	2,5	28	0,09
Inde	853,4	2,1	33	0,22
Indonésie	189,4	1,8	38	0,11
Chine	1 119,9	1,4	49	0,10
Cuba	10,6	1,2	60	0,32
Mexique	88,6	2,4	29	0,30
ex-URSS	291,0	0,9	80	0,80
France	56,4	0,4	157	0,34
Suède	8,5	0,2	311	0,37
ex-RFA	63,2	0,0	(–)	0,12
États-Unis	251,4	0,8	92	0,78
Pays développés	1 214,0	0,5	128	0,56
Pays en voie de développement	4 107,0	2,1	33	0,22
Monde	5 321,0	1,8	39	0,30

* Situation en 1985.

phique préoccupante. Cela résulte du fait que, si les taux de mortalité ont chuté spectaculairement dans les pays en voie de développement au point de rejoindre ceux observés en pays développés, les taux de natalité y conservent des valeurs très élevées.

Je ne m'engagerai pas dans une spéculation sur les taux de croissance que l'on connaîtra dans les années et décennies à venir, qui dépendront probablement des niveaux de développement économique réalisés par les pays considérés. Mon propos est seulement de souligner ici l'importance de la dimension démographique des menaces qui pèsent sur la biosphère – que l'on se préoccupe de la conservation des ressources ou du devenir de l'Homme [1].

Dans les deux cas il convient de ne pas réduire la disparité Nord/Sud à sa dimension purement démographique. Sur cette seule base on en arriverait à préconiser, comme solution aux problèmes d'environnement à l'échelle planétaire, une croissance zéro *et* de la population *et* de la consommation des ressources – ce que seuls peuvent se permettre les pays développés. Or cela reviendrait à faire peser sur le seul tiers monde toute la responsabilité des déséquilibres qui menacent et tout le fardeau de la conservation de la biosphère. C'est non seulement inacceptable pour des pays qui doivent poursuivre leur développement, mais aussi incorrect sur le plan écologique et économique et, finalement, dangereux du point de vue géopolitique, compte tenu de l'esprit de solidarité planétaire qu'il conviendrait de promouvoir. Il faut rappeler en effet que les nations développées consomment une part bien plus importante des ressources *mondiales* que les nations

---

1. S'il est vrai que l'homme est bien autre chose qu'une espèce animale parmi d'autres, alors l'heure est venue d'en apporter définitivement la preuve. Le défi est clairement posé, à nous tous, citoyens de toutes les nations du monde : quelle vie voulons-nous, pour nos enfants et petits-enfants ? Quel monde sommes-nous en train de leur préparer ? Voilà le débat qu'il faut ouvrir, un débat de civilisation. Il dépasse, certes, la seule question de la croissance démographique, mais celle-ci y tient véritablement une place centrale. Les *enjeux* sont considérables – il y va de notre survie sinon d'espèce animale du moins *d'être humain* – et il est temps que cessent les jeux stupides : « Quand les sociétés sont malades et que les politiques " visent trop bas ", la démocratie devient carnivore » écrit justement Franz-Olivier Gisbert. (*La Fin d'une époque,* Fayard/Seuil, Paris, 1993.)

en voie de développement : on estime que la consommation par tête dans ces dernières ne représente que 1 % de celle des pays développés et que 81 % de la consommation mondiale du carbone fossile, par exemple, est le fait du cinquième de l'humanité que représentent ces derniers. En d'autres termes, l'impact sur la biosphère des pays développés est, depuis longtemps, bien plus considérable que celui des pays en voie de développement. Les pays du Nord doivent donc aujourd'hui assumer cette responsabilité et devront supporter, sous une forme ou sous une autre, la plus grosse part des coûts que comportera une véritable gestion des ressources de la planète, où pays du Nord et pays du Sud agiront de concert. Là n'est pas la moindre difficulté !

Chapitre 10

Les espèces sont mortelles

La vie est la première partie de la mort.
Le mystère de Jean l'Oiseleur, Jean Cocteau.

On l'a dit des civilisations – et il serait temps de s'en souvenir ; on le sait des individus : naître, c'est devoir mourir un jour. Eh bien, cela est vrai aussi des populations et des espèces : l'extinction est le destin de toute forme vivante.

Les données paléontologiques et écologiques permettent de distinguer trois types d'extinctions :

1. Les extinctions de base, ordinaires, pourrait-on dire, ou normales, qui correspondent au flux moyen des disparitions.

2. Les extinctions de masse, caractérisées par une soudaine élévation de ces taux moyens de disparition, sur de vastes zones géographiques et pour une grande diversité de taxons.

3. Les extinctions anthropogéniques, qui résultent des effets directs et indirects des activités humaines.

Les extinctions de ce troisième type sont en passe de revêtir tous les traits de celles évoquées au point 2, à cela près que le phénomène s'inscrit dans une période de temps beaucoup plus réduite.

La vie des uns est liée à la mort des autres. L'émergence de nouvelles espèces, de nouveaux types d'organismes a pour revers ou condition la disparition d'espèces « dépassées », l'extinction de formes de vie apparues antérieurement. Sénescence des individus, vieillissement des espèces, sclérose des civilisations : l'évolution qui, par le jeu de la sélection naturelle (ou par d'autres mécanismes relevant de la dynamique des sociétés dans le dernier cas), accroît l'adaptation des populations à leur environnement, n'a pas promu d'individus ou de systèmes immortels.

Par son impact croissant sur le système géosphère-biosphère, la population humaine mondiale affecte de plus en plus fortement les autres espèces, directement et indirectement. Les actions directes relèvent de pratiques très anciennes – la chasse, la pêche, la sélection artificielle de races et variétés – qui prennent cependant aujourd'hui plus d'ampleur du fait de la croissance démographique et des progrès techniques. Les actions indirectes s'exercent par les transformations du milieu de vie des espèces : contribution, par l'amplification de l'effet de serre, à l'instauration de changements climatiques, modification des paysages, propagation de molécules toxiques ou de variétés et espèces qui en affectent d'autres.

Pour ces raisons et bien d'autres, d'ordre économique et social, d'ordre éthique aussi, la conservation de la diversité biologique est devenue l'un des enjeux des prochaines décennies : un grand programme scientifique international se met en place tandis qu'à la suite du Sommet de la Planète à Rio en juin 1992, les conflits d'intérêt s'exacerbent autour de la Convention sur la biodiversité.

L'objectif « conservationniste » prôné par certains défenseurs de la nature (mais de quelle nature ?), avec ses connotations de type fixiste, et ses fantasmes de virginité à préserver, est par trop étranger à ce que l'on sait aujourd'hui de la dynamique de la biodiversité et des changements planétaires passés et à venir. Il n'y a pas d'équilibre établi de la nature, de représentation ou d'état de référence définissable objectivement. On a parlé de la profusion du vivant : c'est dire que son essence même est, simultanément, naissance et mort, apparition et disparition. Il n'y a pas de vie sans transformations, sans remplacements.

Qui doit faire le choix ? Sur la base de quels principes ? La sauvegarde ou le déploiement de certaines espèces, sans parler encore de la nôtre, demande de l'espace, avec des milieux d'un type particulier. Privilégier les forêts, par exemple, c'est prendre parti pour les faunes et flores sylvicoles contre celles des milieux ouverts. Préconiser l'immobilisme, le non-interventionnisme, c'est favoriser les espèces envahissantes de milieux fermés ou de systèmes déjà artificialisés par suite de changements de paysages et/ou de la disparition de grands prédateurs – loups, lynx, par exemple.

La science ne permet pas de décider des choix mais ceux-ci peuvent être éclairés par des analyses scientifiques. De même, puisqu'il faut gérer cette diversité biologique, il est clair qu'il y a conflits d'intérêts – entre la nature et l'homme, mais aussi entre les différentes composantes de la communauté humaine.

Flux des espèces et crises du passé

L'étude des fossiles, la paléontologie, nous rappelle que toute espèce est appelée à disparaître. À partir des fossiles qui se sont succédé au cours des temps géologiques on peut reconstituer la durée de vie des espèces. Pour les mammifères du Tertiaire (entre 66 et 2 millions d'années) par exemple, la durée de vie moyenne des espèces se situe entre 2 et 8 millions d'années suivant les groupes considérés. Cependant, si quelques espèces, qualifiées de panchroniques, peuvent survivre jusqu'à des valeurs maximales de 7 à 20 millions d'années, la plupart ne dépassent pas 0,5 million d'années [1].

L'extinction est donc une propriété naturelle des espèces : celles-ci naissent, se développent et meurent, comme tout organisme. Des phénomènes de spéciation, aux taux égaux ou supérieurs aux taux d'extinction, permettent le maintien ou l'augmentation de la richesse des divers groupes au cours du temps.

En bref, toutes les espèces sont appelées à disparaître et à être remplacées dans la niche écologique qu'elles occu-

---

1. J. J. Jaeger et J. L. Hartenberger, « Diversification and Extinction Patterns among Neogene Perimediterranean Mammals », *Phil. Trans. R. Soc. Lond.*, B 325 : 401-420, 1989.

paient et, comme le souligne très justement Jean-Jacques Jaeger, directeur de l'Institut des sciences de l'évolution de Montpellier, la probabilité d'extinction est indépendante de l'ancienneté des espèces et une probabilité constante d'extinction normale régule la diversité des espèces au cours du temps.

Toutefois, à certaines époques de l'histoire de la Terre, on enregistre des épisodes d'extinctions en masse : au cours de ces périodes, qui à l'échelle géologique couvrent de 0,1 à 5 millions d'années (c'est important à souligner dans la perspective d'une comparaison avec l'époque actuelle, où l'échelle de temps de référence sera le siècle), le taux d'extinction est tellement élevé que la probabilité qu'un tel événement puisse être dû au hasard est quasiment nulle [1].

Actuellement, on reconnaît cinq crises majeures (figure 39). Celle qui marque la limite entre l'ère primaire et l'ère secondaire, ou crise permo-triasique, il y a

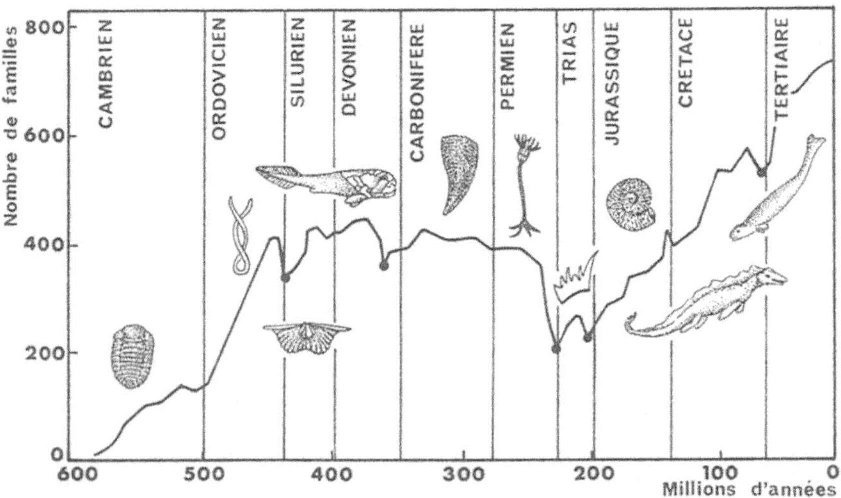

Figure 39 : La diversité biologique a augmenté depuis que la vie est apparue sur la Terre, mais elle a diminué plusieurs fois, lors d'extinctions en masse (points noirs). (D'après E. O. Wilson, « La Diversité du vivant menacée », © *Pour la science,* n° 145, p. 69, nov. 89.)

----

1. J. J. Jaeger, « Extinctions et crises : les leçons du passé », 273-284, *in Réactions des êtres vivants aux changements de l'environnement,* CNRS, 1991.

250 millions d'années, présente une ampleur exceptionnelle, puisque plus de 50 % des familles d'invertébrés marins s'éteignent alors [1]. C'est une crise majeure – mais qui s'étale sur plusieurs millions d'années.

Toutes ces crises d'extinction semblent être en rapport avec des modifications du milieu qui peuvent évoquer les modifications actuelles, induites par l'activité humaine (altération de la couche d'ozone, précipitations acides, effet de serre).

L'exemple de la crise Crétacé/Tertiaire, il y a 66 millions d'années, bien décrite par Jaeger [2], montrera tout l'intérêt des recherches consacrées à ces crises du passé, dans la perspective de l'éventuelle crise climatique à venir [3]. La crise du Crétacé/Tertiaire s'est traduite notamment, sur les continents, par l'extinction des dinosaures. Connue du grand public pour cette raison, elle a été cependant marquée davantage par l'extinction massive du plancton à coquille calcaire. Deux hypothèses ont été proposées pour expliquer ces extinctions. Selon certains auteurs, il s'agirait d'un phénomène graduel lié à la conjonction exceptionnelle d'une régression marine et d'un refroidissement. Le point faible vient du fait que des régressions marines et des refroidissements plus importants dans le passé géologique n'ont pas été associés à des extinctions en masse. Ainsi la plupart des spécialistes soutiennent-ils plutôt l'hypothèse d'une catastrophe. Ici, deux grands scénarios catastrophistes s'affrontent :

– pour Alvarez [4], une énorme météorite aurait heurté notre planète à cette époque ;

– pour d'autres [5], le gigantesque volcanisme des Traps du

---

1. L'utilisation des variations du nombre de familles d'invertébrés marins comme indice d'amplitude des crises d'extinction est justifiée par le fait que les communautés de fossiles marins sont relativement bien inventoriées, par comparaison aux communautés terrestres, encore mal connues.

2. J. J. Jaeger et J. L. Hartenberg, *op. cit.*, 1989.

3. J. C. Duplessy et P. Morel, *Gros temps sur la planète*, Éditions Odile Jacob, Paris, 1990.

4. L. Alvarez, « Extraterrrestrial Cause for the Cretaceous/Tertiary Extinction », *Science*, 208 : 1095-1108, 1980.

5. V. Courtillot, J. Besse, D. Vandamme, R. Montigny, J. J. Jaeger et H. Cappetta, « Deccan Flood Basalts at the Cretaceous/Tertiary Boundary », *Earth Planet Sci. Lett.*, 80 : 361-374, 1986.

Deccan, en Inde, qui correspond à la mise en place de deux millions de km³ de lave pendant un intervalle de temps de moins de 500 000 ans, prend en compte bien davantage de paramètres définissant cette crise que le scénario précédent.

« Ces deux scénarios s'appuient sur une modification majeure de la composition de l'atmosphère, avec obscurcissement passager dû à des aérosols projetés dans la stratosphère, pluies acides, effet de serre dû à une forte augmentation du gaz carbonique atmosphérique qui diffuserait dans la partie superficielle des océans, provoquant une baisse du pH (mesure de l'acidité) qui aurait bloqué la précipitation du carbonate de calcium d'origine biogénique [1]. »

Si le second scénario apparaît aujourd'hui plus vraisemblable, il reste encore des points obscurs et le premier vient d'ailleurs de connaître un second souffle avec la datation radio-isotopique à 65 millions d'années de l'immense cratère de Chicxulub au Yucatán [2]. Quoi qu'il en soit, cette crise nous enseigne quelques leçons fondamentales :

– la reconstitution des écosystèmes après de telles crises est un processus extrêmement lent, puisqu'il faut attendre des millions d'années pour reconstituer des faunes et des flores aussi riches et diversifiées qu'auparavant ;

– les perturbations climatiques qui ont affecté la Terre dans le passé ne sont pas fondamentalement différentes de celles induites par l'activité humaine ;

– le rôle du contrôle climatique de notre planète par les mécanismes de forçage interne, comme les volcans et les fumeurs sous-marins, peut devenir considérable à certaines époques et dominer largement le forçage externe (cycles astronomiques de Milankovitch [3]).

---

1. J. J. Jaeger, *op. cit.*, 1991.

2. R. A. Kerr, « Huge impact Tied to Mass Extinction », *Science*, 257 : 878-880, 1992.

3. Théorie proposée dans les années quarante-cinquante par le chercheur serbe Milutin Milankovitch pour rendre compte, à partir de la seule mécanique céleste (effets des variations des orbites planétaires sur l'excentricité et l'inclinaison de l'axe de rotation de la Terre, donc sur son insolation), des variations à long terme du climat terrestre (glaciations).

Comment meurent les espèces

L'analyse écologique du processus d'extinction – qui rejoint l'éclairage géologique apporté ci-dessus – montre que la source première de la mort des espèces réside dans les changements de leur environnement : d'une manière générale, l'extinction se produit quand une population ne peut persister face à un changement de son environnement. Ce changement peut être physique (conditions climatiques inhabituelles, pollutions, destruction de l'habitat, érosion des sols) ou biologique (addition ou élimination des compétiteurs, prédateurs, parasites, proies, symbiotes). De fait, si l'environnement d'une espèce, ou plutôt d'une population, c'est d'abord son milieu de vie, son habitat, c'est aussi l'ensemble des populations d'autres espèces, de beaucoup d'autres espèces, qui interviennent directement ou indirectement dans la dynamique de la population considérée.

Naturellement, tout cela, défini au chapitre 3 comme un système « population-environnement », est sous la dépendance des conditions extérieures à contrôle géo-climatique, ainsi que nous l'avons compris avec les crises du passé.

Parmi les facteurs écologiques susceptibles de contribuer à l'extinction d'une espèce, on tend généralement à considérer d'une part les facteurs biotiques – compétiteurs, prédateurs, parasites ou maladies – d'autre part les altérations de l'habitat.

Le développement de l'écologie théorique et expérimentale au début du siècle, avec des auteurs comme Lotka, Volterra, Gause, Park, a imposé longtemps le concept d'exclusion compétitive et du même coup l'idée que la compétition était un facteur majeur d'extinction. En fait, ce qui est vrai dans les conditions simplifiées du laboratoire, en espace réduit et clos, peut ne pas s'appliquer à la nature. Ce qui était *extinction* en espace homogène limité – l'espèce compétitivement dominante élimine les autres espèces qui exploitent le même type de ressource – devient *déplacement compétitif* dans les conditions naturelles de milieux étendus et hétérogènes. Il reste que la compétition est un processus actif dans la nature, puisqu'il peut limiter géographiquement et écologiquement l'expansion d'une espèce. Les expériences ou accidents qui se sont traduits par l'introduction réussie d'une espèce dans un écosystème ou un espace géographique nouveau pour elle ont montré la réalité du phénomène de déplacement compétitif (voir *supra* fig. 24). Les cas d'extinction complète restent rares, limités à des milieux insulaires (on retrouve l'idée d'espace réduit, souvent homogène) et au continent-île qu'est l'Australie. En milieu continental en revanche, rien de tel n'est démontré [1]. Les prédateurs, parasites et agents pathogènes divers peuvent éprouver sérieusement les effectifs des populations qu'ils affectent. Ils peuvent sans doute exclure certaines espèces de zones entières – et là encore les milieux de type insulaire, qu'il s'agisse d'îles au sens propre ou bien d'habitats isolés, en fournissent d'excellents exemples. Mais ils entraîneront rarement l'extinction complète d'une espèce. De fait, l'existence même de ces prédateurs ou parasites dépend de la survie de leurs proies : la sélection naturelle a donné lieu ici à une coévolution qui aboutit à un équilibre en perpétuel déplacement (modèle de la Reine rouge).

L'espèce humaine a dû subir de nombreux parasites et agents pathogènes au cours de son histoire, sans disparaître pour autant. Les virus ou parasites introduits dans un espace écologique nouveau pour eux ont souvent un impact considérable sur les populations qu'ils affectent – car elles n'y étaient pas évolutivement préparées. On peut citer le cas de la myxomatose introduite d'Amérique en Europe et en Australie ; celui de la peste bovine qui a décimé en Tanzanie la population de gnous, de girafes et de buffles, sans parler des ravages de la peste bubonique en Europe ou de la variole aux Amériques en ce qui concerne notre propre espèce. Plus ou moins rapidement, des mécanismes de défense immunologique apparaissent chez l'espèce touchée, tandis que la

---

1. Même l'exemple spectaculaire de l'extinction pléistocène des grands herbivores d'Amérique du Sud après envahissement par les faunes d'Amérique du Nord n'est sans doute pas à porter au seul crédit de la compétition. La démonstration en est d'ailleurs difficile !

population fléau perd de la virulence et un nouvel équilibre s'instaure finalement.

Cependant, si la population touchée est, pour une raison ou pour une autre, déjà réduite en nombre, les risques d'extinction deviennent sérieux. On sait par ailleurs que les espèces qui s'éteignent ne sont pas un échantillon pris au hasard parmi le peuplement local. Les données disponibles montrent que les espèces les plus vulnérables à l'extinction sont celles qui sont rares, c'est-à-dire qui présentent de faibles densités et ont besoin de grands domaines vitaux. C'est donc le cas notamment des espèces de grande taille.

En fait, le facteur premier d'extinction est bien de l'ordre de l'habitat : que les conditions deviennent défavorables et l'aire habitable se réduit. Alors, compétition, prédation, maladie, hasards peuvent devenir des agents d'extinction. C'est pourquoi l'impact de l'homme est devenu aujourd'hui le facteur majeur d'extinction.

Mais l'extinction n'est pas un phénomène simple, réductible à *une* cause, à *un* facteur précis. Comme tous les processus qui s'inscrivent dans la trame du système géosphère-biosphère, c'est la résultante d'une dynamique complexe. Ainsi, si l'on souhaite en comprendre toutes les modalités, il n'est guère possible de se dispenser d'une approche écologique, c'est-à-dire de poser les questions non par rapport à telle ou telle espèce prise isolément, mais dans le cadre du système population-environnement où elle évolue. Et ce qui est vrai pour la compréhension des processus d'extinction l'est tout autant pour la conception de stratégies de conservation ou d'aménagement.

Prenons un exemple (fig. 40). Le virus de la myxomatose, introduit en Angleterre pour limiter les populations de lapins, entraîna la disparition d'un papillon, l'argus bleu [1], joliment appelé aussi azuré du serpolet. Les effets immédiats, directs, étaient prévisibles : comme ailleurs où l'introduction fut accidentelle, il en résulta un effondrement de la population de lapins. Mais les effets secondaires, quoique

---

1. D. Ratcliff. « The End of the Large Blue Butterfly », *New Scientist*, 8 : 457-458, 1979.

Figure 40 : Quels liens y a-t-il entre ces trois espèces – fourmi rouge, argus bleu et lapin – qui expliquent que l'introduction du virus de la myxomatose ait conduit à l'extinction du papillon en 1979 ?

moins prévisibles, furent tout aussi spectaculaires. Les lapins, par leur broutage incessant, empêchaient l'embuissonnement du milieu et favorisaient la croissance de certaines herbes, à repousse basale. C'est dans les racines de ces plantes que les fourmis rouges de l'espèce *Myrmica sabuleti* avaient coutume de construire leurs nids – or ce sont ces fourmis qui nourrissent les chenilles de l'argus bleu ! Lorsque la pression exercée par le broutage des lapins fut réduite grâce à la myxomatose, les herbes furent étouffées par les arbustes buissonnants, les fourmis se raréfièrent et l'argus bleu disparut en 1979. La venue de la myxomatose paracheva ce que la disparition des moutons avait déjà préparé, malgré les mesures de protection déjà mises en œuvre.

Il est intéressant de signaler qu'un programme de réintroduction débuté en 1983, qui commença par la « préparation » du milieu – brûlage, pâturage, replantation de thym – avant l'ensemencement des nids de fourmis rouges à partir de chenilles d'argus bleu importées de Suède, fut couronné de succès en divers points du sud-ouest de la Grande-Bretagne.

Un autre exemple remarquable est l'histoire des oiseaux

de Guam, une île de l'archipel des Mariannes qui s'étale entre le Japon et la Nouvelle-Guinée. On y connaissait dix-huit espèces indigènes et sept introduites, toutes abondantes. Puis, au cours des vingt dernières années, les populations déclinèrent de façon spectaculaire : sept espèces sont aujourd'hui considérées comme éteintes et quatre autres y sont devenues si rares que leur survie est compromise. Pourtant, sur d'autres îles du même archipel, aucun déclin comparable n'était observé. Savidge [1] fut frappé par le fait que les dix espèces forestières étaient toutes touchées, et cela de façon similaire : les oiseaux disparaissent d'abord des forêts méridionales, dans les années soixante, puis leur déclin s'étend progressivement vers le nord de l'île. Or tout cela coïncidait exactement avec l'introduction puis l'expansion territoriale d'un serpent arboricole, *Boiga irregularis*, absent des îles voisines. Savidge put alors démontrer que là était bien la cause des déclins et extinctions observés. Du fait de mœurs arboricoles et nocturnes, ce serpent est un prédateur redoutable pour les oiseaux nichés ou perchés, ainsi que pour leurs œufs et oisillons. De plus, parce qu'il se nourrit également de petits mammifères et de lézards (ces derniers particulièrement abondants), il peut atteindre des densités élevées tout en exterminant les proies les plus vulnérables.

Le problème des extinctions secondaires, ou en chaîne, est l'une des difficultés scientifiques majeures que rencontre le biologiste de la conservation. Mais il soulève évidemment un second problème : celui des choix. De fait, lorsque pour protéger une espèce donnée on est conduit à aménager l'espace dans un sens particulier, cela peut nuire à d'autres espèces. On y reviendra.

La théorie des réseaux trophiques peut aider à prévoir les conséquences possibles d'une altération apportée à l'un ou l'autre des éléments du système, ainsi que le souligne Stuart Pimm (fig. 41). On peut prévoir, par exemple, que la suppression d'une espèce de plante, base d'une chaîne trophique, entraînera une cascade d'extinctions, jusqu'au

---

1. J. A. Savidge, « Extinction of an Island Avifauna by an Introduced Snake », *Ecology*, 68 : 660-668, 1987.

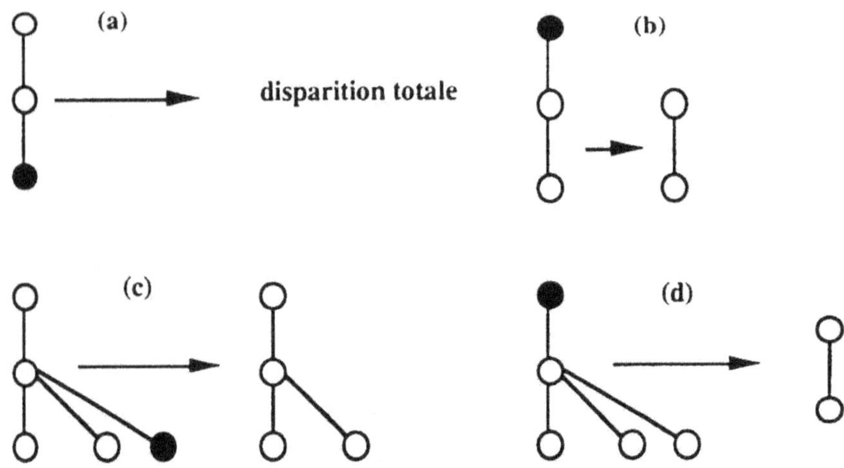

Figure 41 : Les effets de l'élimination d'une espèce sur d'autres dépendent de la structure du réseau trophique et de la position de cette espèce dans le réseau. L'extinction d'une espèce de plante à la base d'une chaîne trophique simple peut entraîner la disparition totale (a), tandis que celle d'un prédateur de sommet peut ne pas avoir d'effet (b). Si le réseau trophique est plus complexe en revanche la perte d'une espèce de plante peut rester sans conséquences (c) alors que celle d'un prédateur (d) peut entraîner indirectement l'extinction de plusieurs espèces de plantes (modifié de Pimm, 1987 [1]).

sommet de ladite chaîne, tandis que celle d'une seule espèce végétale prise parmi une communauté plus complexe indifféremment exploitée par des herbivores généralistes aura peu d'impacts indirects.

Mais si ces effets-là sont évidents, il en est d'autres qui le sont beaucoup moins : que se passera-t-il, par exemple, si l'on supprime une espèce de sommet ? Dans le cas d'une chaîne simple où le consommateur de sommet se nourrit d'un herbivore monophage, on peut s'attendre à ce que ce dernier réduise l'abondance de la plante consommée. Dans des systèmes plus complexes, la suppression du prédateur peut se traduire par une prolifération de l'herbivore et la disparition consécutive des espèces de plantes les plus vulnérables. On peut rappeler l'expérience de Robert Paine effectuée dans la zone de balancement des

1. S. L. Pimm, *Determining the Effects of Introduced Species,* TREE, 2 : 106-188, © Elsevier Science Publishers, 1987.

marées sur des communautés d'invertébrés marins : la suppression de l'étoile de mer de sommet se traduit par la disparition de plusieurs espèces de niveau inférieur par suite d'une exclusion compétitive résultant de l'expansion de la moule de Californie.

En est-il de même des grands prédateurs, dont on sait que leur taille et leurs mœurs prédatrices, qui nécessitent de grands espaces pour l'entretien de populations viables, les rendent rares et particulièrement vulnérables à l'extinction ?

On dispose d'un exemple particulièrement instructif avec les péripéties qui affectèrent la communauté de grands mammifères du parc national Yellowstone, au Wyoming. De 1886 à 1916, le Parc était gardé par la police montée des États-Unis. Le mot d'ordre était clair, la tradition – qui dure encore – celle de la « protection » : protection des touristes vis-à-vis de la faune, protection du gibier vis-à-vis des touristes et des braconniers – et protection des herbivores vis-à-vis des prédateurs. Il y eut donc un programme de « contrôle » des prédateurs... qui aboutit vers 1930 à l'extinction du puma et du loup. L'élan, le plus grand herbivore du parc, se multiplia sans frein et dégrada la végétation au détriment d'espèces compétitivement dominées comme le chevreuil, l'antilope pronghorn et le castor. Même le grizzly, privé de la végétation tendre et des fruits dont il dépend pour sa nourriture, déclina.

Ainsi, la protection par interdiction, même strictement et efficacement appliquée, est généralement insuffisante : il y a presque toujours nécessité de prise en compte de la dynamique d'ensemble des systèmes écologiques que l'on souhaite contrôler, nécessité de *gestion* en un mot. L'exemple des éléphants du parc national du Tsavo, rapporté à la fin du chapitre 8, l'avait déjà démontré.

Une érosion accélérée

La dernière période d'extinction, dans laquelle nous sommes, a commencé au début du Quaternaire. Elle s'est intensifiée au Pléistocène avec les grandes glaciations, en particulier à la fin du Würm, il y a onze mille ans. Cela s'est traduit par la disparition de la quasi-totalité de la grande faune de mammifères terrestres, à l'exception de celle d'Afrique.

Cependant, comme le note François Ramade [1], quelle que soit l'ampleur des extinctions passées, elles se sont effectuées à un rythme d'une lenteur dérisoire par rapport à celles provoquées aujourd'hui par l'homme moderne. La disparition des dinosaures, par exemple, s'est étalée sur plus de dix millions d'années. D'une manière plus générale, on admet que la vitesse maximale de disparition depuis le début de l'ère tertiaire a été de cent cinquante genres par million d'années, et en moyenne d'une espèce tous les cinquante à cent ans. Mais, souligne Ramade, il n'en est pas de même avec la dernière période d'extinction de masse, celle du Quaternaire, qui a commencé au Pléistocène. L'espèce humaine y a joué un rôle sensible dès l'époque paléolithique. Cependant, s'il est admis que les chasseurs paléolithiques ont pu précipiter l'anéantissement des grands vertébrés qui survivaient encore au moment des glaciations, l'extinction de ceux-ci peut tout autant être imputée aux changements climatiques qui avaient profondément altéré leurs conditions de vie (milieux, ressources alimentaires) et préparé leur ruine [2].

Le rythme des extinctions a connu ensuite une accélération sans précédent avec le développement de la population humaine : ainsi notre espèce a fait disparaître 151 espèces de vertébrés supérieurs au cours des quatre cents dernières années. Naturellement, le phénomène a été particulièrement intense ces dernières décennies et tout permet de penser qu'il va en s'accélérant : Wilson [3] estime que la vitesse actuelle de disparition des espèces liée à la destruction des forêts tropicales correspond à un rythme 1 000 à 10 000

---

1. F. Ramade, « La Conservation de la diversité biologique », *Le Courrier de la nature*, 130 : 16-34, 1991.

2. N. Owen-Smith, « Megafaunal Extinctions : the Conservation Message from 11 000 years B.P. », *Conserv. Biol.*, 3 : 405-412, 1989.

3. E. O. Wilson, *op. cit.*, 1992.

fois supérieur à celui qui a caractérisé les périodes géologiques d'extinctions en masse. Il reste que cette estimation est largement spéculative. Elle repose en partie sur l'application de la loi selon laquelle la richesse spécifique croît avec l'augmentation de la surface du milieu prospecté : toute destruction du milieu se traduira par un appauvrissement spécifique dont on peut estimer l'ampleur.

Il faut souligner que, hormis quelques cas particuliers d'espèces menacées *directement* par l'exploitation qui en est faite, le principal facteur d'extinction réside dans les altérations subies par l'habitat des espèces. L'homme est devenu un des transformateurs majeurs des milieux à la surface de la Terre, et son action s'amplifie par la conjonction de l'accroissement démographique d'une part, et du développement économique d'autre part.

Ainsi, la destruction des forêts tropicales constitue la cause majeure d'extinction due à l'action de l'homme moderne, puisqu'elles abritent la majorité des espèces existantes. À titre d'exemple, on peut souligner que, alors que l'Europe, de l'Atlantique à l'Oural, renferme environ cent vingt espèces d'arbres sur une surface forestière initiale supérieure à 7 millions de kilomètres carrés, on dénombre plus de deux mille espèces d'arbres dans les forêts équatoriales de Malaisie qui n'excède pas 100 000 km² et l'on a pu y relever des richesses totales atteignant plus de deux cents espèces par hectare.

La disparition d'espèces animales et végétales, ou de variétés, n'est ni un phénomène nouveau ni un phénomène anormal – nous l'avons vu. Cependant la crise actuelle est d'une tout autre importance, et cela pour trois raisons qui la distinguent des précédentes : elle s'exprime à un rythme sans précédent, apparaît irréversible et elle engage notre responsabilité puisque nous en sommes la cause et que nous pouvons la freiner ou la contrôler.

De fait la source majeure des extinctions, au-delà du cas particulier des espèces exploitées pour leur fourrure ou leur trophée, réside dans la transformation des milieux – déforestation, urbanisation, pratiques culturales, morcellement des habitats. Ainsi, l'aire couverte par la forêt tropicale a déjà été réduite à environ 50 % de sa surface ; 170 000 km² disparaissent chaque année [1], soit plus du tiers de la France et environ 2 % de la surface forestière actuelle.

Ainsi que le soulignent clairement Michael Soulé et Kathryn Kohm dans leur *Research Priorities for Conservation Biology*, le morcellement des milieux est l'une des menaces majeures qui pèsent sur la diversité biologique. Il fait sentir ses effets à travers, à la fois, la perte d'habitats et l'insularisation des milieux. Un des défis centraux de la biologie de la conservation est de mesurer la nature et les taux de fragmentation anthropogénique des écosystèmes et d'en déterminer les implications sur la perte de diversité.

Il convient en particulier de s'attacher à l'analyse des effets du morcellement, non seulement sur les espèces elles-mêmes mais aussi sur les relations qu'elles ont entre elles et la structure des peuplements. Le morcellement peut altérer de façon critique les relations entre espèces – prédation, compétition, mutualisme, parasitime et autres maladies. Parmi les questions à résoudre, les plus urgentes peuvent être résumées comme suit : Dans quelle mesure y a-t-il redondance fonctionnelle [2] ou, au contraire, complémentarité, entre les espèces qui constituent les peuplements ? Quelles espèces peuvent disparaître d'un milieu donné sans entraîner la disparition d'un grand nombre d'autres espèces ? Dans quelle mesure l'impact provoqué par la disparition d'une ou plusieurs espèces varie d'une communauté à l'autre ?

Ces dernières années s'est imposée en biologie de la conservation la nécessité d'une prise en compte des effets de lisière, c'est-à-dire des discontinuités de l'espace. De fait, les lisières profitent à certaines espèces tandis qu'elles nuisent à d'autres. Une meilleure connaissance de ces phénomènes est capitale pour une saine gestion des habitats fragmentés que créent les activités humaines.

Le morcellement affecte les relations interspécifiques, de

---

1. T. Amelung et M. Diehl, *Deforestation of Tropical Rainforests*, J. C. B. Mohr, Tübingen, 1992.

2. C'est-à-dire : dans quelle mesure y a-t-il des espèces substituables les unes aux autres sans entraîner de modification dans le fonctionnement de l'écosystème ?

façon parfois spectaculaire. Par exemple, la disparition d'un grand prédateur entraînera souvent la pullulation d'espèces proies, y compris de petits prédateurs qui pourront à leur tour éliminer certaines espèces proies. Mais on ignore comment le morcellement peut altérer les patrons de déplacements d'organismes mutualistes, de pollinisateurs, de micro-organismes symbiotiques ou de disperseurs de graines. Là encore, nous avons besoin de savoir comment les systèmes hôte-parasite répondent au morcellement : y a-t-il une diminution des probabilités d'épidémie, du fait de l'abaissement des effectifs des populations d'hôtes au-dessous des seuils critiques ou bien un accroissement de la vulnérabilité aux maladies par diminution de la diversité génétique ?

Le morcellement, par ses effets sur le fonctionnement des écosystèmes, la dynamique des populations et les relations interspécifiques, influence le statut évolutif des espèces. Ainsi, des populations « locales » peuvent acquérir ou perdre des caractéristiques qui accroissent leur probabilité de survie en paysage mosaïque. Des recherches sont nécessaires pour mieux comprendre comment diffèrent, dans leurs traits biodémographiques et leur capacité de persistance en paysage fragmenté – si elles diffèrent – des espèces *depuis toujours rares* et des espèces *devenues rares*. Les modalités et aptitudes dispersives diffèrent-elles entre des espèces adaptées à des milieux étendus ou à des habitats fragmentés ? Les espèces adaptées aux milieux morcelés sont-elles plus aptes à échapper aux prédateurs ou à résister aux compétiteurs que celles qui prédominent dans les milieux étendus ? Sont-elles plus douées pour trouver des conjoints que ces dernières [1] ?

Ainsi, les problèmes posés par l'érosion de la biodiversité dépassent la perspective traditionnelle de la conservation de telle ou telle espèce menacée. De fait, ce que l'on appelle aujourd'hui *biologie de la conservation* est une véritable

---

1. M. E. Soulé et K. A. Kohm, *Research Priorities for Conservation Biology*, Island Press, Critical Issues Series, Washington, DC, 1989.

science, spécialité de l'écologie et de la génétique des populations, qui renouvelle complètement notre vision des problèmes de conservation [1].

Cependant demeure le fait que, parce que les menaces qui pèsent actuellement sur la biodiversité proviennent directement ou indirectement de la croissance inconsidérée des populations humaines et de leur impact sur les écosystèmes, les problèmes en question ne sont pas exclusivement ni même essentiellement techniques (voir chapitre 9).

---

1. M. Soulé (éd.), *Conservation Biology. The Science of Scarcity and Diversity*, Sinauer Ass., Sunderland, 1986.

Chapitre 11

Pourquoi se préoccuper
de la biodiversité

Aujourd'hui un oiseau m'a montré le chemin,
M'a conduit hors de la forêt
Jusqu'aux rives de l'océan de joie.
Tout à coup j'ai vu le soleil,
Tout à coup j'ai entendu les chansons,
Tout à coup j'ai surpris le parfum des fleurs,
Tout à coup mon âme s'est ouverte.

Les Chants du matin, Rabindranath Tagore.

Des espèces vont disparaître... et alors ? C'est la vie : depuis toujours des espèces disparaissent. L'homme ne sait-il pas maintenir des écosystèmes à biodiversité réduite et néanmoins propres à assurer sa subsistance ? N'est-ce pas le cas de ces champs et plantations, où, avec un très petit nombre d'espèces, à variabilité génétique réduite qui plus est, on parvient néanmoins à nourrir une humanité croissante en nombre ?

À ce discours rassurant s'oppose la complainte parfois agressive d'intégristes de la conservation : la vie est sacrée – toute vie – et nous devons protéger la totalité des espèces, maintenir les conditions nécessaires à leur survie. Poux, moustiques – et pourquoi pas l'HIV, le virus du sida ? – ont droit à la vie.

Pourquoi conserver la biodiversité ? Pourquoi protéger la nature et les espèces ? Mais aussi : pourquoi conserver la cathédrale de Paris ? À la place de Notre-Dame, édifions un immeuble de rapport ou une HLM ! Pourquoi se préoccuper du maintien de la diversité de nos paysages, des oiseaux de nos campagnes, de nos fromages ?

Implicitement, ce type de questionnement renvoie aujourd'hui au sempiternel « à quoi ça sert ? » L'utilitarisme du « qu'est-ce que ça rapporte ? », « qu'est-ce que ça peut *me* rapporter ? » tient lieu de réflexion, de critère de décision, de politique. Faut-il répondre à ce type de questions pour justifier la conservation de la biodiversité, le maintien de paysages diversifiés, l'entretien de monuments historiques et autres expressions de culture ? Faut-il y répondre pour autoriser l'accroissement des efforts humanitaires en faveur de populations, catégories sociales ou classes d'âge menacées ? Qu'est-ce que ça peut nous rapporter ? Ne voit-on pas où mène cette prétendue logique économique : de l'égoïsme du gène à l'égoïsme du dollar ou de l'écu ! Un monde gouverné par la valeur sélective de l'or ou du dollar : les hommes inventent l'économie, travaillent, s'agitent, s'entre-tuent, pour que les dollars se multiplient. Aurait-on échappé aux manipulations du gène égoïste pour devenir marionnettes aux mains de la monnaie, du marché ?

La biodiversité, on l'a largement montré, est l'expression de la vie elle-même, sa raison d'être !

Il reste que, dans une perspective humaine de la biosphère et de la biodiversité, et pour mieux se garder de l'utilitarisme *irrationnel* cultivé pour servir des intérêts particuliers, il est intéressant de souligner *aussi* la valeur de la biodiversité en tant que ressource naturelle, à côté des justifications de type éthique ou culturel, qui sont à nos yeux les justifications premières, incontournables parce que seules proprement humaines. Il est d'ailleurs possible d'intégrer des valeurs éthiques, culturelles ou récréatives dans une analyse économique adaptée aux besoins des sociétés humaines et non exclusivement destinée à accroître le capital (la valeur sélective) de groupes professionnels particuliers. Pour moi, la justification économique n'est que dérivée, stratégique, pour convaincre les « saint Thomas », pour éclairer les choix. Doit primer une attitude de type religieux, c'est-à-dire de type humain. Mais qu'ensuite, pour mettre en œuvre cet idéal, on tienne compte des modalités de fonctionnement écologique et économique de nos systèmes, ce n'est que légitime. Il y aura des choix à faire entre des besoins concurrentiels (nourrir des populations, conserver...) et il faudra bien s'y résoudre. Industries, techniques, économie, sciences, tout cela a été créé par l'homme pour lui permettre de s'épanouir – et non l'inverse !

Être utile, soit, mais comme le chante Julien Clerc : « Je veux être utile à vivre et à rêver. »

Justifications culturelles et éthiques

Indépendamment de toute considération directement économique ou pratique, il y a des raisons purement morales à préconiser une sagesse conservationniste : la première est naturellement celle qui nous conduit, d'une manière générale, à respecter les droits d'autrui.

De fait, protéger et entretenir son propre environnement c'est d'abord respecter celui de son voisin. Conserver un patrimoine naturel qui ne nous appartient pas en propre, c'est tout simplement respecter les droits d'autres hommes, ici et ailleurs. Ailleurs dans l'espace, bien sûr, mais aussi ailleurs dans le temps : conserver le patrimoine biologique c'est d'abord et fondamentalement sauvegarder la Terre de nos enfants et petits-enfants.

Un deuxième type de raison, du même ordre, réside dans l'extension de ce respect d'autrui aux animaux et aux plantes. Il ne s'agit pas, à mes yeux, de préconiser l'instauration d'un véritable droit des espèces, au sens juridique du terme. Je crois seulement, d'un point de vue strictement humain, qu'il y a une vertu morale à respecter la vie d'autres êtres vivants, c'est-à-dire la vie tout court, dans la diversité de ses *formes*. On conçoit aisément ce qu'il y a de dégradant à détruire la vie sans nécessité. Mais faut-il aller plus loin ? Faut-il accepter une sorte de panthéisme de la nature qui conduirait l'homme à se sentir responsable des formes vivantes apparues avant lui et qui doivent continuer d'évoluer – disparaissant parfois mais engendrant aussi de nouvelles espèces ?

Sans avoir de compétences de philosophe, je mesure les risques qu'il y a à ériger en dogmes ce qui n'est ici que de l'ordre de la sensibilité et n'a de sens que dans un esprit d'ouverture, d'humanité, de liberté. Enfin, parce que la biodiversité est le symbole premier et ultime de toute diversité, s'en préoccuper c'est aussi toucher à nos propres différences, de caractères, de modes de vie, de sensibilités, de coutumes, de langues, de cultures, de religions, d'opinions.

Le raisonnement analogique n'a guère de valeur aujourd'hui où prédomine une pensée rationnelle dont les sciences ont démontré l'efficacité. Pourtant, l'univers d'où nous sommes issus, où notre vie prend sens, dont notre avenir dépend peut-être, s'appréhende mal à travers ce seul code. Ce n'est pas la moindre des leçons que nous donne ce voyage à travers les paysages de la biodiversité : il y a les faits et le rêve ; des composantes sonores analysables et leur résonance. On a l'impression de toucher à l'identité même de la vie.

Considérez un instant un paysage de nos campagnes, tel qu'il apparaît quand on parcourt les routes, en touriste, en promeneur. D'où vient le plaisir que l'on éprouve à contempler, du haut d'une esplanade, d'un « point de vue », ce modelage de formes et de couleurs, ce mélange d'odeurs ? Imaginons un seul instant les collines de l'Avallonnais déboisées, érodées. Quelle perte, de productivité agricole à long terme, de « rentrées » touristiques – mais surtout, de plaisir, de bien-être, de santé, de beauté ! Un paysage aussi diversifié est animé, coloré par une multitude d'espèces différentes, de plantes sauvages et cultivées, de variétés naturelles ou sélectionnées par l'homme. Bref, il traduit une biodiversité qui s'insère dans un espace géographique et épouse la diversité structurale du cadre géophysique, une biodiversité fruit d'une longue histoire, d'une profonde culture. Et ce magnifique tableau de biodiversité, regardez en bas à droite, il est signé : *Homo sapiens* ! Eh oui, cette leçon de biodiversité-harmonie nous ramène à nous-mêmes : que seraient les magnifiques paysages du Morvan sans la main et le génie de l'homme ? Mais que ne risquent-ils pas de devenir, et par la même main, si d'humain ce génie ne devenait que technologique, fût-il « bio »-technologique ?

Laissons agir en nous ces résonances que soulève la

contemplation de la biodiversité, qu'il s'agisse de la profusion des formes et des couleurs animales et végétales, de la variété des paysages, de l'arc-en-ciel des cultures. La joie et l'épanouissement qui en résultent n'ont pas de prix.

Fonctions écologiques

La diversité biologique a de multiples fonctions écologiques ; de plus elle s'inscrit dans la trame de systèmes complexes où opèrent de nombreuses interactions directes et indirectes, au sein des espèces, entre elles, entre espèces et milieux enfin : on l'a vu tout au long de cet ouvrage. Il y a donc des raisons écologiques de vouloir conserver et entretenir ce patrimoine, et des règles correspondantes à mettre en œuvre pour le faire – règles qui pourront aussi étayer une véritable approche économique adaptée des problèmes qui se posent dans ce domaine.

La variabilité génétique des populations naturelles est la condition première de leur survie, particulièrement lorsqu'elles sont confrontées à des conditions changeantes. Cette variabilité est entretenue par la *diversité* des conditions que rencontrent les populations, ce qui donne à la conservation *in situ* un caractère irremplaçable. On a montré au début de ce chapitre l'importance de ce patrimoine génétique : je n'y reviendrai pas – sauf à souligner que ce potentiel est lié d'une certaine façon à la diversité des pressions écologiques qu'il rencontre de génération en génération.

Si la variabilité génétique est, pour chaque espèce, une assurance pour parer à l'imprévu, on peut dire que la diversité en espèces, et donc en écosystèmes, devrait être considérée de la même manière par l'homme pour ses propres besoins, connus ou à venir. Cela veut dire qu'il n'est 9pas nécessaire de connaître la fonction écologique précise de toutes les espèces pour justifier les mesures de conservation – même si cette connaissance peut aider à mieux évaluer le rapport coût-bénéfice des mesures en question, chose que l'on ne peut totalement négliger dans un contexte où des choix seront à faire.

L'idée fondamentale que je voudrais souligner ici est celle de *dépendance* entre espèces, dépendance qui nous concerne aussi en définitive. Le raisonnement immédiat lorsque l'on parle de protection animale est généralement paralysé par le zoocentrisme de l'approche : on veut protéger *le* grand panda, ou *le* rhinocéros blanc, ou *le* grand papillon bleu et l'on prône des mesures d'interdiction destinées à protéger l'animal de ce qui apparaît en définitive comme son « ennemi n° 1 » : l'homme. Tout le reste passe au second plan et l'on ne compte plus les échecs et l'incompréhension que cela a engendrés.

J'ai déjà évoqué l'histoire de ce papillon, l'azuré du serpolet, et sa mésaventure anglaise. Je reprendrai ici un exemple similaire qui concerne une espèce voisine, l'azuré de la croisette [1] : la mise en place, dans les Alpes françaises, d'un programme de protection efficace de ce papillon demandera la prise en compte de *l'ensemble du système* dont il dépend. En particulier il faudra aussi préserver la gentiane croisette sur laquelle il dépose ses œufs, mais aussi une espèce de fourmi rouge, *Myrmica schencki*, dont les colonies abritent et nourrissent les chenilles. Celles-ci doivent, pour cela, se faire accepter par les ouvrières de *Myrmica schencki*, qui les introduisent dans leur nid où elles peuvent alors se nourrir du couvain comme de véritables parasites. Le maintien de ces colonies peut dépendre en outre des équilibres de compétition avec les autres espèces de fourmis qui se rencontrent dans le même milieu. Une altération de celui-ci (morcellement, changement de végétation ou d'usage par l'homme), voire une modification légère d'ordre climatique, pourrait déplacer cet équilibre en défaveur de *M. schencki* et, indirectement, de l'azuré de la croisette.

Cela peut survenir par extinction de sa fourmi nourricière, ou par intensification de la prédation exercée par d'autres espèces de fourmis, qui ne se laissent pas tromper par les chenilles de ce papillon bleu et les perçoivent bien comme

---

1. M. E. Hochberg, J. A. Thomas et G. W. Elmes, « The Population Dynamics of the Blue Butterfly, *Maculinea rebeli*, a Parasite of Red Ant Nests », *J. Anim Ecol.*, 61 : 397-409, 1992.

des proies et non comme du couvain égaré qu'il faut vite ramener au nid – comme cela se produit si bien avec *Myrmica schencki*, après une coévolution fourmi-papillon qui reste à étudier.

L'une des interactions parmi les plus communes, en dehors des relations de type mangeur-mangé, et dont l'impact écologique et économique est considérable, est la *pollinisation* [1].

Annie Jacob-Remacle note à propos des abeilles en général : « Dans la CEE, l'apport économique de ces insectes est estimé en moyenne à 4,7 milliards d'écus par an (soit plus de trente milliards de francs). Dans des pays comme la Belgique et la France, on a calculé que 20 % de la valeur de la production des cultures entomophiles (tournesol, arbres fruitiers, légumineuses) revient aux abeilles pollinisatrices. Par ailleurs, ajoute-t-elle, la valeur des services rendus par les insectes pollinisateurs est comprise, selon les auteurs, entre dix et trente fois la valeur des produits de la ruche. » De fait, la présence de pollinisateurs variés et abondants conditionne le volume et la qualité des récoltes, notamment fruitières, maraîchères, fourragères et oléagineuses [2]. Il est clair que cela ne concerne pas que l'abeille domestique, mais la multitude d'insectes pollinisateurs, spécialisés ou non. La protection des pollinisateurs repose évidemment sur celle des milieux dont ils dépendent pour développer leur cycle complet : comme dans le cas du papillon bleu, une approche écologique large est nécessaire et à défaut de connaissances suffisantes, c'est la préservation de la *diversité* des milieux, d'un paysage varié, qui sera la meilleure stratégie.

Y a-t-il des espèces plus importantes que d'autres pour l'équilibre des réseaux trophiques ? Y a-t-il des espèces qui devraient à ce titre bénéficier d'une attention particulière ? On admet assez généralement dans la littérature écologique que, au sein des écosystèmes naturels, réseaux complexes d'une multitude d'espèces en interactions directes et indi-

---

1. Voir P. Bérenger-Lévêque, *Les Pollinisateurs*, Éd. Boubée, Paris, 1992.
2. *Ibidem.*

rectes, certaines auraient valeur de pivots, en ce sens que d'elles dépendrait la survie d'un très grand nombre d'autres espèces. C'est ce que l'on appelle des espèces clés. On en distingue trois types :

1. des prédateurs, parasites ou herbivores qui préviennent l'exclusion compétitive et permettent la coexistence d'un grand nombre d'espèces potentiellement concurrentes (par exemple l'étoile de mer évoquée à propos de l'expérience de Paine) ;

2. des pollinisateurs et autres mutualistes non spécialisés, directement ou indirectement nécessaires au maintien d'autres populations associées (plantes et leurs consommateurs) ;

3. des espèces qui constituent des ressources décisives à des moments critiques du cycle annuel pour de nombreuses populations alors menacées de disparition (par exemple les figuiers en forêts tropicales, dont la fructification étalée sur l'année permet à de nombreux frugivores de « passer » la saison critique).

En fait, plus que le concept d'espèce clé, d'application plus difficile qu'il n'y paraît de prime abord, c'est l'idée de réseau d'espèces interdépendantes qui doit prévaloir, avec celle d'extinctions en cascade qui en découle.

Enfin, pour élargir encore cette perspective et mieux affirmer l'idée que les ensembles naturels d'espèces, peuplements ou écosystèmes, sont davantage qu'une collection de ressources génétiques, je voudrais rappeler qu'ils sont impliqués dans des processus écologiques planétaires, d'une importance cruciale pour l'homme : ce sont les grands cycles biogéochimiques – cycle de l'eau, du carbone, de l'azote, etc. – qui peuvent affecter le climat et nos ressources alimentaires. Ainsi la protection des couvertures forestières qui garnissent les bassins versants, et qui sont le fait, notamment en zone tropicale, de milliers d'espèces, est une garantie pour l'approvisionnement en eau douce des villes et villages ou des cultures en aval.

Pour conclure, à l'heure où l'on parle beaucoup de changements climatiques ou planétaires, à l'heure où l'utilisation des terres est profondément liée aux besoins des hommes, on peut s'attendre à ce que les conditions de l'environnement changent : pour remédier à ces changements et gérer les systèmes biologiques à notre convenance, il faudra pouvoir disposer de toute la diversité des *compétences écologiques* existant dans la nature : gènes, complexes de gènes, espèces, complexes d'espèces. Ce que l'agriculture a fait de mieux en mieux depuis ses origines, avec l'amélioration des plantes et des stratégies de lutte contre les ravageurs, il faudra pouvoir le faire encore, et encore mieux, car les hommes à nourrir sont de plus en plus nombreux. Mais il faudra parallèlement gérer les écosystèmes « naturels », réservoirs et expression d'une biodiversité dont la valeur n'a pas de prix même si ses usages variés peuvent faire l'objet d'une évaluation économique.

Une nouvelle approche économique

Si, dans l'introduction à ce chapitre, j'ai récusé l'évaluation économique comme justification première des mesures de conservation de la biodiversité c'est, d'une part, parce que je redoute le caractère pervers d'estimateurs économiques inadaptés, d'autre part, parce que je revendique le primat de l'humain sur le monétaire. La monnaie est un outil et non une valeur.

Cela dit, une approche économique *adaptée* des enjeux de la nature et de son devenir (ressources génétiques, espèces, écosystèmes, paysages) me paraît extrêmement nécessaire : en clair, on ne réduit pas la signification ou la valeur de la biodiversité à des équivalents monétaires, mais on peut estimer ses diverses valeurs possibles en termes économiques pour mieux peser dans des discours ou des rapports de forces qui ne connaîtraient que ce langage – et pour éclairer des choix à faire. En d'autres termes, ce travail économique est l'une des mesures à mettre en œuvre pour assurer une conservation durable de la biodiversité. Cependant, comme le soulignent Lévêque et Glachant [1], le bilan quantitatif de la diversité biologique et l'évaluation des modifications de son stock ne sont pas choses aisées.

Deux obstacles apparaissent : premièrement il n'existe pas d'indicateur global et homogène de la diversité, entre les gènes, les espèces et les écosystèmes ; deuxièmement, une large part de cette biodiversité est inconnue.

Quelle économie développer dans ces conditions pour cerner les problèmes ? Évaluer monétairement les ressources génétiques, les espèces, la diversité des écosystèmes, c'est-à-dire mesurer économiquement l'utilité de chacun de ces éléments du patrimoine naturel pour l'homme est un véritable défi scientifique qui n'est surmontable que partiellement.

Ces ressources n'ont pas de valeur de marché et leur évaluation économique ne peut se faire que de manière indirecte : « L'indicateur de valeur utilisé est la richesse induite, autrement dit la richesse que créent les activités économiques dépendant de l'existence des ressources génétiques. Nous verrons cependant que cette démarche présente des limites. Toujours est-il que pour adapter l'outil qu'est l'évaluation au cas de la diversité biologique, l'économiste de l'environnement a été conduit à définir une typologie spécifique des valeurs des éléments de diversité [2]. »

On reconnaît quatre catégories de valeurs : valeurs d'usage ; valeurs d'option ; valeurs d'existence et valeurs écologiques. Le tableau ci-dessous en donne les définitions. Il subsiste bien des difficultés pour évaluer monétairement ces valeurs : quelle valeur a un paysage ? Le plaisir de découvrir, au détour d'un chemin forestier, un chevreuil, un renard, un sanglier ?

Pourtant, pour une fraction au moins de la population, la nature et ses beautés constituent une source irremplaçable de détente, de sérénité, de plaisir et donc de santé.

Faut-il vraiment évaluer le coût de l'accroissement des

---

1. F. Lévêque et M. Glachant, « Diversité biologique. La gestion mondiale des ressources vivantes », *La Recherche*, 239 : 114-123, 1992.
2. *Ibidem.*

Tableau VII
Typologie des valeurs de la biodiversité
proposée par les économistes
(adapté de Lévêque et Glachant, 1992)

Catégories de valeur	Définitions
Valeurs d'usage	
Valeur de consommation directe	consommation des ressources sans transformation : chasse, cueillette
Valeur productive	utilisation des ressources génétiques dans des cycles productifs (obtention variétale, exploitation forestière, pêches, médicaments à base de plantes)
Valeur récréative	exploitation sans consommation (promenade, safari-photo)
Valeur écologique	liée à l'interdépendance entre organismes et au bon fonctionnement des systèmes naturels
Valeur d'option	liée à l'exploitation future des ressources génétiques
Valeur d'existence	liée à la satisfaction et au bien-être que procure l'existence de la biodiversité

tensions psychologiques, de la fréquence des maladies psychosomatiques ou psychiques, des dépressions qui résultent d'une bétonisation productiviste de l'espace urbain et d'une uniformisation monotone des campagnes pour justifier la conservation et la gestion de la diversité ? Est-il nécessaire d'évaluer les coûts économiques et humains des guerres pour tout mettre en œuvre afin de les empêcher ?

La biodiversité comme ressource naturelle

« L'extinction des organismes vivants est le dégât biologique le plus important de notre époque car il est totalement irréversible. Chaque pays possède trois formes de richesses : ses ressources matérielles, culturelles et biologiques. Nous comprenons très bien les deux premières, car elles font partie intégrante de notre vie quotidienne. En revanche, on néglige les richesses biologiques : c'est une grave erreur stratégique, que nous regretterons de plus en plus. Les animaux et les végétaux sont une partie de l'héritage d'un pays ; ils sont le résultat de millions d'années d'évolution, en un endroit précis ; leur valeur est au moins égale à celle de la langue ou de la culture. De plus, les organismes vivants sont une source immense de richesses inexploitées, de nourriture et de médicaments par exemple [1]. »

Ainsi, conserver la biodiversité n'est pas seulement une préoccupation de naturalistes, parce que c'est aussi et d'abord une *ressource*.

De fait, si, comme nous l'avons vu, l'extraordinaire diversité du vivant est bien l'expression, à la fois, du *jeu* de la sélection naturelle et des *enjeux* qu'elle représente pour les espèces et les systèmes écologiques qui l'exhibent, alors c'est certainement une mine prodigieuse de *solutions* à bien des problèmes que rencontre notre propre espèce. Comme n'importe quel organisme en effet, l'homme doit lutter contre de nombreux autres êtres vivants, bactéries, virus, champignons, parasites, qui menacent sa santé ou s'attaquent à ses propres ressources alimentaires : pourquoi ne pas utiliser à notre profit ces armes biologiques que l'évolution a créées tout au long de milliards d'années chez des millions d'espèces ? C'est d'ailleurs ce que nous faisons depuis longtemps, ainsi qu'on l'a vu au chapitre 5 – et cette stratégie est en plein développement.

Habituellement, on attribue aux espèces et aux ressources génétiques qu'elles renferment, trois types d'utilisation :

– une utilisation comme aliments (et une valeur comme ressource d'aliments potentiels) ;

– une utilisation comme médicaments (et une valeur comme source potentielle de substances médicinales à découvrir) ;

– une utilisation comme source de produits (et une valeur industrielle).

Depuis toujours, chasseurs-cueilleurs, puis cultivateurs et

---

1. E. O. Wilson, *op. cit.*, 1989.

éleveurs, les hommes ont puisé dans les espèces végétales et animales qui les entouraient pour nourrir leurs populations et développer leurs utilisations.

Dans cette perspective, il faut souligner que le nombre d'espèces actuellement utilisées est extrêmement réduit. De fait, une centaine de plantes constituent le support de l'agriculture mondiale et 75 % de la nourriture végétale consommée proviennent de sept espèces seulement : blé, riz, maïs, pomme de terre, orge, patate douce et manioc. Beaucoup d'autres espèces pourraient être utilisées. Nombre d'entre elles l'ont été dans le passé mais tendent aujourd'hui à être abandonnées du fait de la concurrence économique exercée par les précédentes.

En outre, beaucoup d'espèces végétales cultivées dépendent de populations sauvages d'espèces voisines, pour être améliorées ou protégées des ravageurs. Ainsi, le gène qui protège aujourd'hui l'orge de Californie contre une maladie appelée le « nanisme jaune » provient d'une orge sauvage... d'Éthiopie. C'est au Mexique, chez une variété naturelle de pommes de terre, que se trouve le gène de résistance au mildiou qui aurait pu sauver au XIXe siècle un million d'Irlandais, morts de faim après la perte des récoltes de pommes de terre provoquée par ce fléau. Sélectionneurs et spécialistes du génie génétique pourront exploiter le réservoir de gènes que représentent les espèces sauvages pour améliorer la qualité alimentaire des espèces exploitées, pour en accroître la production ou en réduire la vulnérabilité aux ravageurs.

« En fait, souligne François Ramade [1], la perte de diversité génétique dans le cas des espèces domestiquées est d'autant plus grande que l'agriculture productiviste moderne a conduit à la disparition de nombreuses variétés de plantes cultivées et de races animales. À titre d'exemple, la totalité de la production américaine de soja est assurée par la descendance de six plants importés de la même région d'Asie au siècle dernier ! Quatre variétés assurent la totalité de la production canadienne de blé. En France, voici quelques années, plus

---

1. F. Ramade, *op. cit.*

des trois quarts de la récolte de pommes de terre étaient le fait d'une seule variété : la bintje ! »

Ainsi, la biodiversité s'use... si l'on ne s'en sert pas !

« Cette inexorable tendance à l'hégémonie de souches de plantes cultivées hautement et inconditionnellement sélectionnées pour leurs rendements élevés est d'autant plus redoutable que les variétés traditionnelles sont généralement perdues ou en grande partie raréfiées et que leur nombre diminue rapidement à l'heure actuelle. En conséquence, les variétés modernes des plantes cultivées peuvent être anéanties par une maladie cryptogamique, un ravageur ou des conditions climatiques changeantes. Les chances de trouver remède à ces graves problèmes en des temps où le spectre de la pénurie alimentaire se rapproche avec la persistante croissance démographique de l'humanité, pourraient être directement compromises par l'extinction de ces cultivars et des souches en espèces végétales sauvages dont elles proviennent. Ainsi, des variétés productives de riz dites de la « révolution verte » telles que l'IR 36 présentent une résistance accrue à certaines affections phytopathogènes grâce à leur croisement avec une espèce de riz sauvage résistant à ces maladies, *Oryza nivara*. De même a-t-on pu éviter voici quelques années un désastre à l'agriculture africaine dû à l'infestation du manioc par une autre affection cryptogamique par recroisement du manioc avec une espèce sauvage *Manihot glazovii* [1]. »

Il est vrai que pour une dizaine d'espèces d'intérêt agronomique majeur telles que le blé, le riz ou le maïs, des efforts ont été faits pour en répertorier la diversité et d'immenses collections (30 000 variétés de haricots par exemple) ont été constituées et sont entretenues. Mais ce qui manque le plus, ce sont les banques de gènes que constituent les variétés sauvages, cousines des espèces cultivées.

Ainsi que le soulignent Jean-Pierre Chanteau et Éric Ollive [2], deux problèmes se posent aujourd'hui à l'agricul-

---

1. F. Lévêque et M. Glachant, *op. cit.*, 1992.
2. J.-P. Chanteau et E. Ollive, « Respectez la planète », *Courrier de la planète*, 7 : 21-25, 1992.

ture : la conservation des collections évoquées ci-dessus et leur exploitation à travers la sélection. On connaît les risques inhérents aux banques de gènes. Personne ne peut prévoir quel sera l'état et le pouvoir germinatif des graines après plusieurs années de conservation. D'où la nécessité d'une conservation *in situ*.

Faut-il souligner que, à la différence des premiers cultivateurs, ceux d'aujourd'hui ont de moins en moins la possibilité de prélever et de sélectionner des semences à partir de leurs propres récoltes ? Impossible ou peu rentable avec les semences hybrides, comme dans le cas du maïs, c'est maintenant interdit en France par la réglementation. De plus, les sélectionneurs eux-mêmes cultivent l'uniformité. De fait, beaucoup d'entre eux, soulignent Chanteau et Ollive, sont à la fois producteurs de semences et fournisseurs d'intrants : en commercialisant des semences qui résistent à leur propre herbicide et non à celui des concurrents, ils créent un marché captif et rendent désavantageux, et donc impossible, le mélange de plusieurs semences !

Les enjeux de quelques-uns, on le voit, ne sont pas nécessairement ceux de tous. Cette réalité écologique est aussi une vérité économique.

Plantes, animaux, micro-organismes sont aussi une source, encore largement inexplorée, de substances médicinales. C'est un réservoir stratégique pour l'industrie pharmaceutique. Sur la majeure partie du globe, en Asie, en Afrique, en Amérique du Sud, les populations humaines font encore largement appel aux vertus des plantes pour se soigner. Ce savoir mériterait d'être mieux valorisé. Aux États-Unis, 25 % des médicaments sont directement issus de plantes. Selon Tom Lovejoy [1], une analyse récente de l'économie américaine montre que 10 % du PNB provient directement de ressources biologiques sauvages. Le chiffre d'affaires de l'industrie pharmaceutique mondiale résultant de principes

---

1. T. Lovejoy, « Species Leave the Ark One by One », 13-27, *in* B. G. Norton (éd.), *The Value of Biological Diversity*, Princeton University Press, 1986.

biologiquement actifs, extraits de plantes originaires pour la plupart des forêts tropicales, souvent aujourd'hui encore récoltées *in situ*, excède plusieurs milliards de dollars par an.

Tel est le cas des tranquillisants des groupes de la réserpine, de la vincoblastine – l'un des plus puissants anticarcinogènes connus – et de divers cardiotoniques. C'est, par exemple, la pervenche rose, originaire de Madagascar, qui a permis de synthétiser cette vincoblastine, un médicament dont les ventes mondiales se chiffrent à environ cent millions de dollars par an, médicament qui quadruple le taux de survie dans le cas de la leucémie infantile [1].

Cependant quatre-vingt-dix plantes seulement ont été mises à contribution par la médecine moderne et cinq mille d'entre elles ont été étudiées pour leurs vertus thérapeutiques. Ainsi plus de 98 % des plantes supérieures connues restent inétudiées.

Enfin, la nature est aussi la source de produits et matériaux divers, étroitement mêlés à notre vie quotidienne, au point qu'on en oublie souvent l'origine biologique et les contraintes que cela impose. Le bois en est l'exemple le plus remarquable, combustible, matériau de construction et d'ébénisterie certes, mais d'abord arbre : élément d'un paysage, support ou ressource pour de nombreuses espèces (oiseaux, insectes), ombre précieuse pour le promeneur ou le dormeur. Et ce sont aussi ces nombreux produits que l'on extrait de plantes et d'animaux variés, que synthétisent des micro-organismes : amidon, sucres, huiles, fibres, cuirs et peaux, pesticides.

Mais surtout, les espèces sont des réserves de gènes dont les perspectives d'utilisation sont à peu près illimitées.

Les suites du sommet de Rio

En juin 1992, au terme de la conférence des Nations Unies sur l'environnement et le développement, 157 États

---

1. J.-P. Chanteau et E. Ollive, *op. cit.*, 1992.

dont la France signaient à Rio la Convention sur la diversité biologique. Que dit-elle ? Que signifie-t-elle ?

En préambule, elle souligne :

– la valeur intrinsèque de la diversité biologique et sa valeur sur les plans environnemental, génétique, social, économique, scientifique, éducatif, culturel, récréatif et esthétique, son importance pour l'évolution et la préservation des systèmes qui entretiennent la biosphère ;

– la responsabilité des États vis-à-vis de la conservation de leur diversité biologique et l'utilisation durable de leurs ressources biologiques ;

– que la conservation de la diversité biologique exige essentiellement la conservation *in situ* des écosystèmes et des habitats naturels ainsi que leur maintien et la reconstitution des populations viables d'espèces dans leur milieu naturel ;

– que les renseignements et les connaissances sur la diversité biologique font généralement défaut et qu'il est nécessaire de développer d'urgence les moyens scientifiques, techniques et institutionnels propres à assurer le savoir fondamental nécessaire à la conception des mesures appropriées et à leur mise en œuvre.

Elle annonce comme objectifs, dans l'article 1 : *La conservation de la diversité biologique, l'utilisation durable de ses éléments et le partage juste et équitable des avantages découlant de l'exploitation des ressources génétiques.*

Le document précise bien ce qu'il entend par diversité biologique : « Variabilité des organismes vivants de toute origine y compris, entre autres, les écosystèmes terrestres, marins et autres écosystèmes aquatiques et des complexes écologiques dont ils font partie ; cela comprend la diversité au sein des espèces et entre espèces ainsi que celle des écosystèmes. »

Il énumère ensuite toute une série de recommandations, de mesures (incitation, recherche, formation, conservation) et d'engagements dont il reste à voir quelles suites leur seront données.

De fait, cette convention ne fut pas d'une obtention facile : autour des enjeux de la biodiversité s'affrontaient – et s'opposent toujours – des intérêts divergents. Devons-nous nous en étonner ? Marie-Angèle Hermitte [1] en a bien résumé les grandes lignes en soulignant que le projet, tel qu'il se dessinait avant les grandes manœuvres de Rio, traduisait l'influence de trois types d'approches différents, qu'elle a qualifiés respectivement de *conservationniste, onusien* et *industriel.*

On trouve à l'origine du projet les milieux de la conservation de la nature : ils proclament la biodiversité *patrimoine commun de l'humanité.* Mais « tout un courant doctrinal mené par l'entomologiste américain E. O. Wilson, pousse à son terme le désir de protection de la diversité biologique en désignant comme agent principal de sa destruction l'explosion démographique du tiers monde plutôt que l'industrialisation du monde développé et l'inégalité entre les deux parties du monde ». Bref, si l'on suit cet extrémisme la diversité devient un « patrimoine commun pour une humanité absente », selon l'excellente formule de Marie-Angèle Hermitte.

Reprise par les Nations Unies en 1989, l'initiative des conservationnistes change d'esprit. Il s'agit toujours de conserver la diversité biologique mais la négociation porte maintenant sur la recherche de bases équitables pour concilier les efforts de protection d'espaces naturels et les besoins du développement. Apparaît alors ce que Marie-Angèle Hermitte appelle « l'obsession du transfert de technologie ». Ce transfert serait la seule compensation acceptable pour les pays du tiers monde qui consentiraient aux sacrifices de la conservation, avec en perspective le mirage des biotechnologies. Cependant, « s'il y a bien un certain consensus au Nord pour transférer gratuitement, ou dans des conditions avantageuses, la technologie de conservation et les connaissances fondamentales qui permettent l'inventaire des organismes vivants, les biotechnologies qui permettent l'utilisation locale de la diversité biologique ne seront transférées

---

1. M.-A. Hermitte, « La Gestion d'un patrimoine commun : l'exemple de la diversité biologique », 120-128, *in* M. Barrère (éd.), *Terre, patrimoine commun*, La Découverte, Paris, 1992.

que sur les bases normales de l'échange marchand, réputé très défavorable aux pays du Sud. Autrement dit, on retombe dans la problématique classique du transfert de technologie des années soixante-dix, celle qui s'est soldée par un large échec et le gonflement dramatique de la dette ».

Se profile donc l'approche *industrielle* avec pour *leitmotiv* « la commercialisation d'une richesse nationale ». L'idée de patrimoine commun de l'humanité est abandonnée au profit du concept de patrimoine local ou national : il s'agit, pour les pays du Sud, de faire rémunérer par les pays industrialisés les ressources génétiques qu'ils intègrent dans les produits transformés, ressources prélevées gratuitement jusqu'à présent. Selon Marie-Angèle Hermitte : « Cette position *a priori* étonnante quand on songe que les pays du tiers monde avaient été à l'origine de la promotion du concept de patrimoine commun de l'humanité dans les années soixante, s'explique tant par les désillusions de l'histoire que par l'évolution récente du droit des brevets dans les pays développés, qui a rendu possible la brevetabilité [1] des gènes et des organismes vivants en général. »

Ainsi, les jeux et enjeux de la biodiversité n'épargnent pas l'espèce humaine !

Mais 157 États se sont ainsi engagés dans une charte dont l'importance éthique, culturelle, sociale et politique ne saurait être sous-estimée : sont ainsi jetées les bases d'une approche multinationale de nos relations à la diversité biologique, bases qui constituent peut-être une première ébauche de ce qui devra être un jour la trame d'une véritable civilisation planétaire.

En outre, une telle emphase sur la diversité biologique, avec la mise en relief sous-jacente des conflits d'intérêt, est

---

1. Jusque dans les années soixante-dix le droit des brevets admettait que les organismes vivants n'étaient pas brevetables. C'est, pour la première fois, en 1977 qu'un juge américain admet la brevetabilité d'un micro-organisme génétiquement modifié en l'assimilant à une petite usine chimique. En 1982, l'Office Européen des Brevets étend à l'Europe la brevetabilité des micro-organismes modifiés. En 1985 les USA acceptent la brevetabilité d'un maïs, en 1987 d'une huître et en 1988 de la souris Myc Mouse, une souris transgénique dont le patrimoine génétique comprend un gène de cancer transmissible. Voir : M.-A. Hermitte, « L'Animal est-il brevetable ? », *Natures, Sciences, Sociétés*, 1 : 47-55, 1993.

une première leçon en faveur du maintien de la diversité culturelle.

Un monde sans baleines

Pourquoi, dans certains cercles « éclairés », est-il de bon ton de sourire des passions protectionnistes que suscitent bébés phoques, baleines ou éléphants ? Parce qu'il s'agit d'attitudes affectives, de sentiments, plutôt que d'argumentations rationnelles ? Serait-il plus convenable de défendre la restauration de monuments historiques ? Ne serait-on pas choqué d'entendre évoquer, fût-ce à partir d'arguments rationnels, de calculs économiques, la démolition de la cathédrale de Chartres – sans que personne ose en rire ?

Certes, les dinosaures ont tous disparu : ça ne nous empêche pas de vivre ! Peut-être même ne serions-nous pas là si ces grands reptiles n'avaient pas laissé le champ libre aux mammifères. Mais nous ne sommes pour rien dans cette extinction : si baleines, éléphants ou pandas venaient à disparaître, sans que nous ayons rien fait pour l'empêcher, alors ce serait bien différent.

Nos cultures impliquent la mémoire. Elles sont faites de monuments, mais aussi de livres et de légendes, les uns et les autres riches de plantes et d'animaux variés : éléphants ou araignées, chênes ou roseaux hantent nos rêves, peuplent contes et légendes. L'éléphant c'est *aussi* l'Afrique, l'expression de sa force, de sa vitalité, de ses cultures. Cette vérité-là pèse autant que l'autre, celle des conflits et famines qui fait la une des journaux télévisés quand il n'y a pas à exploiter de catastrophes plus proches de notre univers quotidien, ou plus « nouvelles ».

On peut naturellement expliquer que les éléphants jouent un rôle dans la dynamique et l'entretien des paysages africains, dans la diffusion de certaines espèces végétales. On peut mettre en avant le fait que la grande faune africaine est, par le biais du tourisme, une précieuse source de devises. Mais il faut dire aussi que c'est plus que cela : comme la baleine, comme le panda ou le gorille, l'éléphant est d'abord une véritable cathédrale vivante. Qui a croisé un troupeau d'éléphants, qui a surpris le regard triste d'un gorille captif comprendra tout cela.

Oui, quelque part au fond de nous, les splendeurs de la vie ont quelque chose de sacré, touchent à nos racines : la diversité biologique c'est aussi la musique du vivant, avec ses symphonies grandioses, ses chants folkloriques, ses chansons, ses requiems.

Alors cessons de sourire quand d'autres pleurent sur les bébés phoques ; cessons de parler d'irrationnel ou d'infantilisme parce qu'il y a irruption de sensibilité. Ne jetons pas ainsi le bébé avec l'eau du bain – pour laisser le champ libre à des intérêts qui ne seront pas nécessairement au service de l'homme, quoique obéissant peut-être à des principes rationnels.

Oui, un monde sans baleines serait, pour notre inconscient collectif, un océan profondément meurtri, désespérément vide : le lieu de notre honte indéfiniment répétée de vague en vague – proclamation sourde de notre fin prochaine d'homme, sinon d'*Homo economicus*.

> *Cela, que la parole n'exprime, et par quoi elle est exprimée, sache que le Brahman, c'est Cela, et non ceci qu'on recherche ici-bas.*
> *Cela, qui ne pense pas par le mental, et par quoi le mental est pensé.*
> *Sache que le Brahman, c'est Cela, et non ceci qu'on recherche ici-bas.*
>
> Kena Upanishad

Chapitre 12

Gérer la planète Terre

*Cette terre ne nous est pas donnée par nos parents.
Elle nous est prêtée par nos enfants.*

Proverbe masaï.

*Si la société doit s'attaquer à l'ensemble des pro-
blèmes concernant la diversité biologique, il lui faut
alors reconsidérer complètement son mode de vie et
les valeurs qui la dirigent.*

Bryan G. Norton, 1987.

Au centre de *sa* planète, l'homme tient son destin entre
ses mains. C'est, de toutes les espèces apparues au cours de
l'évolution, la seule qui ait acquis cette capacité d'infléchir
sa propre destinée. Plus encore, de ce fait et en raison de
son impact majeur sur toute la biosphère, elle est responsable
du devenir de la vie sur la Terre. Ainsi, s'étant placée au
cœur de la biosphère et dépendant étroitement de celle-ci
pour sa propre survie, l'espèce humaine n'a pas le choix :
il lui revient de gérer la planète Terre.

N'est-ce pas, en effet, une crise planétaire qui se profile ?
On s'inquiète de la survenue de changements climatiques,
avec toutes les conséquences que cela peut avoir ; on dénonce
la dégradation croissante des milieux naturels, l'effondrement de la biodiversité ; on s'interroge sur les moyens
d'assurer aux sociétés humaines un développement durable ;
on a l'impression, à tort ou à raison, que s'aggravent les
difficultés sociales, que perdurent – voire s'accroissent – les
foyers de conflits armés, que se détériorent l'image et l'efficacité des systèmes politiques, enfin, que s'effacent les

valeurs qui constituaient les fondements des sociétés humaines et de leurs cultures.

Crise de l'environnement, crise économique, crise politique et sociale, crise culturelle et spirituelle, cela dépasse évidemment le cadre de ce livre. Mais il faut néanmoins retenir, puisque l'on vient d'évoquer la nécessité de *gérer* la planète, que les obstacles ne sont ni seulement ni essentiellement scientifiques ou techniques : les problèmes posés mettent en jeu la diversité des cultures, la divergence des intérêts. Le défi à relever est très clairement un *défi de civilisation*.

L'écologie peut apporter un éclairage sur les problèmes qui se posent : n'a-t-on pas parlé ici de compétition, d'exclusion compétitive, de coopération, de stratégies ? L'espèce humaine organisée en groupes sociaux, en groupes professionnels, en nations, donne l'impression de fonctionner parfois comme un système plurispécifique. La sélection n'est plus, à proprement parler, la sélection naturelle. Les mécanismes sont différents : c'est la sélection économique.

On retrouve le dilemme posé par Richard Dawkins dans *Le Gène égoïste* : comment les forces de générosité, de don, de partage, peuvent-elles l'emporter dans une dynamique de concurrence économique apparemment implacable ? Ici l'Homme, à travers chaque citoyen, a son mot à dire, devra peser sur les décisions pour changer le cours des choses.

La solidarité humaine se renforce face au danger, à l'ennemi commun. Aujourd'hui, l'un de ceux qui nous menacent est le déséquilibre du système géosphère-biosphère-sociétés : réguler ce système pour le bien-être de nos enfants et petits-enfants, des pays du Nord comme des pays du Sud – voilà le défi à relever ensemble. « La tâche est immense et incertaine. Nous ne pouvons nous soustraire ni à la désespérance, ni à l'espérance. La mission et la démission sont également impossibles. Il faut nous armer d'une " ardente patience ". Nous sommes à la veille non de la lutte finale, mais de la lutte initiale » (Morin et Kern, 1993).

Faut-il craindre une crise climatique ?

En évoquant l'hypothèse Gaïa du Britannique James Lovelock, nous avons fait allusion au rôle régulateur de la biosphère sur la température terrestre et la composition de l'atmosphère.

On parle plus communément, et indépendamment de cette hypothèse, d'effet de serre – et de gaz à effet de serre [1]. Sont regroupés sous ce vocable des gaz qui laissent passer le rayonnement solaire incident puis absorbent les rayonnements infrarouges de grande longueur d'onde réfléchis par la surface de la Terre. La plupart de ces gaz sont présents naturellement dans l'atmosphère – vapeur d'eau, gaz carbonique, méthane, oxydes d'azote – et l'effet de serre ainsi engendré a d'ailleurs permis à la vie, après son apparition, de se développer sur notre planète [2].

Mais les activités humaines ont entraîné une élévation des concentrations de gaz à effet de serre. Sans doute parce que l'on comprend mieux le cycle du carbone, qui implique directement le fonctionnement de la biosphère, et que les variations de la teneur atmosphérique en gaz carbonique sont bien établies, y compris pour des temps géologiques très reculés, l'accent est habituellement mis sur l'accroissement du taux de ce gaz, bien que les concentrations atmosphériques d'autres gaz, à effet de serre parfois plus marqué, croissent également de manière préoccupante. C'est le cas de l'oxyde nitreux, produit naturel du cycle de l'azote qui augmente avec l'emploi accru d'engrais azotés ; du méthane, dont les émissions sont étroitement liées au développement des activités agricoles (riziculture, bétail) et de nouvelles espèces chimiques produites par l'industrie humaine, telles que les chlorofluorocarbures, plus connus sous le nom de CFC.

---

1. G. Lambert, « Les Gaz à effet de serre », *La Recherche*, 243 : 550-556, 1992.

2. R. Courtin, C. P. McKay et J. Pollack, « L'Effet de serre dans le système solaire », *La Recherche*, 243 : 542-549, 1992.

Avant l'ère industrielle l'atmosphère contenait environ 550 milliards de tonnes de carbone sous forme de gaz carbonique, soit 0,028 % de l'air (ou 280 ppm, c'est-à-dire parties par million). Cette teneur est restée à peu près inchangée au cours des derniers millénaires, en dépit d'énormes flux de carbone échangés entre l'air, l'océan et la biomasse continentale. Avec l'utilisation croissante des carburants fossiles qui a marqué l'ère industrielle, les rejets de gaz carbonique ont augmenté de manière exponentielle depuis 1850 et l'atmosphère contient aujourd'hui plus de 700 milliards de tonnes de carbone (soit 340 ppm). Si les effets directs de cet accroissement sur la biosphère paraissent anodins, les effets indirects en revanche risquent de ne plus l'être dans les décennies qui viennent. Ils doivent désormais être pris en considération et étudiés. Ils correspondent à une amplification de l'effet de serre et se traduiraient par des changements climatiques : augmentation de la température, modification du régime des précipitations.

L'évolution de la concentration en gaz carbonique atmosphérique est un fait bien établi. Il est plus délicat en revanche d'évaluer de façon précise l'augmentation future et, plus encore, de prévoir son effet réel sur la température et le climat en général. De fait les changements climatiques font intervenir toutes sortes de processus, dont les temps d'ajustement ou de réponse peuvent être très différents. Aussi, « même si on doit s'attendre au doublement de la teneur en gaz carbonique à échéance d'une cinquantaine d'années, il est tout à fait faux de penser que le réchauffement moyen de la Terre atteindra alors 4 à 5° C, comme on pourrait l'imaginer en appliquant brutalement les résultats publiés sur la sensibilité de la composante atmosphérique seule. Le changement climatique sera en réalité freiné par l'inertie thermique de la composante lente, l'océan et les glaces polaires [1] ». Quoi qu'il en soit, on mesure l'ampleur des problèmes et l'importance des enjeux : pouvoirs politiques et communautés scientifiques se sont peu à peu mobilisés pour y faire face.

---

1. J.-C. Duplessy et P. Morel, *op. cit.*, 1990.

En septembre 1986, l'assemblée générale du Comité international des Unions scientifiques décidait de lancer un nouveau programme transdisciplinaire majeur, le programme international Géosphère-Biosphère.

L'objectif d'ensemble de ce programme était posé comme suit :

« Décrire et comprendre les processus interactifs physiques, chimiques et biologiques qui régulent le système Terre global, l'environnement unique qu'il fournit à la vie, les changements qui sont en train de s'y produire et la façon dont ils sont influencés par les actions humaines. »

La priorité est placée sur les interactions clés et les changements significatifs, à l'échelle des décennies, qui affectent le plus la biosphère, qui sont les plus vulnérables aux perturbations humaines et qui ont le plus de chances de nous permettre de développer nos capacités prédictives.

Un tel programme mobilise une large communauté scientifique à l'échelle du monde entier afin de promouvoir le développement des nécessaires collaborations entre physiciens, chimistes, climatologues, biologistes, écologistes et océanographes. Cette mobilisation a fait progresser les connaissances d'ensemble sur les interactions océans-atmosphère, végétation-atmosphère et les modèles globaux de dynamique des climats ont été affinés. Mais il reste beaucoup à faire si l'on veut réellement prévoir et prévenir les changements qui vont se produire localement à la surface de la Terre.

Quelles seront réellement les modifications climatiques régionales ? Comment affecteront-elles les êtres vivants ? Comment réagiront les populations humaines ? Notre ignorance est, sur tous ces points, considérable.

On sait, par exemple, que la croissance du taux de gaz carbonique atmosphérique a pour effet de réduire le rapport azote/carbone des tissus végétaux, donc la qualité nutritive de ceux-ci pour leurs consommateurs. Comment cela va-t-il se répercuter sur les populations d'insectes phytophages ? Dans quelle mesure la réaction de ceux-ci se répercutera-t-elle sur les populations végétales, sauvages ou cultivées ?

Quelles seront les conséquences sur la croissance et la

distribution des populations animales, végétales et microbiennes de changements éventuels de précipitations et de température ? Cela pose un grave défi aux spécialistes de la conservation : telle réserve localisée dans telle aire géographique pour préserver une espèce ou un écosystème donné pourra devenir inopérante si un accroissement de température la rend impropre à l'espèce ou au système considéré.

Dans beaucoup de cas, cela se traduira par des déplacements d'aire géographique, qui pourront conduire à des processus d'extinction si le glissement progressif est arrêté par des barrières écologiques, c'est-à-dire des zones impropres à la survie des espèces (océans, chaînes de montagnes, aires cultivées). Cela pourra induire aussi des phénomènes de pullulations, d'expansion de parasites ou de ravageurs, d'agents de maladies pour des plantes, des animaux, voire pour l'espèce humaine. Enfin, il est clair que tout cela pourra jouer sur la dynamique de la biodiversité, depuis la structure génétique des populations jusqu'à la composition des peuplements.

Il est clair aussi que l'agronome ou l'éleveur, le phytopharmacologue ou le phytochimiste, auront besoin d'exploiter la variabilité génétique existante pour répondre à d'éventuels changements climatiques. Bref, un large champ de recherche s'ouvre à la biologie des populations et à l'écologie et le développement des possibilités offertes par le génie génétique pourra contribuer à accroître les capacités d'intervention de notre espèce, que ce soit à des fins de maintien de la production d'aliments, de conservation ou de régulation des systèmes écologiques naturels ou aménagés.

En d'autres termes, on voit bien que l'on touche à la dynamique d'ensemble des systèmes écologiques : il ne s'agit pas seulement de prédire d'éventuels changements de température consécutifs à l'accroissement de l'effet de serre. L'exemple « simple », schématisé dans la figure 42, centré sur le cas particulier d'une espèce de phytophage, montre toute la complexité des effets et rétroactions en chaîne.

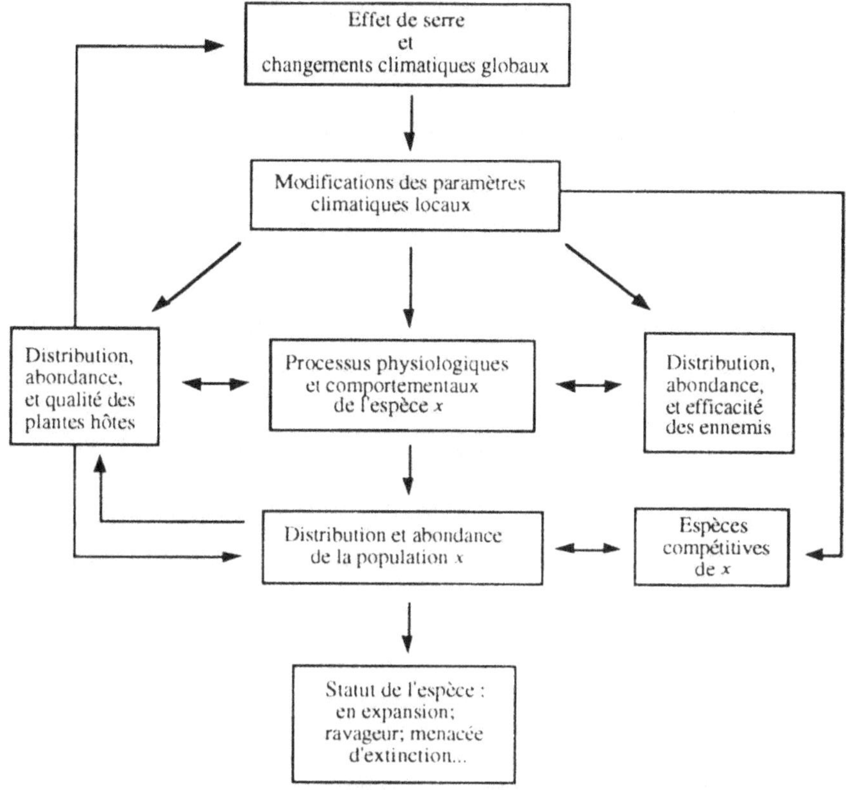

Figure 42 : Relations complexes entre les changements climatiques induits par l'effet de serre et la dynamique d'une population d'insectes phytophages x (d'après Barbault [1]).

Prévoir, c'est gérer

Parce que la biologie de la conservation a été trop fréquemment associée à l'idée de protection ou de conservation d'espèces ou de variétés, s'est imposée dans le public, y compris le public cultivé, l'image d'un *protectionnisme intégral*. Celui-ci est d'ailleurs prôné, à juste titre, par divers organismes spécialisés, nationaux ou internationaux. Sans leur action de groupes de pression s'opposant à d'autres

---

1. R. Barbault, *Écologie générale. Structure et fonctionnement de la biosphère.* © Masson, Paris, 1992.

groupes de pression, l'état de la nature et de ses ressources serait bien pire que ce qu'il est. Il reste que la biologie de la conservation ne se réduit pas à un protectionnisme d'urgence : c'est une stratégie de *gestion* des ressources naturelles qui s'appuie sur des connaissances scientifiques relatives à la dynamique de ces ressources, dans un contexte de systèmes écologiques soumis à évolution et incluant l'homme et ses besoins, l'homme et ses effets. « Gestion » est ici le mot clé : préserver l'avenir dans un monde changeant, c'est gérer une dynamique, contrôler des systèmes. C'est restaurer autant qu'interdire ; c'est exploiter autant que contempler. Bref, l'écologie de la conservation implique l'intervention de l'homme – et non son exclusion.

Les pratiques de conservation se déploient aujourd'hui de plus en plus dans un cadre théorique qui est celui esquissé tout au long de cet ouvrage. Ce sont en effet les concepts de la génétique des populations, de la biologie évolutive et de l'écologie qui en constituent la trame. On y trouve notamment des références fréquentes au concept de *population minimum viable*, base d'une nouvelle discipline, la biologie des extinctions. L'idée de population minimale, c'est-à-dire d'effectif seuil en dessous duquel la probabilité d'extinction serait dangereusement élevée, s'est d'abord appuyée sur des considérations d'appauvrissement génétique et de fardeau de consanguinité. Puis s'est affirmée l'idée qu'au-delà des aspects purement génétiques une population réduite en nombre pouvait s'éteindre par un simple jeu d'aléas écologiques ou démographiques. La simulation de scénarios d'évolution des effectifs de populations naturelles soumis à tel ou tel régime de perturbation ou d'exploitation à partir de modèles démographiques réalistes, c'est-à-dire intégrant des valeurs de paramètres relevées dans des populations animales ou végétales réelles (taux de survie juvénile, âge à la première reproduction, fécondité, taux de survie adulte, etc.), est devenue une stratégie très puissante d'exploration et de prévision des comportements possibles de ces populations.

Les relations entre richesse spécifique et superficie de l'habitat, entre richesse spécifique et diversité du milieu sont également largement utilisées dans les stratégies de conservation et dans l'évaluation des pertes de diversité biologique : à partir de la diminution en surface ou de l'appauvrissement structural, on peut inférer la proportion d'espèces menacées d'extinction.

Au-delà de ces considérations générales, qui visent à souligner que l'écologie de la conservation est une véritable science en pleine maturation, j'aimerais donner ici un aperçu plus concret des *pratiques* actuellement utilisées dans ce domaine.

Il est classique de distinguer la conservation *ex situ* et la conservation *in situ*. On peut dire que tout le monde s'accorde pour considérer que la conservation *in situ* est *théoriquement* préférable, pour des raisons qui ont été très largement évoquées dans cet ouvrage. Mais elle demande de l'espace et vient donc en concurrence avec d'autres besoins. Par conséquent, tout le monde s'accorde également pour admettre que la conservation *ex situ* est un complément indispensable aux mesures qui doivent être prises par ailleurs dans la nature, là où *évoluent* les espèces et leur variabilité intrinsèque. Ici plus qu'ailleurs, la solution optimale est à rechercher dans la *diversité* des stratégies.

Du bon usage de la cage

Arboretums, jardins botaniques, parcs zoologiques, banques de graines, de souches ou de sperme, les conservatoires artificiels d'espèces ou de variétés génétiques offrent une précieuse panoplie de moyens aux gestionnaires de ressources naturelles.

Dans le cas des plantes alimentaires majeures la gestion des ressources génétiques, si importantes pour l'agronomie, a fait l'objet de recherches intensives. De véritables banques de gènes ont été constituées, coordonnées par le groupe consultatif de la Recherche agronomique internationale créé en 1971 sous l'égide des Nations Unies. Ainsi treize centres internationaux de recherche travaillent à la sélection de variétés génétiques, à leur conservation et à l'amélioration des pratiques culturales : citons, par exemple, l'Institut international de recherche sur le riz, à Manille, aux Philippines ; le Centre international d'amélioration du maïs et du blé, à Mexico ; et le Centre international de la pomme de terre, à Lima au Pérou.

J'aimerais aborder le cas, moins bien connu et obscurci par des préjugés, des populations confinées que sont les échantillons d'espèces maintenues captives en parc zoologique ou autre. On a beaucoup dénigré ces systèmes de conservation, sur le constat parfois réel qu'ils n'offraient pas de conditions de vie décentes aux animaux exhibés : le lion en cage, c'est vrai, n'est plus celui dont on a essayé de rendre une tranche de vie au chapitre 3, mais il a toujours de l'ADN de lion et c'est ça qui compte pour le futur de l'espèce.

On sait que la plupart des populations captives ont été fondées à partir d'un très petit nombre d'individus seulement : la population de tigres de Sibérie descend de vingt-cinq individus, celle du cheval sauvage de Mongolie de treize et celle du gaur, le « bison » indien, de neuf seulement.

On sait également que les petites populations sont particulièrement exposées à l'extinction et les meilleures conditions de captivité ne les mettent pas à l'abri d'événements aléatoires tels que la succession de naissances du même sexe, la survenue d'une épidémie – sans parler des problèmes liés à la consanguinité, c'est-à-dire à l'homozygotie élevée des individus : vulnérabilité accrue aux maladies, altérations de la fécondité, surmortalité juvénile [1].

Doit-on considérer alors que les stratégies de conservation fondées sur des populations réduites sont vouées à l'échec ? Certainement pas. Tout d'abord, dans beaucoup de cas, il n'y a pas d'autre solution : que ce soit en captivité ou dans la nature il faut faire avec de faibles effectifs pour les espèces rares, de toute façon menacées d'extinction. En outre, les progrès de la biologie du développement et de la reproduction ainsi que les perspectives que nous ouvre aujourd'hui la biologie des populations, tant dans sa composante démographique et génétique que dans sa capacité à

---

1. K. Ralls, P. H. Harvey et A. M. Lyles, « Inbreeding in Natural Populations of Birds and Mammals », 35-56, *in* M. Soulé (éd.), *Conservation Biology, The Science of Scarcity and Diversity*, Sinauer (Ma), 1986.

tirer parti des outils de la biologie moléculaire, ont singulièrement accru nos moyens d'intervention, c'est-à-dire de gestion : ils sont devenus à la fois plus raffinés et plus efficaces.

L'existence de ce qu'on appelle la dépression de consanguinité paraît aujourd'hui bien établie, au moins en ce qui concerne les mammifères : dans 42 des 45 populations captives étudiées par K. Ralls et J. Ballou [1], la mortalité juvénile était nettement supérieure chez les jeunes de parents consanguins. Cette *surmortalité* serait due soit à l'expression d'allèles délétères, silencieux parce que récessifs, chez les individus hétérozygotes, soit à la perte de ce que l'on appelle la *vigueur hybride*, supériorité constatée chez les hétérozygotes.

Pourtant, on connaît aussi une *dépression hybride*, observée dans certains croisements éloignés. Beaucoup de populations animales ou végétales sont subdivisées dans l'espace. Il se constituerait alors des génotypes localement adaptés, que des intercroisements éloignés pourraient désorganiser : c'est la rupture de tels systèmes génétiques coadaptés qui entraînerait la baisse de fécondité ou de survie qualifiée de dépression hybride. Ce phénomène, bien étudié chez la drosophile [2] et les plantes [3], a rarement été mis en évidence chez les vertébrés. En fait, il n'y a certainement pas de règle générale. On a vu quelque chose qui s'apparente à cela chez les hybrides de sous-espèces de souris, avec l'impact accru des parasites. Les annales de l'écologie de la conservation font état du cas célèbre du bouquetin des Tatras [4]. Surchassée jusqu'à l'extinction en Tchécoslovaquie, cette chèvre y a été réintroduite d'Autriche d'abord avec succès. Puis, en vue d'accroître la vigueur de cette population

---

1. K. Ralls et J. Ballou, « Captive Breeding Programs », *TREE*, 1 : 19-22, 1986.

2. A. R. Templeton, « Coadaption and Outbreeding Depression », 105-116, *in* M. Soulé (éd.), *op. cit.*, 1986.

3. F. T. Ledig, « Heterozygosity, Heterosis, and Fitness in Outbreeding Plants », 77-104, *in* M. Soulé (éd.), *op. cit.*, 1986.

4. J. Lecomte, M. Bigan et V. Barre, « Réintroductions et renforcement de populations animales en France », supplément 5, *Revue d'écologie (La Terre et la vie)*, 1990.

d'effectifs réduits, ont été introduits des individus appartenant à deux autres sous-espèces du Moyen-Orient. Les
hybrides étaient normalement féconds du strict point de vue
physiologique et pourtant la population « renforcée » s'étei-
gnit ! En fait, quoique féconds, ces hybrides avaient leur
rut en automne et non en hiver comme les individus autochtones. Comme ils mettraient bas en février, durant la période
la plus froide de l'année, l'échec était écologiquement assuré.
En revanche, les mesures de renforcement entreprises tout
aussi empiriquement en France en faveur du bouquetin des
Alpes, il est vrai à partir de populations plus proches
écologiquement et génétiquement, furent couronnées de
succès [1].

Un autre cas bien connu, où le mécanisme de la dépression
hybride a pu être identifié en captivité, est celui du singe
hurleur, chez qui il existe un polymorphisme du nombre de
chromosomes, à la fois entre et dans des populations sauvages [2]. Les descendants issus de croisements d'individus de
races chromosomiques différentes ont une fertilité réduite
par les accidents qui surviennent lors de la division cellulaire
qui précède l'élaboration des gamètes.

Dépression de consanguinité, altération de systèmes génétiques coadaptés, peu importe : on dispose aujourd'hui de
techniques qui permettent d'envisager l'élaboration de plans
de croisements conçus de manière à accroître l'espérance
de vie de petites populations, captives ou sauvages. Par
exemple on est capable d'accéder à l'identité moléculaire
d'individus à partir de fragments de peau ou de plume : la
lecture des ADN hypervariables (les « empreintes génétiques ») permet d'identifier chaque individu et d'établir les
relations de parenté avec d'autres individus caractérisés de
la même manière. On peut alors orienter les croisements de
manière à éviter la consanguinité. Des techniques similaires
peuvent être utilisées pour apprécier l'éloignement génétique
entre des populations isolées et proposer des programmes

---

1. *Ibidem.*
2. L. E. M. De Brer, « Karyological Problems in Breeding Owl Monkeys »,
International Zoo Yearbook, 22 : 119-124, 1982.

de repeuplement ou de renforcement de population naturelle étayés par une connaissance génétique solide. Ainsi, Pierre Taberlet, de l'université de Grenoble, a pu identifier individuellement les ours des Pyrénées, à partir de l'ADN renfermé dans les poils récupérés sur les troncs d'arbres où ils s'étaient gratté le dos. Il est en mesure d'établir la structure par sexe de cette micropopulation – une dizaine d'individus difficiles à localiser – sans même toucher aux animaux ! Il pourra bientôt préconiser des stratégies de repeuplement capables d'optimiser la survie de cette population, si telle est la volonté des pouvoirs publics... et des populations locales. D'autres usages, en effet, peuvent être préférés, pour ces vallées de montagne : c'est la deuxième dimension des problématiques de l'écologie de la conservation. Parce qu'il s'agit de gestion, parce qu'il est nécessaire de mobiliser des moyens, parce qu'il existe des règlements, les objectifs sont nécessairement focalisés et fonction de propositions qui émanent de groupes humains. Cela ne saurait être sous-estimé. C'est particulièrement évident dans la conservation *in situ*.

Parcs et réserves naturelles

La stratégie la plus simple de conservation de la biodiversité, pratiquée déjà depuis longtemps, consiste à préserver les espaces naturels qui abritent le maximum d'espèces : c'est la pratique des parcs naturels et réserves. Mais il est clair, je viens de le souligner, que nous quittons là le terrain de la seule approche scientifique pour aborder celui des enjeux de société, des conflits d'intérêts. L'espace peut avoir d'autres usages possibles et l'on ne peut tout mettre en réserve : des choix sont nécessaires, où il faudra prendre en compte la dimension sociale, économique et politique des problèmes. Cependant, sur le plan qui nous concerne ici, la pertinence scientifique des questions posées et des approches et techniques préconisées doit rester un élément de contrôle déterminant. Il faut rappeler ici combien la biologie de la conservation a profité du développement des théories et des recherches fondamentales propres à la biologie des populations et à l'écologie des peuplements [1].

Quelques exemples le montreront plus clairement à propos de l'application de la théorie de la dynamique des peuplements insulaires et de l'analyse de viabilité des populations.

L'application de la théorie des populations et peuplements insulaires, ou isolés, appuyée par des considérations sur les probabilités d'extinction liées aux effectifs des populations et à la variabilité génétique intrinsèque [2], permet d'orienter les décisions pour la délimitation des aires protégées : surface, forme, disposition.

Sur ces bases, il est admis par exemple qu'une réserve de grande surface est préférable à une autre, de même localisation, mais de moindre extension. La plupart des spécialistes considèrent également que l'on assure une meilleure conservation de la diversité biologique par une réserve d'un seul tenant que par plusieurs aires séparées de surface totale équivalente. Dans le cas de systèmes d'aires séparées, on diminue les risques d'extinction en réduisant la distance qui les sépare. Enfin, il est recommandé de maintenir des couloirs protégés entre les « îles » mises en réserve (fig. 43).

Cependant, si l'on considère les risques d'épidémie (réduits par la séparation des aires protégées), d'extinction par suite de hasards démographiques, écologiques ou génétiques et la probabilité de microspéciation (accusée par l'isolement), certains de ces points sont certainement discutables. Enfin, la perspective de changements climatiques, plus ou moins imprévisibles, complique singulièrement la situation !

La démarche préconisée par ce que l'on appelle l'*analyse de viabilité des populations* (*PVA*) [3] montre bien tout le parti que l'on peut tirer des connaissances actuelles, même si l'application de la théorie à des systèmes population-environnement particuliers demande encore beaucoup d'ef-

---

1. M. Soulé (éd.), *op. cit.*, 1986.
2. O. H. Frankel et M. E. Soulé, *Conservation and Evolution*, Cambridge University Press, 1981. M. E. Soulé, *Viable Populations for Conservation*, Cambridge University Press, 1987. M. E. Soulé et K. A. Kohm, *Research Priorities for Conservation Biology*, Island Press, Washington, 1989.
3. *Population Viability Analysis.*

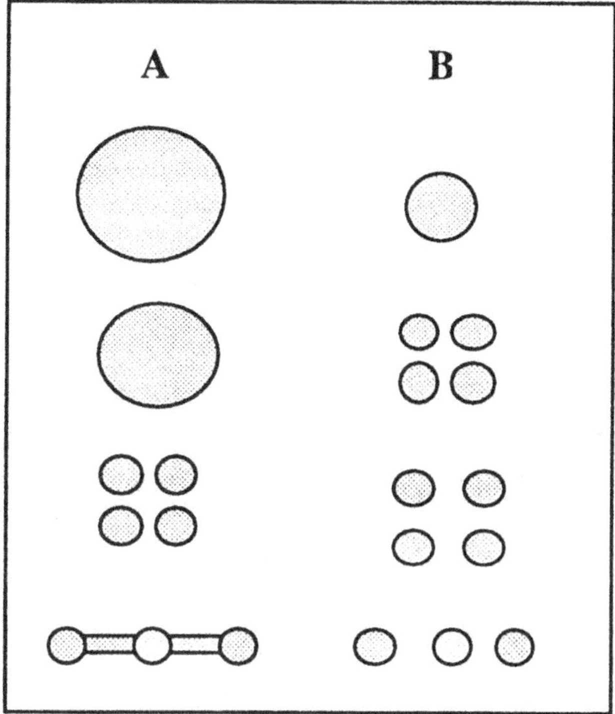

Figure 43 : La théorie de la dynamique des peuplements insulaires et diverses considérations sur les probabilités de colonisation et d'extinction font que, dans chaque alternative A/B pour la délimitation des zones protégées, la solution A paraît préférable à la solution B.

forts de recherche. La première question qui se pose est celle de la superficie de l'aire protégée. En termes de *PVA* on va déterminer cette superficie à partir de ce qui sera considéré comme l'effectif de population nécessaire pour éviter l'extinction de l'espèce en question, compte tenu des facteurs aléatoires qui peuvent affecter sa dynamique. Par exemple la population minimum viable est celle qui présente un effectif tel que sa probabilité de survie pour une période de temps donnée (cent ans) est supérieure à 95 %.

Déterminer ce seuil critique dans des conditions données *au départ* – mais dont l'évolution est en partie imprévisible au long de décennies ou de siècles – est un exercice difficile. Les facteurs de risque à considérer peuvent être aussi bien extérieurs aux populations en cause, tels que la variabilité de l'environnement et les catastrophes naturelles, qu'intrinsèques, tels que les aléas démographiques et génétiques. Pour chacun de ces facteurs, à partir de modèles démographiques et génétiques, il est possible de simuler des dynamiques qui permettent d'évaluer le temps moyen de persistance de la population en fonction de sa taille (donc de la superficie de l'aire protégée). Ces exercices de simulation montrent que les facteurs les plus critiques pour les populations nombreuses sont les catastrophes naturelles (épidémies, incendies) et d'une manière plus générale les incertitudes de l'environnement. Dès que les populations naturelles atteignent des effectifs réduits tous les facteurs prennent alors de l'importance – mais ce sont les risques intrinsèques, d'ordre génétique ou démographique, qui prédominent dans le cas des petites populations captives.

Évidemment, dans la nature, tous ces facteurs peuvent interagir : une perturbation du milieu qui va réduire l'effectif de la population considérée pourra induire à la fois des changements démographiques *et* génétiques préjudiciables, lesquels pourront à leur tour entraîner une diminution du nombre des aires occupées par ladite espèce. Ainsi, il peut y avoir amplification des risques d'extinction, par des cascades d'interactions difficiles à prévoir. Il reste que nos outils d'analyse s'améliorent, à mesure que s'approfondissent nos connaissances sur la structure et la dynamique des populations naturelles, sur les comportements individuels, sur la physiologie de la reproduction.

Naturellement, on l'a vu à propos des populations captives, la structure *génétique* de celles-ci et les dangers que fait peser la perte de variabilité génétique sur leur probabilité de survie constituent un volet important de l'analyse de viabilité des populations : effets des goulets d'étranglement ; relations entre le degré d'hétérozygotie et la valeur sélective.

Il est donc évident que la biologie moléculaire a beaucoup à apporter à l'écologie de la conservation, je l'ai brièvement évoqué à propos de l'ours des Pyrénées.

Ouvrir la cage aux oiseaux

Ainsi, jardins botaniques et zoologiques sont de précieux conservatoires d'espèces rares ou menacées. Mieux, ce sont des éléments essentiels pour la mise au point de stratégies de repeuplement efficaces. Certes, on sait bien que les animaux captifs ou nés en captivité peuvent n'être qu'un pâle reflet de leurs congénères sauvages, particulièrement quand il s'agit de vertébrés supérieurs. Mais ils peuvent permettre, moyennant certaines précautions, de restaurer des populations naturelles menacées. Ainsi, le cerf du père David exterminé au cours des troubles qui marquèrent la révolution chinoise fut sauvé grâce à des spécimens conservés dans des parcs zoologiques d'Europe. Cette espèce a été récemment réintroduite en Chine populaire à partir de la harde du parc de Wobburn, en Angleterre [1].

Bref, depuis la chanson de Pierre Perret, la biologie de la conservation a beaucoup progressé et l'on peut maintenant suivre son conseil : *ouvrir la cage aux oiseaux.*

De fait, la pratique des réintroductions et renforcements de populations, à partir d'individus libres ou « préparés » en captivité [2], devient de plus en plus commune, de plus en plus scientifique – même si elle est encore très empirique dans beaucoup de cas, ce qui n'est pas nécessairement une cause d'échec. Ainsi, en France, des renforcements de populations ou des réintroductions ont été effectués pour quinze espèces de mammifères et onze espèces d'oiseaux [3] – les cas les plus connus étant ceux du lynx, de l'ours des Pyrénées, du vautour fauve dans les Cévennes et du gypaète barbu dans les Alpes. De 1973 à 1986, pour l'Australie, la Nouvelle-Zélande, Hawaï, les États-Unis et le Canada réunis, ce sont 700 opérations de réintroduction d'oiseaux et de mammi-

---

1. F. Ramade, *op. cit.*
2. Lors de la conférence de Vancouver de septembre 1992 les responsables de parcs zoologiques réunis à cette occasion ont affirmé la vocation des zoos à jouer le rôle de centres de repeuplement.
3. J. Lecomte, M. Bigan et V. Barre, *op. cit.*, 1990.

fères autochtones qui ont été recensées [1]. Comme le soulignait Jacques Lecomte en conclusion d'un colloque tenu à Saint-Jean-du-Gard en décembre 1988, ces « expériences » posent des questions complexes qui sont loin d'être résolues. Questions qui touchent évidemment à la biologie et l'écologie des populations transplantées d'abord ; mais aussi aux populations « renforcées » quand elles existent encore, à la façon dont elles répondent à l'introduction d'individus étrangers ; à la réaction, enfin, des autres composantes de l'écosystème d'accueil. En particulier, l'attitude des populations locales, c'est-à-dire des hommes qui partagent avec ces espèces réintroduites l'usage d'un espace disputé, a rappelé à l'attention des naturalistes ce volet du problème – qu'il s'agisse des lynx ou des ours, sans parler des rêves de loups !

Les coûts de la conservation

Peu d'oiseaux sont sortis de l'ombre aussi soudainement que la chouette tachetée. C'est pourtant un oiseau des plus discrets. La tendresse de son regard – ou plutôt celle que suscite son regard – n'y est pour rien... Mais peut-être n'êtes-vous pas même au courant ; j'oubliais que l'histoire se passe aux États-Unis [2]. Non, tout le tapage vient de ce que cette chouette a choisi de fréquenter un milieu particulier. Rien à voir avec la pègre ou les bas-fonds de Chicago, non. Nous parlons de nature : notre chouette habite tout simplement les vieilles futaies de sapins de Douglas le long de la côte nord-ouest de l'Amérique du Nord. Où est le mal ? D'où peut venir le tapage ? En fait, tout allait très bien jusqu'à ce que l'homme arrive, avec des besoins en bois croissants.

Ces forêts représentent en effet des centaines de milliers de dollars pour l'industrie du bois et elles sont exploitées à un rythme soutenu : la survie de la chouette est menacée

---

1. B. Griffiths, J. M. Scott, J. W. Carpenter et C. Reed, « Translocations as Species Conservation Tool : Status and Strategy », *Science*, 245 : 477-484, 1983.
2. D. S. Wilcove, « Owls and old-growth », *TREE*, 1 : 113-114, 1986.

et il y a plusieurs causes à cela. La toute première est évidemment la réduction de la surface habitable par ce délicat oiseau : après avoir représenté 60 à 70 % de la couverture végétale de la région la vieille forêt ne représente plus aujourd'hui, du fait de l'exploitation du bois, que 20 % de l'aire totale. En outre, ce qui reste vivable pour cette chouette – que voulez-vous elle aime les vieux troncs comme certains d'entre nous les maisons anciennes – est devenu de plus en plus fragmenté ! Cela rend difficile la colonisation de nouveaux milieux pour les jeunes : où sont donc les îlots favorables ? Comment échapper aux ennemis qui guettent dans les espaces hostiles à traverser pour cela ? De fait, le morcellement de la vieille forêt a pour effet d'accroître la proportion de lisières, qui favorisent d'autres espèces telles que le grand-duc de Virginie, qui se nourrit de chouettes, le monstre, et la chouette rayée, qui exclut sa petite cousine tachetée des territoires qu'elle occupe.

Il y a actuellement de longs débats en Amérique entre le service des forêts des États-Unis et les milieux conservationnistes, et la chouette tachetée y est devenue un symbole, comme le panda ou l'éléphant dans d'autres régions du monde. Pour les États de Washington et de l'Oregon le service des Forêts a proposé le gel de 550 parcelles de vieille futaie, milieu favorable à la chouette, d'une superficie de 880 hectares en moyenne et distribuées de manière à minimiser les effets de la fragmentation et l'isolement des populations d'oiseaux. La mise en œuvre d'un tel dispositif entraînera toutefois une diminution de 5 % de la production de bois et, en dix ans, la perte d'un millier d'emplois associés à cette industrie. Les milieux conservationnistes ont jugé cette proposition insuffisante. Sur la base d'expertises scientifiques s'appuyant sur le concept de population minimum viable, ils avancent que pour garantir une protection efficace de la chouette, les parcelles devraient atteindre au moins 1 000 hectares en Oregon et 1 800 dans l'État de Washington – conditions économiquement insupportables pour l'industrie forestière.

Mais au-delà de la chouette tachetée cette polémique

soulève quelques questions plus générales. La première touche à la notion même de viabilité d'une population. Petite ou grande, toute population est exposée à des risques. On peut naturellement minimiser les risques en accroissant la superficie et le nombre des aires protégées : on accroît alors nécessairement le *coût* de la conservation et il appartient à la société de décider, en cette matière comme en d'autres, quel risque elle est prête à assumer et quel prix elle est disposée à payer. La seconde se rapporte à la préservation de l'écosystème lui-même. La fameuse chouette peut être considérée comme l'indicateur le plus sensible de la santé des vieilles futaies, parmi les quelque deux cents espèces de vertébrés qui y vivent. Plus de dix-huit de ces espèces et un nombre inconnu de plantes et d'invertébrés dépendent de ces vieilles forêts. Il ne s'agit donc pas seulement de la conservation de la *seule* chouette tachetée...

Enfin, on l'a déjà dit et il faut le souligner, les grands écosystèmes ont un rôle important dans le cycle de l'eau et des nutriments. Notre capacité à les reconstituer − et les coûts que cela représente − doit être prise en considération. On sait par exemple que, à la différence des plantes de forêts tempérées, les espèces de forêts tropicales ne peuvent être sauvegardées longtemps (décennies ou siècles) sous forme de banques de graines. On sait aussi que leur dissémination ou leur pollinisation peut dépendre d'insectes ou d'animaux que l'on n'a pas souvent identifiés et que l'on ne sait pas élever : leur reconstitution peut donc être extrêmement aléatoire. Tout cela doit être pris en compte quand on parle du *coût* d'une mesure de conservation.

Réformer la logique économique

Il me semble nécessaire de discuter ici ce que l'on appelle parfois, généralement dans des polémiques médiatisées, la logique économique, pour l'opposer, sinon à une logique écologique [1], en tout cas à l'obscurantisme ou au mythe « écologique ». Naturellement, dans un ouvrage consacré à la diversité, même biologique, je ne saurais commettre le péché de laisser croire qu'il n'y aurait qu'une logique économique : je ne ferai pas cette injure aux économistes de la même façon que je rejette celle qui consiste à assimiler l'écologie à une pensée préscientifique.

Afin de faire comprendre, à propos de ce qu'il est convenu d'appeler le « scandale du sang contaminé », comment des hommes responsables et éminents avaient pu en arriver à des négligences finalement criminelles, Albert Jacquard soulignait dans une interview le caractère pervers de l'introduction de la logique économique dans le système sanitaire.

Mais ce n'est pas tant la logique économique qui est perverse que son application obsessionnelle. Pour l'être véritablement, une logique économique doit d'abord être élaborée en fonction du système où on l'applique. Comme je l'ai déjà dit, il n'y a certainement pas *une* – mais *des* logiques économiques, à élaborer, à critiquer, à renouveler.

Si les problèmes d'environnement sont un défi pour la « logique économique », c'est peut-être parce que l'on se refuse à développer des logiques économiques qui tiennent compte de ces problèmes. Il existe d'ailleurs une économie de l'environnement au sens scientifique du terme : elle parle évidemment de conflits d'intérêts, elle pose des questions, elle remet en question. L'écologie et l'économie sont deux sciences différentes par leurs objets, quoique par ailleurs assez proches dans leur structure épistémologique. Les opposer est donc dénué de sens.

L'homme et la nature ne sont pas davantage opposables, même s'il est vrai que le succès de l'espèce humaine, après une phase particulièrement critique de dépendance totale vis-à-vis de la nature, se caractérise par le développement

---

1. Ceux qui produisent ce semblant de raisonnement ne sauraient en effet accorder le statut de « logique » à une science qu'ils méconnaissent – ou qu'ils rejettent *a priori*. La confusion habituellement pratiquée entre « écologie scientifique » et « écologie politique » est moins inconsciente qu'on ne le croit généralement.

de l'intelligence, le déploiement technique et, de fait, une indépendance croissante vis-à-vis des écosystèmes naturels.

On voit bien, dès lors, l'écueil qui menace dans une vision uniformisatrice du monde vivant et du monde tout court. Il réside dans le dilemme simpliste :

– poursuivre un développement technologique qui rende l'homme de plus en plus largement affranchi de la nature (donc de plus en plus dépendant d'un monde « homme façonné ») ;

– rechercher une fuite dans le passé, restaurer la nature vierge.

De toute évidence, ces deux options seraient également fatales : la première parce qu'elle condamne la diversité du vivant, c'est-à-dire la vie tout court, l'essence même de *notre* vie ; la seconde parce qu'elle interdit le développement de la population humaine. Mais en vérité, qui prône *efficacement* le second terme de l'alternative, sinon des rêveurs ou des égarés dénués de tout poids dans la société ? Bien plus dangereux sont les tenants du premier terme de l'alternative, probablement aussi à l'origine de la publicité accordée au second, selon une stratégie bien connue des idéologies totalitaires. Que l'on ne s'y trompe pas : le danger suprême naît de l'uniformité érigée en modèle absolu. On fait naître la peur ou le mépris ; puis on jette le bébé avec l'eau du bain !

Quelles priorités ?

Par l'industrialisation de l'agriculture nous avons gagné des rendements élevés, mais au prix d'intrants coûteux. Cela a entraîné trois types d'effets pervers, qui constituent autant de sources de risques pour les générations futures :

1. nombre d'agriculteurs ont été marginalisés et sont devenus *dépendants*, aussi bien dans le monde industrialisé que dans les pays en développement ;

2. l'uniformisation des variétés et des produits annexes (herbicides, insecticides...) accroît la vulnérabilité aux parasites et aux aléas ou menaces de changements climatiques ;

3. la prépondérance des contraintes liées au marché éloigne dangereusement des enjeux véritables, ceux des hommes et des femmes du Nord comme du Sud, en accroissant les risques d'explosions sociales, politiques et militaires. C'est la sécurité alimentaire et la paix qui sont en jeu.

On le voit une fois encore : les menaces sur la biodiversité sont des menaces pour la vie – et l'homme est au cœur du débat, sujet et objet, maître du jeu ou victime.

Naturellement, il existe un peu partout une prise de conscience croissante des périls et des enjeux. Des correctifs sont apportés à la tendance uniformisante dénoncée ci-dessus, ne serait-ce qu'en raison du fait que les catastrophes agronomiques sont aussi économiques, et le marché s'adapte.

Mais faut-il aller de catastrophe en catastrophe pour que prévalent finalement les intérêts de tous, ceux de l'homme, ceux de la vie ? Il vaudrait mieux que s'expriment fortement tous ces êtres humains qui, ensemble, font l'Homme, dans la diversité de leurs besoins, de leurs souhaits, de leurs idéaux – pour que s'ébauche progressivement cette civilisation planétaire si nécessaire. La divergence des intérêts doit être explicitée ; les coûts économiques doivent être discutés, y compris leurs modalités de calcul et les pouvoirs politiques pourront alors peser, à travers des législations adaptées et avec l'appui de groupes sociaux éclairés, sur les puissances financières autrement incontrôlables.

Il est dans la nature des choses que les firmes pharmaceutiques ou agrochimiques et autres entreprises à l'origine de percées biotechnologiques recherchent une protection de leurs innovations à travers des brevets industriels. Il leur faut lutter contre la concurrence pour survivre. Ces innovations peuvent être utiles et doivent bénéficier aux sociétés humaines, en particulier pour ce qui est de la santé publique. Mais il est juste aussi de payer les matières premières utilisées pour cela et de contribuer à leur persistance pour le bien des générations futures. Qui paiera ce prix ? Comment évaluer ce coût que représente la dilapidation éventuelle d'une ressource génétique, la disparition d'une espèce-source ? Comment le faire prendre en compte par ceux qui en tirent le profit économique ?

Les techniques de culture de tissus et de régénération des plantes *in vitro* contribuent à une conservation *ex situ*, notamment dans le cas de plantes qui ne produisent pas de graines ou dont celles-ci se dégradent rapidement dans les conditions actuelles de conservation (banane, pomme de terre, manioc). Elles permettent en outre, sans porter atteinte aux ressources naturelles, la production rapide de grandes quantités de plantes et de molécules actives recherchées. Quant aux manipulations génétiques, elles élargissent encore le champ des possibilités. Mais ces capacités se trouvent rapidement concentrées aux mains d'un petit nombre de firmes concurrentes, qui maîtrisent ces techniques et veulent légitimement s'en réserver les retombées commerciales. Peut-on justifier cependant ce qui constitue une privatisation des gènes, qui rompt avec le libre accès à ces ressources pourtant reconnues comme patrimoine commun de l'humanité [1] ?

Car ne perdons pas de vue que certaines de ces ressources sont entretenues par des populations traditionnelles un peu partout dans le monde. Des petits agriculteurs et communautés de villageois en Afrique, en Asie, en Amérique latine, détiennent des savoir-faire traditionnels à l'origine de lignées végétales précieuses et dont ils assurent le maintien. Ainsi, soulignent Jean-Pierre Chanteau et Éric Ollive, les petits agriculteurs des plateaux andins, des paysans mexicains ou des communautés indiennes d'Amazonie entretiennent des lignées originales de maïs ou de manioc qui constituent autant de pools génétiques pouvant intéresser un jour quelque sélectionneur au service d'une firme agro-alimentaire. Ces mêmes auteurs citent le cas exemplaire de cette variété de tomate riche en matière sèche, trouvée chez des paysans andins, et qui a fait la fortune... de l'industrie du concentré de tomate, avec près de cinq milliards de dollars de bénéfice par an !

En reconnaissance de ce travail de conservation, la FAO, organisation des Nations Unies pour l'alimentation et l'agriculture, a proposé en 1989 de reconnaître un « droit des agriculteurs traditionnels ». Ceux-ci pourraient recevoir des

---

1. J.-P. Chanteau et É. Ollive, *op. cit.*, 1992.

fonds, prélevés sur le commerce des semences, afin de rétribuer leur travail de conservation et de sélection.

Organiser le partage des ressources génétiques, respecter les intérêts légitimes des uns et des autres – des producteurs pauvres du Sud et des exploiteurs-revendeurs du Nord (pour schématiser, car certains pays du Sud peuvent aussi maîtriser les biotechnologies productives de richesse) – tout en préservant la biodiversité, c'est-à-dire toute la gamme des possibles pour le futur, tel est l'enjeu de la Convention sur la biodiversité où les pays du tiers monde revendiquent un droit de propriété sur leurs ressources naturelles tout en demandant un libre accès au matériel génétique amélioré et des transferts de biotechnologies.

Ne sous-estimons pas le fait que des pays comme le Brésil, le Mexique et la plupart des pays d'Asie possèdent une industrie de sélection active et tous les moyens intellectuels et techniques pour exploiter eux-mêmes leurs propres ressources.

Ainsi, au-delà du problème de conservation des espèces, se profile le spectre de la guerre économique. Les enjeux sont colossaux : on estime à 66 milliards de dollars l'apport à l'économie américaine du potentiel génétique des espèces sauvages vivant dans les pays du tiers monde.

Les jeux et enjeux du vivant sont aussi ceux des hommes et des cultures. Y a-t-il place pour un développement durable ?

Une population humaine croissant en nombre et en exigence de développement, c'est une pression accrue sur les ressources. Économistes, hommes politiques, industriels ont et auront à se pencher sur ce problème : comment maintenir un développement économique satisfaisant pour les populations humaines du Nord, du Sud, de l'Est et de l'Ouest sur le long terme ? Comment concilier les besoins croissants en pétrole, charbon, gaz, bois, surfaces cultivables, viande, eau (et la production accrue de gaz carbonique, méthane, déchets et polluants divers qui en résultera) avec l'exigence d'une qualité de vie meilleure pour le plus grand nombre, c'est-à-dire avec une biosphère capable de satisfaire durablement ces besoins ?

Pour répondre aux questions précédentes il faut d'abord se débarrasser des vieux clichés évoqués ci-dessus qui opposent économie et écologie, réalisme et idéalisme utopique, civilisation et nature.

Pour l'humanité future l'objectif est nécessairement double :

1. assurer ses besoins essentiels, qui sont de l'ordre de l'économie mais aussi de la qualité de la vie ;

2. maintenir un équilibre des systèmes écologiques de manière à assurer les conditions d'un renouvellement à long terme des ressources qui lui sont nécessaires.

C'est à l'évidence un problème de *civilisation*. Des choix sont à faire. Francesco Di Castri [1] l'a posé très clairement et l'on ne peut que reprendre son analyse qui introduit à ce qui sera l'un des grands débats – social, scientifique, politique, philosophique – des prochaines décennies. Il souligne qu'après une phase assez stérile d'opposition entre développement économique et préservation de l'environnement, s'est imposé peu à peu le concept de *développement durable de la biosphère* qui « prend en compte la complexité des interactions biologiques, économiques et politiques et, surtout, reconnaît les changements progressifs d'échelle vers la globalisation des problèmes [2] ».

Nous ne pouvons donc qu'adhérer ici à la profonde réflexion qui clôt l'*Introduction à une histoire naturelle* de Claude Allègre [3] :

« Après l'ère des certitudes de la physique mathématique, n'entrons-nous pas dans une phase scientifique nouvelle ? Une phase où la compréhension des systèmes complexes, désordonnés, tient le devant de la scène, où le réductionnisme

---

1. F. Di Castri, « Global Crisis and the Environment », 7-39, *in* G. B. Marini-Bettolo (éd.), *A Modern Approach to the Protection of the Environment*, Pontificiae Academiae scientiarum Scripta varia, 75, Vatican, 1989.

2. Il reste que le concept même de développement demande à être discuté, comme le soulignent si justement Morin et Kern (1993) : « Allons-nous vers la crise mondiale du développement ? De toute façon, il faut rejeter le concept sous-développé du développement qui faisait de la croissance techno-industrielle la panacée de tout développement anthropo-social et renoncer à l'idée mythologique d'un progrès irrésistible s'accroissant à l'infini. »

3. C. Allègre, *Introduction à une histoire naturelle*. Fayard, Paris, 1992.

microscopique cède la place à des considérations équilibrées entre les diverses échelles d'observation, où la question des origines et de l'histoire naturelle connaît un nouvel essor, où une nouvelle science, ambitieuse et modeste, repart à la conquête du monde, où l'histoire retrouve enfin sa juste place... »

Pour une gestion maîtrisée de la biosphère

Les problèmes évoqués dans ce chapitre de conclusion – croissance démographique, perspectives de changements climatiques, menaces sur la diversité biologique, nécessité d'un développement durable – sont en fait étroitement liés. Ils le sont à la fois par les processus écologiques qui, à travers cycles biogéochimiques et interactions biotiques, constituent la trame fonctionnelle de la biosphère et par l'influence centrale qu'y exerce l'espèce humaine.

L'écologie, qui traite du premier point et s'intéresse au second, se trouve donc au premier plan pour relever le défi énoncé en titre de cette quatrième partie de l'ouvrage. Elle dispose pour cela du bagage conceptuel nécessaire et devrait pleinement tirer profit des développements techniques actuels pour mieux contribuer, en association avec d'autres disciplines, à la compréhension du fonctionnement de la biosphère.

Mais au fait, revenons un peu à cette science, à ce mot on ne peut plus galvaudé : qu'est-ce exactement que l'écologie ? Définie comme l'étude des relations des organismes avec leur environnement, ou bien comme l'étude des facteurs et interactions qui déterminent la distribution et l'abondance des organismes, l'écologie couvre un large champ, de la physiologie à la biogéographie. Sous cet angle, c'est une sorte de biologie générale des organismes, une approche naturaliste du monde vivant. Histoire naturelle, l'écologie l'est par ses origines [1] et le reste par une partie de ses objectifs. Mais il s'agit aujourd'hui d'une histoire naturelle

---

1. J.-P. Deléage, *op. cit.*, 1992. J.-M. Drouin, *Réinventer la nature. L'écologie et son histoire*, Desclée de Brouwer, Paris, 1992.

profondément renouvelée par l'intégration des concepts et méthodes issus de la théorie générale des systèmes et par l'assimilation de la théorie de l'évolution.

Multiple par ses origines, l'écologie est aujourd'hui plus largement unifiée, quoique animée par deux grands courants de pensée sensiblement étrangers l'un à l'autre et organisée autour des deux axes qu'ils définissent :

— le premier traite des cycles biogéochimiques et des flux d'énergie et débouche sur l'analyse de la dynamique spatio-temporelle des écosystèmes et des paysages ;

— le second privilégie les processus biodémographiques et s'incarne dans ce que l'on peut appeler l'écologie des populations et des peuplements.

Je ne dis pas là qu'il y aurait deux sortes d'écologie ou, pire, que l'on pourrait, sans risques de perte de pertinence et d'efficacité, dissocier ces deux axes. L'écologie des organismes et des populations ne peut se développer valablement en dehors du contexte écosystémique plus large où se déploient et évoluent les populations et, réciproquement, l'étude des écosystèmes ou des paysages ne peut se désintéresser totalement des populations qui en constituent la trame biologique. L'un des renouvellements majeurs de l'écologie actuelle consiste précisément à relier ces deux approches — un autre, tout aussi important, résidant dans sa large ouverture sur d'autres disciplines dont elle *dépend* pour résoudre certaines questions (fig. 44).

Ainsi, comme science fondamentale, l'écologie a pour but l'étude de l'organisation, du fonctionnement et de l'évolution des populations et des écosystèmes. Si elle a ses concepts et méthodes propres, il lui appartient néanmoins d'utiliser, lorsque cela est nécessaire à la compréhension des phénomènes observés, les résultats acquis et les méthodes proposées par d'autres disciplines — mathématiques, physiologie, génétique, éthologie, paléontologie, géochimie, climatologie, etc.

Il est clair qu'il ne saurait y avoir de frontières tranchées entre disciplines scientifiques : l'écologie des populations et des peuplements *appartient* à la biologie. On a pu voir tout au long de cet ouvrage, à travers le concept de biodiversité

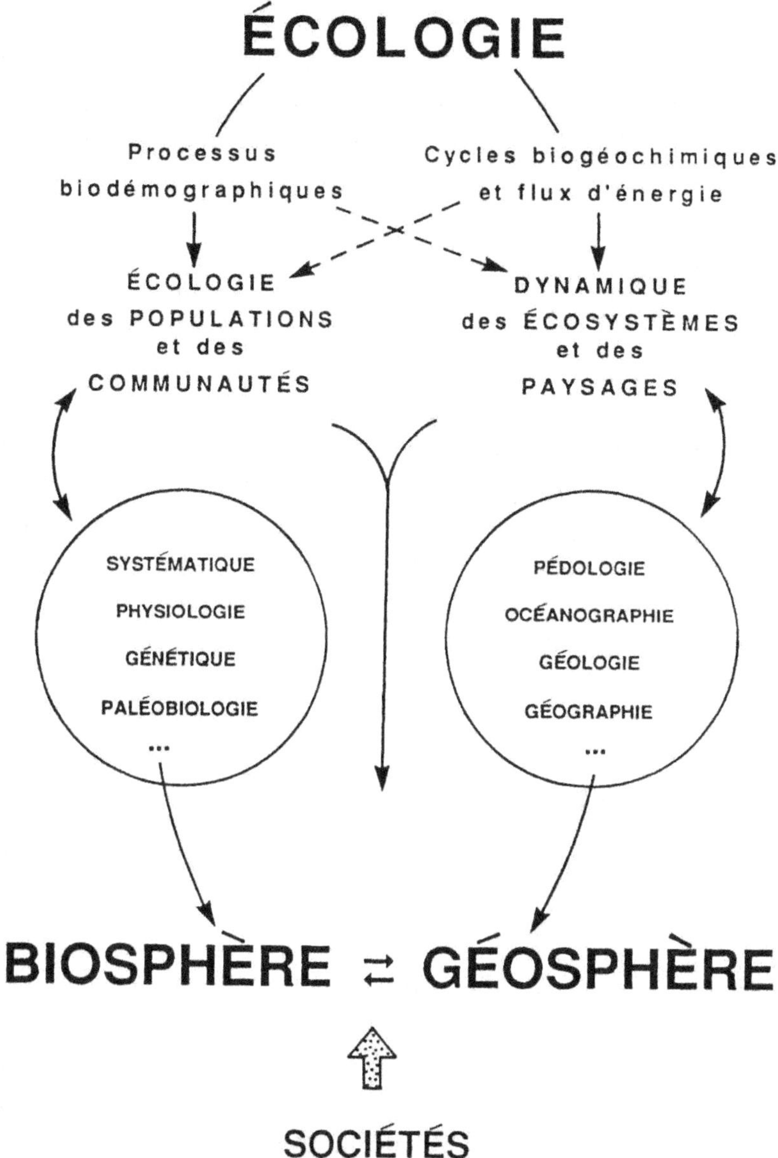

Figure 44 : L'écologie se déploie autour de deux axes majeurs et dépend étroitement d'autres disciplines, ne serait-ce que pour la mise en œuvre des techniques qu'elles développent. Ainsi, la compréhension et l'étude de la dynamique de la biosphère sont bien du ressort de l'écologie, mais la prise en compte des interactions biosphère-géosphère-sociétés nécessite une mobilisation plus largement pluridisciplinaire (d'après Barbault, 1992 [1]).

---

1. R. Barbault, *Écologie générale. Structure et fonctionnement de la biosphère,* © Masson, Paris, 1992.

et sa réalité, combien cela est vrai. On voit d'ailleurs se construire dans ce champ scientifique une nouvelle discipline, la *biologie des populations*, qui en intègre d'autres, autrefois séparées : l'écologie des populations, la génétique des populations, l'éthologie, la physiologie.

Quant au second champ évoqué dans la figure 44, qui concerne le fonctionnement des écosystèmes et passe par l'analyse des processus biologiques associés aux cycles biogéochimiques – cycle du carbone, cycle de l'azote, cycle du phosphore, etc. – il est évident *qu'il n'appartient pas* à la seule biologie. Ce serait oublier un peu vite que les sciences de la Terre sont aussi des sciences de la nature et qu'elles ont ici beaucoup apporté, mais la science des écosystèmes et du système géosphère-biosphère est trop jeune encore pour que l'intégration pluridisciplinaire bien amorcée en biologie des populations ait pu s'engager suffisamment entre sciences biologiques et sciences de la matière – sauf peut-être en océanographie.

Bref, souligner ici le rôle de l'écologie n'implique aucune exclusive. Mais à l'heure où la « surenchère écologique » entraîne tous les dérapages, toutes les appropriations [1] (jeux et enjeux encore), il était bon de poser aussi clairement que possible le statut scientifique et les perspectives que nous ouvre l'écologie.

Si l'on veut comprendre la dynamique complexe de la biosphère il est nécessaire de prendre en compte *simultanément* les deux grands types de processus qui en constituent la trame : les processus biodémographiques, qui s'expriment, à travers des fluctuations numériques au sein des populations animales ou végétales, par des flux d'espèces (extinction, colonisation, spéciation) ; les processus biogéochimiques, qui se traduisent par des cycles d'éléments chimiques (libération ou fixation de gaz, décomposition de la matière organique) et des flux d'énergie.

Ainsi, la dynamique des écosystèmes – pièces élémentaires de la biosphère – apparaît étroitement liée à la dynamique

---

1. On en trouvera une analyse subtile et incisive, sous la plume de Roger Cans, dans *Tous verts. La surenchère écologique*, Calmann-Lévy, Paris, 1992.

des espèces. Cette approche renouvelle ce qui est devenu aujourd'hui une véritable science, la biologie de la conservation, et se traduit par la nécessité d'analyser la diversité biologique à travers ses deux composantes, richesse spécifique et variabilité génétique en relation avec la dynamique des systèmes plurispécifiques qui l'organisent (compétition, prédation, parasitisme, « catastrophes »...). En d'autres termes, doit prévaloir une approche systémique qui prenne en compte les connexions entre les influences humaines et les principales composantes du système géosphère-biosphère. Dans cette perspective la gestion de la biodiversité est liée à la maîtrise de la dynamique et des structures des écosystèmes et des paysages : changement global, conservation de la diversité biologique et dynamique des systèmes écologiques sont trois aspects d'un même problème (fig. 45).

On connaît assez bien la plupart des processus élémentaires évoqués ci-dessus. Le problème est de comprendre comment ils opèrent à l'échelle de systèmes écologiques hétérogènes dans l'espace, variables dans le temps et hiérarchisés, du microsite à la parcelle, de l'écosystème à la biosphère. De fait, là réside l'une des difficultés majeures du programme géosphère-biosphère : comment, à partir de mesures et d'études fonctionnelles conduites à l'échelle locale (où opèrent les mécanismes analysés : fixation d'azote, photosynthèse, production de méthane, etc.), extrapoler à l'échelle régionale, continentale puis planétaire, pour connaître et prévoir, à la fois, les effets de la biosphère sur les paramètres globaux de l'environnement (taux de gaz carbonique, température, régime hydrique) et les réponses à ces effets ? Les difficultés sont énormes, car ces processus, plus ou moins interdépendants, peuvent se dérouler à des échelles de temps et d'espace très différentes. S'ajoutent à cela toutes les transformations imposées par l'homme aux écosystèmes, des pollutions variées aux modifications d'usage des terres [1]. Le premier défi qui nous est posé est donc de développer des approches intégrées qui permettent de modé-

---

1. Voir la récente synthèse de Zaher Massoud, *op. cit.*, 1992.

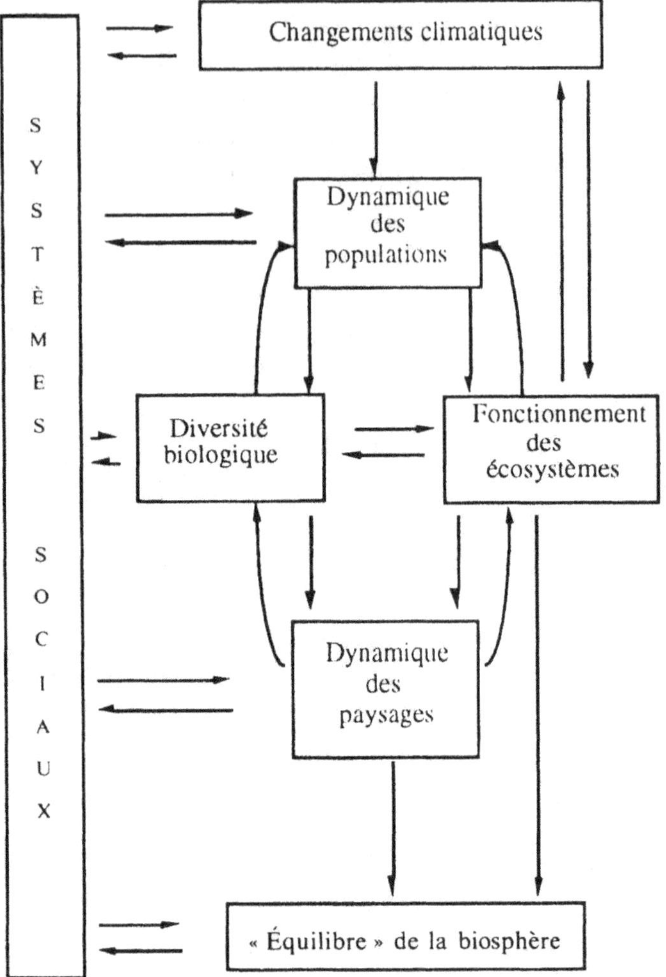

Figure 45 : La gestion de la biosphère ou de la diversité biologique implique la prise en compte des actions et priorités des sociétés humaines. Mais cela suppose aussi, sur le plan scientifique, une analyse du fonctionnement des systèmes écologiques en cause : la dynamique des populations est au cœur de cette analyse.

liser la dynamique d'ensemble avec un bon degré de prévisibilité.

Mais il est un second défi, bien plus redoutable. Et celui-là n'est pas posé à la science seule mais à la société tout entière : c'est celui des valeurs et des choix, celui de la gestion des conflits d'intérêts. Je n'ai pas à m'engager ici sur ce terrain-là, si ce n'est pour montrer qu'une lecture écologique, biologique, l'éclaire sous un jour qui complète les analyses sociologiques, économiques, psychanalytiques ou politiques qui peuvent en être faites ici ou là.

Les manuels d'écologie parlent de ressources et de compétition pour leur utilisation. Ils montrent aussi que l'exploitation de ces ressources, dans le règne animal comme dans le règne végétal, peut nécessiter la coopération, le développement de relations mutualistes ou symbiotiques. Le monde vivant que dépeint cette écologie scientifique est un monde où l'enjeu suprême est la survie de sa propre descendance et où, pour cela, des risques sont pris, dans un système d'interdépendances complexes, dans un espace d'imprévus.

Bref, si l'on veut gérer cette planète, il faut admettre qu'elle fonctionne de cette façon depuis des milliards d'années et que l'espèce humaine, du fait de sa nature biologique, n'échappe pas totalement à ces règles, même si elle est aussi le fruit de sa propre histoire, écologique, sociale, politique, économique et culturelle.

En quoi une lecture écologique du fonctionnement actuel de l'espèce humaine, de ses sociétés, de son organisation économique peut-elle être pertinente ? N'y a-t-il pas là risque d'impérialisme scientifique pervers ? N'est-ce pas un réductionnisme plus redoutable encore que celui que dénonce le naturaliste à propos de la biologie moléculaire, ou le biologiste en général à propos de la chimie ? Comme si la sociologie, l'anthropologie – bref, tout le cortège des sciences humaines et sociales – n'existaient pas !

Non, ce que je veux dire simplement, ce que je crois, c'est que le système économique mondial est à l'homme ce que l'écosystème est à n'importe quelle espèce animale ou végétale : un espace de contraintes. Qu'il l'ait créé, voilà la nouveauté – mais cet espace est *également* contraint par les ressources de la planète et les structures qui s'y sont constituées. S'il est vrai que dans une large mesure la destinée de l'espèce humaine n'est plus essentiellement gouvernée par le gène ; s'il est évident que par leur organisation sociale et leur culture nombre de populations humaines ont fait la preuve de leur aptitude à gérer leurs ressources pour le bien commun, de leur capacité de solidarité, c'est toujours dans le contexte de valeurs partagées : traditions culturales et culturelles, systèmes de pensée, systèmes d'organisation sociale et politique, religions.

Avec la mondialisation de l'économie, l'éclatement des repères politiques et sociaux traditionnels, c'est peut-être une profonde crise de civilisation qui nous touche progressivement mais avec de plus en plus d'intensité à ce tournant de siècle [1] : ça vaut bien, par l'ampleur des bouleversements et pour notre espèce, la dernière crise glaciaire ou les changements planétaires dont on parle beaucoup trop comme s'ils ne devaient être que climatiques !

En d'autres termes, après une phase de jeunesse où l'homme était soumis comme toute espèce à la loi du gène égoïste, il a connu une période où ici et là étaient mis en place des systèmes de régulation sociale. Les populations humaines pouvaient alors régler tant bien que mal leurs problèmes alimentaires et autres dans le cadre de traditions qui leur étaient propres. La théorie darwinienne de l'évolution et de la sélection naturelle devenait inadéquate pour rendre compte de leurs modalités de fonctionnement et de leurs transformations. Puis, avec la loi du marché étendue à la planète, la prééminence des valeurs monétaires, on a l'impression d'entrer dans une nouvelle phase, particulièrement critique, où prévaut une nouvelle loi de sélection, où émerge un nouveau dieu manipulateur : la monnaie et son aptitude compétitive. Ainsi, de même que l'organisme animal a pu être considéré par Richard Dawkins, selon une lecture darwinienne imagée, comme une machine inventée par le gène pour l'aider à se mieux multiplier, l'homme de demain pourrait être considéré comme une créature destinée à multiplier des francs, des dollars ou des écus : de la valeur sélective du

---

1. Voir E. Morin et A. B. Kern, *op. cit.*, 1993 : « Cela veut dire, et cela nous ramène à notre propos fondamental, que la culture et la civilisation n'apportent pas le salut. Mais la civilisation produit, dans l'insatisfaction même qu'apportent ses satisfactions, la relance de l'insatisfaction anthropologique, c'est-à-dire la poursuite de l'hominisation. »

gène à la valeur sélective du dollar, où est le progrès ? L'homme de demain ?

Non, les jeux ne sont pas faits : l'enjeu est d'importance et l'homme a des richesses et des ressorts cachés...

Glossaire

ADN : acide désoxyribonucléique, support de l'information génétique des êtres vivants. Constitué d'une chaîne de molécules chimiques élémentaires particulières, les bases nucléotidiques ou nucléotides, l'ADN est responsable de la transmission de l'hérédité.

Agrosystème : unité de milieu exploitée par l'homme pour la production de matières végétales ou animales.

Allèles : variants d'un gène donné de même fonction et situés à un locus déterminé.

Anticorps : protéines immunoglobulines fabriquées par un organisme en réponse à la présence de corps étrangers (antigènes).

Antigène : substance étrangère à un organisme qui y provoque des réactions de défense appelées réponse immunitaire et caractérisées notamment par la production d'anticorps.

Bactériophage : virus parasite de bactérie.

Biome : grand type de formation végétale ou d'écosystème (forêt de conifères, savane, steppe...) défini à partir de caractéristiques très générales liées aux similitudes de l'environnement physique et climatique.

Biosphère : système planétaire qui inclut l'ensemble des êtres vivants et leurs conditions d'existence.

Cambrien : période de l'ère paléozoïque, entre − 570 et − 500 millions d'années, marquée par l'accroissement considérable de la biodiversité marine.

Cellulolyse : processus de décomposition des molécules de cellulose. Ils font intervenir des micro-organismes, bactéries, protozoaires ou champignons, libres ou associés aux animaux herbivores.

Chloroplaste : organite cellulaire contenant de la chlorophylle et localisé dans le cytoplasme des cellules des plantes vertes.

Chromosome : structure de la cellule constituée de filaments d'ADN.

Clone : groupe de cellules ou d'individus issus d'une même cellule ou d'un même individu par simple multiplication végétative.

CNRS : Centre national de la recherche scientifique.

Coadaptation : interaction bénéfique entre : (1) des gènes de différents *loci* chez un même organisme ; (2) différentes parties d'un même individu ; (3) des organismes d'espèces différentes (mutualisme).

Coévolution : interactions évolutives réciproques et changements adaptatifs résultants chez des espèces vivant dans le même écosystème.

Communauté : assemblage de populations d'espèces différentes qui coexistent dans un même écosystème.

Convergence : processus par lequel des caractères similaires apparaissent indépendamment au cours de l'évolution chez des espèces différentes.

Cryptogames : plantes pluricellulaires dépourvues de fleurs, de fruits et de graines (algues, champignons, mousses, fougères).

Cyanobactéries : bactéries photosynthétiques et fixatrices d'azote (appelées autrefois « algues bleues »).

Cycles biogéochimiques : cycles des éléments chimiques – carbone, azote, phosphore... – à l'échelle des écosystèmes et de la biosphère qui relient celle-ci à l'atmosphère, à l'hydrosphère et à la géosphère. Les êtres vivants y jouent un rôle comme réservoirs, mais aussi comme agents de transformations chimiques.

Dépression de consanguinité : réduction de la vigueur et de la valeur sélective par l'accroissement de l'homozygotie qui résulte de croisements consanguins.

Dépression hybride : disjonction de génotypes coadaptés par suite de croisements d'individus trop éloignés qui se traduit par la stérilité partielle ou totale ou une baisse de viabilité des jeunes.

Dérive génique : changements dans la composition génétique d'une population explicables exclusivement par les effets du hasard et qui prévalent notamment dans les populations à petits effectifs.

Diploïde : organisme présentant deux jeux de chromosomes dans les noyaux de ses cellules somatiques.

Duplication : production d'une copie de la chaîne d'ADN ou d'une séquence particulière de celle-ci.

Écosystème : subdivision élémentaire de la biosphère constituée d'un réseau trophique et du biotope où il se déploie.

Écotype : sous-ensemble d'une espèce génétiquement différencié et qui représente une adaptation écologique à un environnement local.

Effet de fondation : changement qui survient dans la composition génétique d'une population colonisatrice pendant sa phase d'établissement à partir d'un petit nombre de fondateurs, indépendant de tout effet sélectif.

Effet-lisière : processus qui caractérise la fragmentation des milieux et lié à la création de lisières.

Endémique : se dit d'une espèce ou d'une variété propre à une région géographique particulière.

Éthologie : science qui étudie le comportement des animaux.

Facilitation : action exercée par une espèce pour son propre bénéfice mais qui peut secondairement profiter à une autre. Ainsi, le broutage de l'épais tapis graminéen de la savane par les buffles facilite la croissance d'autres plantes et les rend plus accessibles aux petites espèces d'antilopes qui les recherchent avec davantage de succès.

Favorisation : processus par lequel un parasite transforme la pigmentation, la morphologie ou le comportement de l'hôte intermédiaire qu'il infeste. La signification adaptative de ces phénomènes est d'accroître la probabilité de détection et de capture de cet hôte par un prédateur qui constituera, pour le parasite qui s'y dissimule, l'hôte définitif où s'effectuera sa reproduction sexuée.

Génome : patrimoine héréditaire d'un individu.

Génotype : ensemble des constituants génétiques d'un organisme.

Goulet d'étranglement : épisode de réduction critique de l'effectif d'une population consécutif à un changement de l'environnement ou à un phénomène de colonisation.

Guilde : ensemble de populations d'espèces apparentées qui exploitent, dans un même écosystème, le même type de ressources alimentaires (fourmis granivores ; lézards insectivores...).

Haploïde : ayant un seul jeu de chromosomes.

Hétérozygote : individu diploïde ayant deux allèles différents à un locus donné.

Homozygote : individu diploïde ayant deux copies du même allèle à un locus donné.

INRA : Institut national de la recherche agronomique.

Locus : emplacement d'un chromosome où est situé un gène déterminé sous n'importe laquelle de ses formes alléliques (pluriel : *loci*).

Métapopulation : ensemble de populations de même espèce ou subdivisions de populations caractérisées par des processus d'extinction et de recolonisation locales (population morcelée avec possibilité d'échanges entre ses subdivisions).

Méthanogenèse : libération de méthane qui se produit au cours de processus de décomposition anaérobie de la matière organique, impliquant des bactéries ou champignons.

Mitochondrie : organite à double membrane localisé dans le cytoplasme des cellules eucaryotes et où se déroule le métabolisme respiratoire.

Mutualisme : relation entre deux organismes d'espèces différentes qui se traduit par des effets positifs pour l'un et l'autre.

Mycorhize : association symbiotique entre un champignon et les racines d'une plante verte.

Niche écologique : représente la place et la fonction de l'espèce au sein de l'écosystème. Elle peut être caractérisée par la somme des conditions biologiques et physiques nécessaires à sa persistance.

Nucléotides : composés chimiques élémentaires qui constituent l'ADN. Leur structure est caractérisée par le couplage d'un sucre, d'un phosphate et d'une base azotée : adénine, guanine, cytosine ou thymine – les quatre lettres du code génétique, A, G, C, T.

Organites : éléments, tels que les chloroplastes ou les mitochondries, contenus dans les cellules et ayant des fonctions précises.

Parthénogenèse : développement d'un individu à partir d'un œuf non fécondé.

Phénotype : expression des gènes ou du génotype définie à partir des traits ou performances de l'individu (taille corporelle, vitesse de croissance, fécondité...).

Phéromone : substance biologiquement active de type hormone, sécrétée à l'extérieur de l'organisme, qui déclenche chez d'autres individus de la même espèce une réaction spécifique.

Phylogénétique : qui a trait à la phylogénie.

Phylogénie : histoire de la descendance des êtres vivants ; organisation en arbre des relations entre espèces faisant apparaître leurs degrés de parenté (ancêtres communs).

Picoplancton : organismes unicellulaires de type algue de l'ordre de 2 microns de diamètre qui abondent dans les couches superficielles des océans.

Plasmide : molécule d'ADN extrachromosomique capable de se répliquer indépendamment de l'ADN nucléaire et portant des caractères génétiques non essentiels à la cellule hôte.

Plasticité (phénotypique) : gamme de phénotypes produits par un même génotype dans des conditions d'environnement différentes.

Pléistocène : époque géologique marquée par la dernière glaciation et l'apparition de l'homme. Elle a commencé il y a 2,5 millions d'années et s'est terminée il y a 10 000 ans avec la fin du dernier âge glaciaire.

Profil (biodémographique) : ensemble des traits du cycle de vie d'un organisme qui influencent sa survie et sa reproduction (âge à la maturité, taille corporelle, espérance de vie, fécondité...).

Propagules : éléments qui assurent la propagation d'une espèce : spores et graines diffusées par le vent ou les animaux ; boutures et, par extension, individus colonisateurs qui vont fonder, hors de leur lieu de naissance, une nouvelle population.

Radiation adaptative (ou évolutive) : évolution et diversification de nombreuses espèces à partir d'une espèce ancêtre (ex. : la radiation adaptative des pinsons des Galapagos, fig. 8).

Récessif : se dit d'un caractère (ou d'un allèle a) qui ne s'exprime qu'à l'état homozygote (a, a). L'albinisme est un caractère récessif : un individu peut être porteur du gène de l'albinisme sans être albinos (individu hétérozygote, $a, +$).

Réseau trophique : assemblage d'espèces d'un même écosystème, réunies par des relations de mangé à mangeur (plantes → herbivores → carnivores → parasites : exemple fig. 3).

Richesse spécifique : nombre d'espèces.

Sélection naturelle : processus qui se produit généralement dans une population d'individus qui varient entre eux par leur survie ou leur reproduction et qui se traduit par le fait que ceux à succès reproductif différentiel supérieur ont une représentation plus nombreuse dans les générations futures.

Sempervirentes : se dit de plantes ou de forêts qui portent des feuilles toute l'année (par opposition à des plantes ou forêts caducifoliées qui perdent leurs feuilles en saison froide).

Spéciation : apparition d'une nouvelle espèce à partir d'une espèce ancestrale.

Stochastique : qui est le fruit du hasard.

Stratégie : pour un être vivant conçu comme le produit de l'évolution par sélection naturelle une stratégie est, dans une situation donnée, un type de réponse ou de performance parmi une série d'alternatives possibles (ex. : se reproduire à 1 an, à 2 ans... à 10 ans).

Stratégie biodémographique : ensemble de traits coadaptés, modelés par le jeu de la sélection naturelle, pour résoudre des problèmes écologiques particuliers. Les traits considérés sont ceux qui affectent la valeur sélective des organismes. Ils peuvent être d'ordre physiologique, éthologique ou démographique – d'où l'expression « biodémographique ».

Symbiose : association d'espèces mutualistes devenue permanente (ex. : les associations d'algues et de champignons qui constituent les lichens). La symbiose est un cas particulier, extrême, du mutualisme.

Systématique : théorie et pratique de la classification des êtres vivants.

Taxonomie : voir « Systématique ».

Taxons : les catégories de la classification animale et végétale sont hiérarchisées en regroupements de plus en plus larges, à partir des entités de base que sont les espèces jusqu'aux grands types « architecturaux » d'organismes que sont les embranchements (plantes à fleurs, vertébrés, vers plats...) en passant par les genres, les familles, les ordres, les classes. Les individus de différentes catégories ou entités taxonomiques de cette classification sont appelés taxons.

Triploïde : se dit d'un organisme ou d'une cellule qui possède trois jeux complets de chromosomes (3 N).

Trophique : qui concerne la nutrition. Un réseau trophique est un assemblage d'espèces réunies par leurs relations de mangeur à mangé. Une « espèce » trophique est un assemblage d'individus ayant le même type de proies.

Valeur sélective : contribution attendue d'un allèle, d'un génotype ou d'un phénotype aux générations futures. La valeur sélective des gènes et des organismes est toujours relative, c'est-à-dire appréciée par comparaison à d'autres gènes ou organismes présents dans la même population. Elle est fonction des milieux où elle est mesurée.

Zone adaptative : espace écologique non encore occupé rendu soudain accessible à une espèce colonisatrice qui a su franchir l'obstacle en interdisant l'accès (capacité de dispersion à longue distance permettant la colonisation d'un archipel – exemple des Galapagos, *cf.* fig. 8 ; mutation qui permet d'élaborer une enzyme capable de surmonter la barrière chimique constituée par une molécule toxique végétale et d'accéder ainsi à des ressources alimentaires considérables, etc.). L'accès à une zone adaptative se traduit généralement par un phénomène de radiation évolutive (ou adaptative).

Bibliographie sélective

Allègre, C., – *Introduction à une histoire naturelle*, Fayard, Paris, 1992.

Axelrod, R., – *Donnant donnant. Théorie du comportement coopératif*, Éditions Odile Jacob, Paris, 1984 (version française 1992).

Barbault, R., – *Écologie générale. Structure et fonctionnement de la biosphère*, Masson, Paris, 1990.

Barbault, R., – *Écologie des peuplements. Structure, fonctionnement et évolution*, Masson, Paris, 1990.

Barrère, M., – *Terre, patrimoine commun*, La Découverte, Paris, 1992 (éd.).

Blondel, J., – *Biogéographie évolutive*, Masson, Paris, 1986.

Botkin, D. B., – *Discordant Harmonies, A New Ecology for the Twenty-First Century*, Oxford University Press, 1990.

Cans, R., – *Tous verts ! La surenchère écologique*, Calmann- Lévy, Paris, 1992.

Chauvet, M. et Olivier, L., – *La Biodiversité, enjeu planétaire. Préserver notre patrimoine génétique*, Sang de la Terre, Paris, 1993.

Cockburn, A., – *An Introduction to Evolutionary Ecology*, Blackwell Scientific Publications, Oxford, 1991.

Coppens, Y., – *Le Singe, l'Afrique et l'Homme*, Fayard, Paris, 1983.

Darwin, C., – *L'Origine des espèces*, Garnier-Flammarion, Paris, (1852), 1992.

Dawkins, R., – *Le Gène égoïste*, Armand Colin, Paris, 1990.

Deléage, J.-P., – *Histoire de l'écologie. Une science de l'homme et de la nature*, La Découverte, Paris, 1991.

Diamond, J. et Case, T. J., – *Community Ecology*, Harper and Row, New York, 1986.

Drouin, J.-M., – *Réinventer la nature. L'écologie et son histoire*, Desclée de Brouwer, Paris, 1991.

De Bonis, L., – *Évolution et extinction dans le règne animal*, Masson, Paris, 1991.

Duplessy, J.-C. et Morel, P., – *Gros temps sur la planète*, Éditions Odile Jacob, Paris, 1990.

Frankel, O. H. et Soulé, M. E., – *Conservation and Evolution*, Cambridge University Press, 1981.

Génermont, J., – *Les Mécanismes de l'évolution*, Dunod Université, Paris, 1979.

Glachant, M. et Lévêque, F., – *L'Enjeu des ressources génétiques végétales*, Les Éditions de l'environnement, Paris, 1993.

Hallé, F., – *Un monde sans hiver. Les Tropiques, nature et sociétés*, Le Seuil, Paris, 1993.

Hoyt, E., – *La Conservation des plantes sauvages apparentées aux plantes cultivées*, IBPGR, Rome, 1992.

Jacob, F., – *Le Jeu des possibles*, Fayard, Paris, 1981.

Jaisson, P., – *La Fourmi et le Sociobiologiste*, Éditions Odile Jacob, Paris, 1993.

Krebs, J. R. et Davies, N. B., – *An Introduction to Behavioural Ecology*, Blackwell Scientific Publications, Oxford, 1987.

Lecomte, J., Bigan, M. et Barre, V. (éd.), – « Réintroductions et renforcements de populations animales en France », supplément 5 à la Revue d'écologie *(La Terre et la Vie)*, Paris, 1990.

Lovelock, J., – *Les Âges de Gaïa*, Éditions Robert Laffont, Paris, 1990.

MacArthur, R. M., – *Geographical Ecology : Patterns in the Distribution of Species*, Harper and Row, New York, 1972.

MacArthur, R. M. et Wilson, E. O., – *The Theory of Island Biogeography*, Princeton University Press, 1967.

McNeely, J. A., Miller, K. R., Reid, W. V., Mittermeier, R. A. et Werner T. B., – *Conserving the World's Biological Diversity*, IUCN, Gland, Suisse, 1990.

Massoud, Z., – *Terre vivante*, Éditions Odile Jacob, Paris, 1992.

May, R. M., – *Stability and Complexity in Model Ecosystems*, Princeton University Press, New York, 1973.

Maynard-Smith, J., – *Evolution and the Theory of Games*, Cambridge University Press, Londres, 1982.

Monod, J., – *Le Hasard et la nécessité. Essai sur la philosophie naturelle de la biologie moderne*, Le Seuil, Paris, 1970.

Morin, E. et Kern, A. B., – *Terre, patrie*, Le Seuil, Paris, 1993.

Norton, B. G., – *Why Preserve Natural Variety ?*, Princeton University Press, Princeton (NJ), 1987.

Peters, R. L. et Lovejoy, T. E. (éd.), – *Global Warming and Biological Diversity*, Yale University Press, New Haven-Londres, 1992.

Pimm, S. L., – *The Balance of Nature ? Ecological Issues in the Conservation of Species and Communities*, The University of Chicago Press, Chicago, 1991.

Ramade, F., – *Écologie des ressources naturelles*, Masson, Paris, 1981.

Ramade, F., – *Les Catastrophes écologiques*, Masson, Paris, 1987.

Riba, G. et Silvy, C., – *Combattre les ravageurs des cultures. Enjeux et perspectives*, INRA, Paris, 1989.

Simberloff, D., – « The Contribution of Population and Community Biology to Conservation Science », *Annu. Rev. Ecol. Syst.*, 19 : 473-511, 1988.

Soulé, M. (éd.), – *Conservation Biology. The Science of Scarcity and Diversity*, Sinauer Ass., Sunderland (Ma), 1987.

Strong, D. R., Lawton, J. M. et Southwood, Sir R., – *Insects on Plants. Community Patterns and Mechanisms*, Blackwell Scientific Publications, Oxford, 1984.

Wilson, E. O., 1992, – *La Diversité de la vie*, Éditions Odile Jacob, Paris (édition française 1993).

World Conservation Monitoring Centre, – *Global Biodiversity : Status of the Earth's Living Ressources*, Chapman and Hall, Londres, 1992.

Table des matières

Deuxième partie
LES STRATÉGIES DU VIVANT

Troisième partie
GUERRE ET PAIX DANS LA NATURE

Quatrième partie
DERNIER DÉFI POUR L'ESPÈCE ÉLUE

Imprimé par Lightning Source France
1 avenue Gutenberg
78310 Maurepas

N° d'édition : 7381-0251-Y